核能公众接受性：

研究、反思与对策

房　超　陈虹宇 ◎ 著

中国原子能出版社

图书在版编目（CIP）数据

核能公众接受性：研究、反思与对策 / 房超，陈虹宇著. -- 北京：中国原子能出版社，2020.7（2020.10 重印）
ISBN 978-7-5221-0544-4

Ⅰ. ①核… Ⅱ. ①房… ②陈… Ⅲ. ①核能－能源开发－公众－接受学 Ⅳ. ① TL99

中国版本图书馆 CIP 数据核字（2020）第075125号

核能公众接受性：研究、反思与对策

出版发行	中国原子能出版社（北京市海淀区阜成路 43 号 100048）
责任编辑	王 丹
责任校对	冯莲凤
责任印制	潘玉玲
印　　刷	河北文盛印刷有限公司
经　　销	全国新华书店
开　　本	787 mm × 1092 mm 1/16
印　　张	20
字　　数	378 千字
版　　次	2020 年 7 月第 1 版　　**印　　次** 2020 年 10月第 2 次印刷
书　　号	ISBN 978-7-5221-0544-4　　**定　　价** 56.00 元

网址：http://www.aep.com.cn　　**E-mail：atomep123@123.com**
发行电话：010-68452845

核能发展的历史观

核科学技术是20世纪人类最重大的创造之一，是科学技术史上的辉煌篇章，对世界文明进程带来了多方面的、深刻而长远的、战略性的影响。

20世纪初期，是引人入胜的核科学发现时期，人们对核结构和核能的一系列原创性的发现，引起了物理学乃至整个科学技术领域的革命性变革，把人类对物质世界的认识提高到一个全新的水平。

一个标志性的事件是：1913年，玻尔提出了原子的核式结构理论，爱因斯坦称赞玻尔提出的原子模型是“思想领域中最高的音乐神韵”。1932年，英国物理学家查德威克发现了中子，同年，海森堡和伊凡宁柯分别独立提出了原子核由质子和中子组成的模型。1938年，哈恩和斯特拉斯曼等发现了核裂变。后来科学家又发现了核聚变，以及原子核结合能随原子量变化的规律和质量亏损的概念。

这一个个历史性的重大发现与一个最简明方程式（$E=mc^2$）的结合，奠定了核能的理论基础。核科学揭示了微观世界的结构和规律，也揭示了宏观世界的某些内在规律（如太阳内部的核聚变）。

在核科学的开创阶段，以钱三强、赵忠尧、吴有训、王淦昌等为代表的中国科学家，也曾作出了一系列重要贡献。

一、战争和政治的需要使大规模核能的释放首先以武器形式实现

20世纪中期，以核武器研制成功为标志的震撼世界的核能释放，在军事、政治、外交、科技等领域都产生了重大而深远的影响。核裂变发现不久，第二次世界大战在欧洲战场全面爆发，武器成了当时人们最需要的东西。在这种特殊的历史背景下，核技术被率先应用于发展核武器，出现了一系列惊世的新概念：原子弹、氢弹、核武器；核试验、核潜艇、核导弹；大规模杀伤性武器；接着又出现了核威胁、核威慑、核战略、核扩散与核军备控制等概念。

人们在认识核能作用空前巨大的同时，也认识了它巨大的破坏杀伤力。理智的科学家从一开始就提出了反对制造核武器。1964 年，中国首先提出了“无核武世界”的思想，郑重声明不首先使用核武器并致力于全面禁止和销毁核武器。

世界范围内“禁核试”和“核不扩散”步履艰难，在“无核武”这个理想世界未实现之前，我国保持有限核力量有效性的重要性和必要性不言而喻。我国从一开始就制定了“不比数量，要争质量；适合国情，可以承受；不背包袱，持续发展；战略威慑，可靠有效”的发展方针，这就使两弹的发展与经济发展相一致，走出了一条中国特色的高效的发展道路。

尽管核武器的存在使人类难以摆脱核战争的阴影，但一些国家还是不愿放弃核武器，并且存在着核扩散的现实危险。今天的人类还需要一个很长历史时期的进步，才能进入真正的“生态文明”乃至“大同文明”，到那时，人类将远离核武，核能将只用于为人类造福。

二、核能的和平利用进入“稳中求进”的新常态

核武器成功研制后不久，各国纷纷推进了核能的和平利用，核技术得到广泛应用，社会效益和经济效益显著。

核能的应用是基础物理研究的成果迅速转化为工程应用的范例。全球已有 30 多个国家发展核电，已经建成 400 多座核电反应堆，积累了 1.7 万堆年的运行经验，为全球电力需求每年作出约 10% 的贡献。同时，核动力与核技术应用成就显著。

以历史眼光来看，像任何工程科技领域的创新一样，核电的发展也有一个发育成熟的过程，不可能一帆风顺、一路轻松。航空、航天的先行者，有人为成功献出了生命；驯服核能，也不免付出代价和牺牲。当然，核电毕竟有它的特点，一旦发生严重事故，其后果具有扩散性和后效性，因此要格外慎之又慎，安全应该是核电文化的核心。

核电在发展的几十年历程中，曾发生过三哩岛、切尔诺贝利和福岛三次核事故，特别是切尔诺贝利和福岛核事故，陡增了对核电安全性与环境后果的质疑和担心，重挫了核电发展的势头；同时，这些事故也提供了宝贵的经验和教训，对事故的认真、深入分析，将带来核电安全技术和安全管理水平的提高。驾驭核能才是核安全的根本之道。

需要意识到，福岛核事故后核电的发展已进入“稳中求进” 的新的常态：

1)核电发展的速度会适度放慢。“百年大计，安全第一”，对核电安全更多投入，会使核电发展的步伐更稳健。

2）面对资源、环境的制约和能源需求，具有洁净、高效、稳定、高能量密度等特点的核电，是绿色、低碳能源的战略选择之一。人类不可能放弃核能的和平利用。在中国的电力结构中，核能的占比将逐步从小到大，成为一个非化石能源的支柱产业。

3）无论是沿海还是内陆，核电都要切实做到安全。稳扎稳打，核电厂发生事故的概率会进一步降低，在事故工况下，对造成环境和社会后果的可控能力会进一步加强，做到实际可控。经过持续、坚韧、细心的努力，全社会对发展核电的信心会逐步提升。

4）核电的发展方式需要转型，以适应福岛核事故后的新的常态。完善、改进体制机制，使国家利益最大化；核行业内部增强合力，更好统筹、协调、配合；完善科学、民主、信息透明的决策程序，公众不仅是科普的对象，更应成为参与的主体之一，从头参与立项的酝酿、沟通和论证。建立政府主导，公众、企业、专家协同的，责、权、利清晰的发展方式，对项目的科学性及利益与效益达到高度共识，是核电平稳发展的基础。

5）加强我国核能发展的战略谋划。在发展战略的指导下，制定近、中、长期的发展规划，其中包括加强我国核电的基础性和应用性研究，使我国核能科学技术逐步走上国际先进乃至领先水平。

6）认真谋划核电全产业链条（从前端到后端，包括最终核废物处置）各环节的统筹、协调发展。这不仅是长远的、全局的需要，也有利于当前“理性谋共识，科学谋发展”，引导我国乃至世界核电进入一个健康发展的新的常态。

三、创造核能可持续发展的未来

煤炭、石油等化石能源的发现和利用，使人类由农耕文明进入了工业文明阶段，而人类从工业文明迈向生态文明的过程，也必将伴随着能源的变革与发展。百年展望，非化石能源必将逐步成为主导的能源，可再生能源和核能将会共同为此作出贡献。在这一过程中，要努力加大新概念、新堆型、新材料研究力度，并通过检验和选择，逐步走向成熟和自主化制造后，才能进入实际应用和批量建设。核能将在更坚实的科技基础、制度基础、文化基础和社会基础之上走向未来。

未来能源应该是体现人类智慧的新形态。中国人有智慧创造安全高效核能发展的中国道路，并为人类能源的可持续发展作出贡献。

今天核能发展面临的形势和问题与以往有很多不同，因此我们更应该努力去了解公众对于核能的态度，去重新审视核能为社会带来的福音与风险以及核能自身面临的机遇与挑战。《核能公众接受性：研究、反思与对策》为我们认识这一具有历史感又有时代感的问题打开了一扇大门，相信每一位读者，都会在这本专业、易懂又充满思想性的书中找到自己需要的答案。

杜祥琬

中国工程院院士，原副院长

二〇二〇年四月

清华大学房超教授与他的学生陈虹宇先生经过 10 余年的潜心研究，著成大作《核能公众接受性：研究、反思与对策》。在大作行将面世之前有幸拜读，受教良多。

核能公众接受性是一个十分复杂的问题。它涉及一个国家的政治、经济、社会、科技及人文等诸多方面。为破解核能发展困局，国内外许多专家学者从不同角度开展了广泛的研究，论文、著作甚多。房超教授是一位善于思考，勇于探索，极具才气的学者。他多年来从系统性思维出发，运用心理学、统计学、传播学等多种手段，结合国内外大量的公众事件，客观全面地去研究核能公众接受性困局的深层次原因，给读者以不同的途径，多角度全方位去理解这个问题，并告诉我们应以一种什么方式去应对它。我想这是房超教授不同于其他研究者的一个重要方面。

大作行将出版，这是一本具有科学水准，可为读者释疑解惑，可读可懂的好书。我愿借此机会向作者表示诚挚的祝贺，并向读者推荐。

赵成昆

中国核能行业协会

二〇二〇年四月

专家评述

美国匹兹堡大学教授伯纳德·L·科恩在《核能的选择》一文中提到，核能技术被誉为 20 世纪人类最伟大的科技进展之一，但从没有一个技术被如此激烈地争论。核能技术被激烈争论的原因有很多，如核武器巨大威力导致的核恐惧、核事故后果的严重性、核能技术的神秘性、核能技术利弊两个方面的突出性，以及核能技术发展的年代，人类已从科学盲信转向科学反思等。在西方社会，这种争论是如此的广泛和深入，已经远远不是停留在科学技术和经济利益及代价层面，而是涉及世界观、价值判断和伦理学等领域。由于每个人的世界观和价值观的形成在很大程度上受本民族历史、文化的熏陶和个人教育背景的影响，而在世界上这些方面又存在着如此的多样性，所以导致这些争论往往难以达成共识。自然地，研究工作者从各个角度开展了核能社会可接受性方面的研究，形成了丰硕的成果。

我国是民用核能起步较晚的国家，虽然早期民用核能发展时也存在不同意见，但这些不同意见基本存在于专业团体和决策部门内。近些年来，随着我国民用核能规模的逐步扩大，以及全社会公民意识的提高，有关核能的争论范围已不仅限于专业团体和决策部门，而是参与范围越来越大，特别是在重大核事故，如日本福岛核事故发生时，以及某些重大核工程启动时。争论的出现也引起了相关政府部门、涉核企业等的重视，一些人员也开展了核能社会可接受性方面的研究。但总体而言，我国在核能社会可接受性研究的深度和广度方面还有很大的可拓展空间。

近日读到清华大学房超教授等所著的《核能公众接受性：研究、反思与对策》，作者从核能发展与公众可接受性的冲突、核能公众可接受性的演变，以及公众可接受性与心理学等多个角度探讨了核能公众可接受性的问题，并利用统计学、传播学等工具开展了核能公众可接受性方面的定性与定量化研究，提出了公众沟通方法学等方面的建议，是一部比较系统地研究核能公众可接受性的专著，值得核能工作者学习和借鉴。事实上，不仅仅是核能和核技术领域，在人类从科学盲信到科学反思的过程中，许多技术都被广泛争论和质疑（如转基因技术），所以房超教授等的著作对其他领域公众可接受性的研究和应对也具有很好的参考意义。

汤搏

生态环境部核电安全监管司

二〇二〇年四月

在核能发展大势与公众接受性相冲突的社会背景下，我一直期待有这样一部既专业又可读的著作，专门研究和回答如何面对核能公众接受这一非常现实而又复杂的问题。如今它终于面世了！房超教授独具匠心，集多年潜心研究于大成。本书全面阐述了核能公众接受问题产生的历史背景、演变过程及发展所面临的困惑，运用多种科学方法，以创新的视角分析了问题产生的原因并揭示其背后的客观规律，富有远见、系统地提出了应对和解决问题的新思路和途径，无疑会给读者提供一份不可多得的参照或启发，有助于人们对核能和核能公众接受问题有一个更加客观理性全面的认识。相信本书对不同层面的读者都会裨益匪浅。

王毅韧

国家国防科技工业局

二〇二〇年四月

专家评述

公众接受性是影响核工业发展的重要因素，在国际上引起了广泛关注，有着独特的理论价值与重要的实际意义。在核工业人才培养与干部培训过程中，公众接受性这一概念越来越引起大家的重视，这是一个很好的现象。房超教授的《核能公众接受性：研究、反思与对策》中用完备的理论、严密的论证和丰富的案例，为我们提供了一条理解核能公众接受性的有效途径。“人学始知道，不学非自然”，我向每一位对核能感兴趣的朋友推荐这本书，它会打开一扇门，使你从一个全新的角度审视自己熟悉或不熟悉的核能领域。

高立本

核工业管理干部学院

二〇二〇年四月

想和读者说的话

我在本科入学到博士毕业的八年，取得了物理学学士和博士学位，工作之后在反应堆安全领域做了十年的研究，几年前又开始做高新技术战略研究方面的工作。在理科、工科、社科与管理科学的跨界中，我深刻地体会到交叉学科的乐趣与挑战。我一直秉承着的科研理念是：以我们日常所面临的各种困惑的问题为研究对象，找到其背后的客观规律，并努力用定性与定量的手段描述。这个理念陪伴我至今，并还将伴随着我未来的科研工作。

至于我在核能公众接受性领域的研究，要回溯到2011年日本福岛核事故发生之时。那时我刚刚参加工作不久，在清华大学核研院反应堆安全研究室工作，与曹建主教授在一个办公室。有一天我正好出去开会，回来时候曹老师和我说："你今天出去的倒是巧，日本福岛发生了核事故，也不知道记者们从哪里知道咱们办公室的电话，一天打了七八次，让我发表意见。"后来，也有朋友陆续打电话向我询问此事。大家问的问题五花八门：有关于技术的，包括福岛核事故的起因、经过与可能产生的结果等；有关于辐射影响的，包括中国海域的海鲜是否会被放射性污染、中国沿海是否适宜居住与中国居民是否需要买碘片防护等；有单纯表达恐惧的，包括感觉受到了辐射影响身体不舒服的（身在中国）、担心在日本的亲朋好友的（并非福岛影响的区域）以及担心是否国内会产生食物与饮水短缺的。这之后的几天，又出现了中国公众抢盐、韩国公众抢泡菜、美国公众抢碘片的事件，使社会人群变得越发恐慌。与此同时，我所在的研究室在薛大知教授的带领下，开展了对于福岛核事故源项的研判。尽管数据有限，我们还是设计了多种场景去估算这次核事故最坏情况的源项，以及是否会对我们产生影响。另一方面，国家核安全局也组织了行业内的顶级专家进行情景研判，可以说那时候，核与辐射安全领域的专家们都在为准确评估福岛核事故对我国的影响做出努力和支撑。然而结果却十分具有戏剧性，虽然国内多个课题组的研究表明这次事故对中国的影响微乎其微，国家核安全局也郑重宣布了我国不具备发生福岛核事故的条件，可是整个核能行业发展依然受到了重创。再后来"核电安全大检查"，"新建堆型必须用第三代堆型"，"暂不安排内陆核电建设"等一系列措施的实施，导致中国的核能发展速度明显放缓，全世界的核能发展也都受到了或多或少的影响。

对于一个刚刚步入核工程领域的青年学者来说，这不是一个好事情。然而除了偶尔会感叹一下命运所开的玩笑以外，更引起我思考的是：为什么公众会对核恐惧？这种恐惧是否能被定性或者定量描述？为什么技术上已经证明风险很小的事情大家还是不能接受？该怎么应对公众认知中的不理性因素？为什么我国公众接受性的研究不太多？等等。这些问题让我百思不得其解，也让我觉得如果研究清楚这些问题，可能比完成一个核电站的设计更加有意义。至少，我们应该先知道一个技术该不该存在，能不能存在，再去研究怎么发展它。

因此从 2011 年起，我利用业余时间，并且利用一些自由探索的经费，开始了核能公众接受性研究。我印象很深，第一笔经费是 2000 元，是学校鼓励本科生开展自由探索课题的经费。那时一个清华大学心理系的本科生（沈可汗），对这个问题十分感兴趣，加入了我的课题组，开始用心理学的方法研究核能公众接受性，并且在 2013 年国际核工程大会（ICONE21）上发表了学术论文。这是我第一次在这个领域内发表自己的研究成果，也是我在核能公众接受性领域的起点。这是个美妙的开始，从此我将自己纯自然科学领域的研究拓展到了社会科学的研究，并依托清华大学优秀的核科学研究条件，顺利地推动这个领域的工作，直到今天。

通过近十年的研究，我发现当年困惑我的问题，就像小孩子提出的问题一样，是那么的幼稚简单，却又难以回答。例如：公众对于核的恐惧有深层次的心理学原因，但即使知道了原因，我们却不可能通过心理辅导的方式使所有恐惧核能的人解脱；又例如：公众接受性的研究近年来减少的原因，并不是学术界不重视，而是自 1986 年的切尔诺贝利核事故后，已经过去了 20 多年，公众早就淡忘了恐惧，等等。逐渐明白了这些道理，我才知道当时一时冲动进入的领域，是如此的复杂，它是一个与科学、技术、社会、人文都相关的学科，它的研究方式与研究规律，既有自然科学的特征，又要符合社会科学的规制，还要真正解决行业、社会与公众的问题。这是一个真正意义的交叉学科，也正是因为这样，这个领域是十分难以开展工作的。学术贡献与社会贡献往往有脱节的现象，这在很多领域无可厚非，毕竟学术研究和直接应用存在着差距。而在核能公众接受性的领域，脱节就意味着研究失败。我们研究的就是“公众”，成果却不能反哺“公众”，不是失败是什么？

在研究公众接受性的过程中，自然有很多非常有意思的事情，可惜篇幅所限，不能和大家一一分享。但关于这本书，却可以和读者说一说。对于这本书的定位，我想它并不是一般科普书籍，甚至说它是高级科普书籍也不准确。它想呈现给读者的，是我们研究核能公众接受性这一问题的系统性思路，以及我们作为研究者的一些体会。我们通过心理学、统计学、传播学等多重手段，去探究核能公众接受性困局的深层次原因，力图把这个问题做不同维度和层面的“切割”，给读者去创造不同的途径，多角度全方位地理解这个问题。另一方面，本书没有想劝说和作者意见不一致的读者（毕竟每个人都有对事物持有自己观点的权利，把自己的想法强加于别人身上，本身就不是科学的方式）。这本书想表达的，仅仅是告诉大家：公众支持或反对核能的外在表象和内在原因的逻辑关系是怎样的，以及针对这些问题我们应该以一种什么科学方式去应对它。如果读者看完书后，觉得自己对核能公众接受性的认识更加科学、理性，亦或知道了自己原有认识的局限（哪怕还是难以改正），亦或是发现了理解问题的新角度，都是我们乐于看到的。值得一提的是，在研究核能公众接受性的过程中，作者还建立起一套“高新技术社会实验”的研究框架体系，它可以用于很多高新技术战略的研究（如人工智能、基因编辑等）。这是作者研究之外的收获，我们也相信读者读完此书后，会或多或少的有类似收获。

本书由八章组成，第一章主要讨论了核能发展与公众接受性的冲突，重点分析了冲突产生的原因与带来的影响；第二章主要介绍了核能公众接受性的演变，通过一些典型历史事件，给出了核能公众接受性这一主题中几个需要关注的方面；第三章介绍了核能公众接受性的心理学分析，包括分析方法和分析思路，使读者能定性理解恐核的心理层面原因；第四章主要讨论核能公众接受性的统计学分析，重点从定量的角度去分析广域与定域的公众接受性问题；第五章用传播学的视角研究了核能公众接受性，并分析了多个案例，使读者了解现代传播方式对于核能公众接受性的重要作用；第六章主要介绍公众沟通对于核能公众接受性的影响，并介绍了一些有效的公众沟通手段；第七章介绍了解读核能公众接受性的其他维度，包括核能政策与放射性废物处置等对公众接受性的影响；第八章对核能公众接受性的未来进行了展望，同时也是本书的结束语。总体来说，本书的章节安排是基于“原始问题背景（第一、二章）——现存问题研究（第三至七章）——未来问题畅想（第八章）”的撰写思路，只对这三个部分中某部分感兴趣的读者，也可以只阅读部分章节。在本书中我们力求把研究案例讲细讲透，真正使读者明白其中的现实背景与研究方法，也正因此我们并没有堆砌过多的素材，而是本着“少而精”的原则来介绍有关研究结果——毕竟对读者来说，大量信息在互联网上俯首皆是，而精细的知识却不易得，既然选择了读书而非上网，那一定是希望能够细细品味一些东西。

本书的写作过程中，我和我的学生陈虹宇继承了课题组十多年来的研究成果，这些课题成果有很多研究人员和学生的贡献，他们是：曹建主教授、王爱星教授、李川博士、岳昆博士、杨辰博士、王雯毅博士、李锦彬、杨妍然、邢浩宇、包旭寅、沈可汗、刘畅、程熙慧、Mishari Al Saud 等，他们锐意进取的精神，激励着我在核能公众接受性这个研究领域不断努力前进；我要特别感谢中国核能行业协会的张廷克秘书长、杨波副秘书长、陈荣老师等，生态环境部核与辐射安全中心的王晓峰所长和董毅漫女士，中国核能电力股份有限公司的左跃先生，他们在核能行业深耕多年，有丰富的一线经验，与他们深入交流让我掌握了业内的一手资料；我还要感谢清华大学高技术实验室的周羽教授和核能与新能源技术研究院的童节娟教授，我在约十年前开始这个方向时，这两位前辈都给了我莫大的鼓励，现在看来，对于一个涉世未深的青年学者，前辈的鼓励与信任是多么的重要；我也必须要感谢我的博士导师吴国祯教授，尽管我现在从事的研究方向已和吴老师大相径庭，但吴国祯教授“基于兴趣，创造方法，求真务实，探索未知”的学术理念影响我至今；当然我更要感谢我的家人，父亲房晓弘与母亲韩春丽对我工作中的各种重要决定都予以极大的支持，岳父孙仑山和岳母李道英为我的日常生活提供了坚实的保障，特别是我的夫人孙立风博士和我的儿子房无忧，很多思想的火花都是我们三人一起讨论得到的。我经常和别人说，与家人在一起的时候，其实我的工作效率更高。

最后特别感谢杜祥琬院士在百忙之中为本书作序，赵成昆先生、汤搏先生、王毅韧先生和高立本先生为本书写专家评述，中国原子能出版社的王丹女士对于书籍出版的鼎力相助。本书是为每一个关心核能的人写的，它适合从事核能公众接受性的研究人员、工作人员或是对这个问题有兴趣的专家学者与普通公众。由于本人水平有限，书中不免有这样或者那样的错误，希望广大读者朋友不吝赐教指正。

房超　陈虹宇
二〇二〇年三月“新冠”疫情期间 于家中

目 录

Contents

第三章 核能公众接受性与心理学

第四章 核能公众接受性与统计学

第五章 核能公众接受性与传播学

第六章 核能公众接受性与公众沟通

第七章 解读核能公众接受性的其他维度

第八章 关于未来的畅想

第一章

我国核能发展与公众接受性的冲突

1942年，在建设世界上第一座反应堆芝加哥1号时，费米等核物理学家最为担心的是：一旦链式反应被触发，反应堆能否得到控制。如图1-1所示，为了保证安全，芝加哥1号反应堆设置了一个安全控制棒“斧头人”（Safety Control Rod Axe Man, SCRAM），他的名字是Norman Hilberry。这位“斧头人”时刻准备砍断吊挂着安全控制棒的绳索，以防止链式反应失控。70多年后，现代化的反应堆早已不再用“斧头”，而是拥有了可靠的自动停堆系统，而“SCRAM”这个词也仅作为“未能紧急停堆的预期瞬态”（Anticipated Transient Without Scram，ATWS）等事故名称中作为一般性的名词出现。

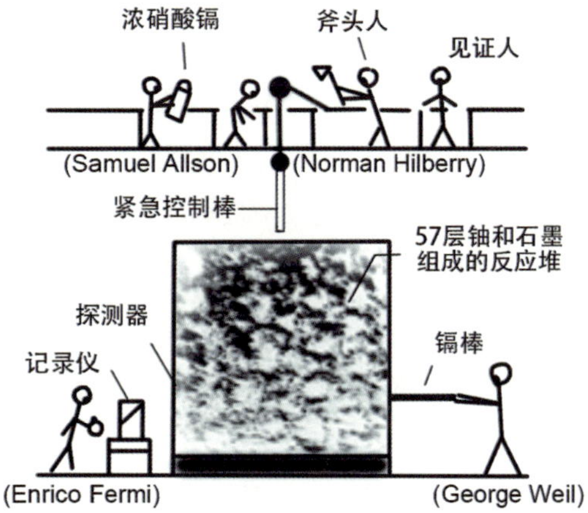

图1-1 第一座反应堆控制示意图

然而“斧头”并没有消失，只是改头换面，它的新名字叫作“公众接受性”，它的主人也从原来的“斧头人”变成了广大公众。在现代这个高度透明的社会，每一个公众都有力量挥动“公众接受性之斧”，让反应堆的建设或运行中断，甚至能让核能行业的发展停止。从这个意义上说，“斧头”的威力比原来还强大！

在过去的数十年中核能产业俨然已经从稚嫩的小苗变为参天大树，并结出了果实；然而近年来越来越多的公众开始拿起了“公众接受性之斧”，站在一旁冷眼旁观，甚至伺机而动。有趣的是，他们还吃着这棵树上的果实，享受着核能带来的利益（如封面所示）。这种冲突画面感十足，是非常有趣且值得研究的。这一章中，我们主要基于中国的情况，从核能发展的必要性与公众接受性的困境出发，使读者了解到核能公众接受性这一问题的重要性。

一．我国核能发展的必要性

核能作为高效、清洁、稳定的能源，无疑是优化我国能源结构，弥补我国能源缺口的重要选择。核能不仅仅是简单的反应堆产热发电，而是一条完整的产业链，主要包括核电站建设、核电站运营、核燃料供应、乏燃料后处理、放射性废物处理、核技术应用等环节，涉及反应堆工程、地质、气象、水文、机械、电机、化工、材料等诸多专业领域。**从国家层面来看，核能在政治、经济、生态与科技上，都具备极高的战略价值，是必须要发展的。**

（一）核能发展的政治战略价值

1. 核能与国家能源安全

根据《BP 世界能源年鉴 2019》的数据显示，2018 年核能发电量占全球发电量 10.2%，仍然是世界主力电源之一。北美、欧洲、俄罗斯的核能发电量占比分别为 17.7%、22.3% 和 18.4%，而中国仅为 4.88%。

我国的一次能源形式主要为煤炭、石油、水电和天然气。煤炭占比过高，石油和天然气进口依赖度较高，核能占比很少。根据美国能源信息署（U.S. Energy Information Administration）的数据，2016 年中国石油进口依存度达到 65.4%，预计 2020 年将超过 70%；天然气进口依存度 40% 以上。与此同时，由于美国本土页岩气的利用，美国已逐步脱离了对中东石油的依赖。中东不稳定局势等问题已可能成为影响中国发展的重要因素。同时近年来石油海上运输风险明显加大，跨境石油管线安全运行问题不可忽视，这使得我国能源安全问题雪上加霜。过分依赖进口的能源结构，在复杂多变的政治格局下导致供给无法保障，影响着国家能源供给安全。另一方面，我国出于保护生态和环境的角度考虑对于剩余水电的开发采取审慎态度，太阳能和风能又不够稳定（尽管近年来储能技术快速发展，但是太阳能和风能依然无法作为大规模基荷能源），因此大力发展可用性强的核能技术，减少国家能源对于油气进口的过分依赖，通过能源多样化增强能源供给的安全，是我国能源安全的重要选择之一。

与传统化石能源相比，核燃料成本占发电成本比例低，且易于储备。用具体的例子说明更容易理解。从能源储备的角度上看，联合国国际能源署（International Energy Agency，IEA）建议各个国家建立 90 天以上石油进口量的储备，这需要投入 380 亿美元，相当于 150 座百万千瓦核电站 5.4 年铀储备的资金投入，而且还需要建造五千万立方米以上的储备容量（相当于 50 个北京“水立方”游泳馆的容积）。而由于核燃料能量密度高，相当于化石燃料能量密度的数百万倍且存储容易，只需要不到石油千分之一的储备容量便可以达到国际能源署的建议要求。因此，国际上将核燃料视为一种“准国内资源”，将发展核能视为提高能源自给率的一个重要途径。从美、法、英、日、韩等国的经验来看，即使核燃料主要靠进口，也可以有效保障国家能源供应安全。根据核电站燃料运输储存量小的特点，国家完全可以通过在国际市场天然铀价格适宜时加大收储的方式保障核燃料的长期供应，因此从燃料取得、运输和储存方面看，核能在能源供应安全性方面具有优势。

2. 核能与军民融合发展战略

在更广范围、更高层次、更深程度上把国防能力建设与经济建设结合起来，使其深深融入经济社会发展体系之中，为国防及军队现代化建设提供可持续发展的后劲，为国家经济建设和社会创新发展注入强劲的动力，是军民融合创新发展战略追求的目标。

核能技术具有十分鲜明的军民融合特点，民用核能发展可以为保持和提升国家核工业能力建设提供支撑，为增强国防实力提供重要平台和技术产业集群，最终实现高新技术涌现。举例而言，核燃料作为一国战略资源，相关的核材料生产加工工艺、核材料流转以及相关应用技术等都关乎本国乃至区域安全与稳定；目前受到广泛关注的小型化反应堆技术，无论对于民用核能系统或是军用核动力舰艇与空间核动力推进，都具有非常重要的意义。在全面禁止核试验的大国际环境下，通过民用核能技术的研究与攻关，突破关键技术问题，为“小核心”的国防尖端核能技术研究提供“大外围”的民用核能技术集群，最终实现集群涌现，这对于中国的核能尖端技术研究以及核威慑能力保持具有不可替代的积极作用。

当前，我国核工业正处于由大到强的关键时期。核能发展，尤其是以三代核电技术作为国内民用核技术发展的主要载体、以四代核电与先进小型堆技术作为主要探索方向，在“军民融合”国家战略布局中承担着探索先进技术的重要角色。民用核能的发展可以拉动我国核工业全产业链发展，对于在和平时期保持和提升核工业水平和能力、实现我国从核大国向核强国转变、保障国家总体安全都具有不可替代的作用。从这个意义上说，作为一种国家战略和高新技术的集群涌现，核能产业必须保持在一定的发展规模。

3. 核能与“一带一路”倡议

国际经验表明，国家间的核能合作不仅具有重要的经济意义，而且具有重要的政治和外交意义。以核电站为例，核电建设周期长，运行时间更长，相关国家间的合作是长期且可持续的。国际核电项目从洽谈、签订到完成建设，最少需要 10 多年，新建成的核电机组运行寿期一般为 60 年，寿期延续后运行时间可能还会延长 20 年左右。如果加上退役、乏燃料处理等，核电项目整个寿期接近 100 年，将其称为“百年大计”一点也不过分。核能国际合作在政治上敏感，建设成本巨大，需要大量资金支持，只有相互信任达到一定程度的国家才会开展合作，同时通过核能合作也可以有效发展两国关系，将两国经济、能源、产业发展，甚至人民、社会、文化等方面的合作紧密联系在一起。

当前，国际核能市场竞争激烈，俄、法、美等传统核能强国不断抢占市场，韩、日等国也在加紧推销它们的核能技术。核能市场竞争不是简单的商业行为，而是国与国之间政治、外交、军事和经济等综合实力的竞争。目前各国在核能产业链方面的合作，多是建立在政治外交和战略性盟友基础上的伙伴式合作，这种跨领域、多层级的战略性合作和互惠关系是国际市场开发的主流，也是未来我们的发展方向。

中国核能产业走出国门已经成为国家“一带一路”倡议中重点合作领域之一。推动中国核能“走出去”，不仅可以促进当地经济社会发展和民生改善，也能为我国树立良好的大国形象，争取大量政治资本。核能“走出去”可以带动大量高附加值机电产品走出国门，改善我国出口贸易结构，提高中国的国际声誉与影响力，有力地支撑国家“一带一路”倡议，与“一带一路”沿线国家建立友好的合作关系。

不难看出，核能的政治意义非常巨大，这一结论不仅在我国成立，在世界任何一个大国都是普适的。

（二）核能发展的经济战略价值

1. 核电发展有利于保障电力稳定经济供应

核电具有高稳定性的特点。全球主要核能国家都将核电定位为电网基荷电源，电网优先消纳核电，尽可能保证核电机组按最大发电能力稳定运行，以提高核电站的运行安全性，同时避免低负荷运行产生的核燃料利用不充分问题，实现资源利用最大化，这是保证核电机组供应稳定和电价竞争力的关键性因素。从国外核电机组的运行情况看，设备利用小时数通常都保持在 7000 小时以上，负荷因子超过 80%。根据国际原子能机构（International Atomic Energy Agency, IAEA）统计，核能发电占比较高的法国、瑞典、美国 2018 年核电机组的年负荷因子平均分别为 76.4%、89.0% 及 92.6%（法国因为核电占比太高，核电机组适当参与负荷调整，因此年负荷因子相对较低）。除美国外，这些国家的核电上网电价相比其他类型电站处于相对较低的水平，对稳定电网的整体电价发挥了积极的作用。近三年来，我国核电机组年负荷因子高达 90.2%，也佐证了核电稳定供应的特点。

同时，核电不仅是绿色、低碳、稳定可靠的优质能源，在经济性方面也有一定的竞争力。目前我国在运的二代和二代改进型核电上网标杆电价基本与煤电上网电价持平，低于需要国家补贴的光伏、风电等可再生能源的上网电价。核能发电成本的大部分是一次性投资的折旧费用和建设期间贷款部分的财务费用，日常运行所需的燃料费、人工费、运行维护费比较低，即便在包括了乏燃料后处理费用、废物处理费用和核电站退役的费用后，合计不足发电成本的 40%。相比煤电 60% 以上的燃料成本，以及如前所述的水电开发困境（新增水电站上网电价预计将普遍超过现行的核电标杆上网电价），从长周期看，核电成本具有一定的优势。

我国自主研发的三代核电技术不仅提升了核电机组安全性，同时兼顾了经济上的竞争力。三代核电技术将电厂设计寿命延长至 60 年，电厂的可用率提升至 90% 以上，同时通过延长换料周期、提升机组容量、提高核电设备国产化率、降低建造成本等措施进一步降低运行费用及造价，保证核电机组有较高的经济性。初步测算，我国三代核电进入批量化建设阶段后，国内核电机组造价可以控制在 16 000 元 / 千瓦左右，与计入环境成本后的火电电价相比也具备潜在的竞争力。

2. 核电建设带动地方经济发展

核电是资金密集、技术密集、人才密集的特大型项目，也是可持续发展的“百年工程”。核电项目从开始准备到最终退役大致可以分为四个阶段。第一阶段是前期准备阶段，从项目启动到厂址准备，约 5~10 年，投资约 10~20 亿元人民币；第二阶段是工程建设阶段，从核岛筏基浇灌第一罐混凝土（FCD）至项目竣工验收，约 5~7 年（目前国内一个 2 台百万千瓦级机组的三代核电项目投资约为 400 亿元人民币，后续批量化后投资还会降低）；第三阶段是核电厂生产运营阶段，从机组建成发电到退役，寿期 60 年以上，年发电收入近 100 亿元人民币；最后是退役阶段，退役和废物处理要 10~20 年甚至更长时间，退役基金约为固定资产投资的 10%。一个核电项目，从前期启动到后期退役，全周期约 100 年甚至更长时间，资金流前后达几千亿元人民币，可以持续拉动地方经济发展。

具体而言，核电对于地方经济的拉动体现在如下两个方面。

一是核电项目增加了地方财政收入，带动了地方经济发展。核电项目通常选址于偏远地区。项目开工以后，需要在厂址附近修桥铺路、开展大量的基础设施建设包括通路、通水、通电及通讯，同时通过税收、就业带动地方经济的发展。例如，浙江秦山核电 9 台机组投运后，每年缴纳各种税费约 30 亿元。截至 2016 年年底，秦山核电已累计缴纳国税 294 亿元、地税 44 亿元、教育附加费 9.46 亿元。除税费外，秦山核电支持海盐县社会事业建设资金已累计超过 7 亿元，包括基础设施建设、助学、扶贫、文化卫生事业等。广东大亚湾核电基地累计缴纳各项税费 391 亿元，其中对地方财政收入的贡献为 154 亿元（至 2013 年底）。这些贡献与同类产业相比是非常有吸引力的，因此很多地方政府也对核电表示出极大的兴趣。

二是核电项目促进了地方产业结构的优化升级，有助于扩大城市规模。核电产业是一个高新技术产业，发展核电为当地带来人才汇集、先进技术和可供共享的基础设施和服务，在拉动当地经济、优化区域能源结构的同时，还能带动地方产业升级，吸引人口迁入，城市规模迅速扩大，又有利于地方引进更多项目，形成正反馈。核电产业链可以形成聚集性效应，除国内两大重机和三大发电装备制造集团已布局的核电主设备制造基地外，国内多地都已形成为核电产业配套的产业园区，最大限度地发挥区域优势。目前已经建成的核电产业园有南京滨江核电装备科技产业园、江苏靖江核电配套产业群、上海核电产业群、烟台核能产业园和海阳核电装备产业园，带动了地方材料、机电、电子、仪表、冶金、化工、建筑等产业发展。以秦山核电为例，2012 年 6 月，海盐依托秦山核电基地建设中国核电城，目前已经入住核电关联企业 76 家，引进核能产业项目 60 多个，项目计划总投资 210 多亿元。

3. 核能走出去产生的巨大经济效益

核电项目投资大、周期长，核电出口对国内产业的拉动效应明显。以向巴基斯坦出口“华龙一号”为例，出口价格约 300 亿元人民币，装备设计、制造、建安施工、技术支持均由我国提供，单台机组需要的 8 万余台套设备及其服务由国内 200 余家企业提供，可创造约 15 万个就业机会。加上数十年的核燃料供应、相关后续服务，单台机组全寿期产值可以达到约 1 000 亿人民币，可以有效带动国内一大批设计、装备制造、建安企业和高新技术企业走向国际市场，对拉动我国经济增长和结构调整的作用十分明显。

随着国内三代核电建设的完成和运行经验的积累，三代核电机组将成为中国核电出口的主流产品。国内“华龙一号”按计划将于 2020 年建成，2025 年前后可能在海外开工建设一批“华龙一号”项目。2020 年 2 月 13 日，英国核能监管办公室和英国环境署当天发布联合声明，宣告中国三代核电技术“华龙一号”在英国的通用设计审查（General Design Assessment，GDA）的第三阶段工作完成，将正式进入第四阶段（最终审批阶段），这为我国“华龙一号”走向国际市场提供了坚实有效的背书。

核能“走出去”并不限于核电站“走出去”，也可以带动国内核燃料供应、工程机械企业等走出去。以中国广核集团有限公司纳米比亚湖山铀矿为例，在投资总额约 20 亿美元的湖山项目，集聚了中国广核集团有限公司、中国核工业建设集团有限公司（现已与中国核工业集团有限公司合并）、中国兵器工业集团有限公司、中国建筑集团有限公司、中国电力建设集团有限公司和中国冶金科工集团有限公司等多家大型央企。中国企业合同总额约为 27 亿元，其中矿建施工 14 亿元，设备供货 13 亿元，带动了 3 台套 330 吨大型矿用卡车首次出口海外市场，为中国企业走向海外提供了很好的平台。2017 年 3 月中国核工业集团有限公司（简称中核集团）

与沙特地质调查局签署了《中国核工业集团公司与沙特地质调查局铀钍资源合作谅解备忘录》，按照协议约定，中核集团将在两年内对沙特9片潜力地区开展放射性资源勘查工作。这是我国提升两国战略合作关系的具体举措，为未来双方开展全产业链合作打下了良好基础，也为中国核能企业与“一带一路”国家开展合作积累了经验。

此外，中国与世界其他核能大国正在积极探讨共同开发第三方市场，除在土耳其、保加利亚、约旦等核能项目上的合作，还在研究通过股权并购、工程总承包、战略投资等方式与斯洛伐克、西班牙、荷兰等国开展核电建设、核电站运营等方面的全方位合作。核能领域的国际合作，可以充分发挥我国的比较优势，取得“双赢”的结果，同时也可以带动和扩大中国与核能相关产业的产品出口。

综上所述，核能带来的国内外经济效益不容小觑，具有重要的经济价值。历史上，我们比较重视本节所述的前两个效益，未来在“一带一路”倡议下，核能发挥的海外效益会越发明显，他不仅让“海外中国”的形象在“一带一路”国家越来越高大，还可以带来实实在在的经济效益。

（三）核能发展的生态战略价值

中国经济发展进入了新时期，经济转型和能源结构优化的任务十分艰巨。在未来的能源发展战略中，低碳发展与绿色发展将成为主旋律，可以预计能源供应的增量部分将来主要依靠可再生能源和核能。

尽管近年来光伏、风能的开发增长迅速，但我国电力生产中仍有66.5%来自煤炭，煤炭在电力生产中占比仍然偏高。煤炭消费产生的SO_2、NO_X、CO_2、烟尘等污染物，形成酸雨和温室效应，降低空气质量，不利于生态环境。我国电力对煤电的依赖度过大，是当前的主要矛盾之一。核能发电几乎不会产生有害气体，即使考虑核能的全产业链，也基本不会产生任何额外的有害气体，从这个角度说，核能乃至整个核能产业链，是具备较强的环境友好性的。

2019年，我国太阳能和风电的装机容量分别为2.04亿千瓦和2.10亿千瓦，分别占全国电力装机容量10.2%和10.4%，但发电量仅占全国总发电量71 422.1亿千瓦时的3.1%和5.0%。2019年，我国核电总装机容量为4 875万千瓦，占全国电力装机总量的2.5%，但发电量约占全国总发电量的4.88%，从这个意义上说，与同样是清洁新能源的太阳能和风能相比，核能的效率优势十分明显。与燃煤发电相比，核能发电相当于减少燃烧标准煤7 000多万吨，减少排放二氧化碳2亿吨，减少排放二氧化硫65万吨，减少排放氮氧化物56万吨，具有明显的环境效益。

另一方面，核能还具有很大的环境资源优势。表1–1中给出了建成1 GW发电机组（或发电系统）所需要的占地面积和资源。不难看出，单从占地面积来看，与其他新能源系统比，核能具有根本优势。从消耗的资源上来看，除太阳能与风能外的新能源系统都要消耗巨量的资源（尽管有些资源可能是废物再利用，但依然需要大量的人力和物力进行收集与整理），是不可能大面积应用的。

表 1–1 各能源系统环境资源消耗对比表

能源系统名称	1 GW 发电机组所需的占地面积（平方英里）※	消耗资源
太阳能（10% 效率）	40	—
风能	40~70	—
生物气体	2 400	0.6 亿头猪的粪 8 亿只鸡的粪 6 200 km^2 的甜菜
生物质能	12 000	3 000 km^2 木材
生物乙醇	2 800 6 200 104 000	7 400 km^2 土豆 16 100 km^2 谷物 272 000 km^2 小麦
生物油	9 000	24 000 km^2 油菜籽
核能	1/3	—

注：※ 1 英里 =1.609344 公里。

当前，我国生态文明建设正处于压力叠加、负重前行的关键期，已进入加速提供更多优质生态产品以满足人民日益增长的优美生态环境需要的攻坚期，也到了有条件有能力解决突出生态环境问题的窗口期。核能作为安全高效的清洁能源，其运行可靠性高，无温室气体排放，可以有效应对气候变化和减少大气污染。对于全世界任何重视环境利益的国家，核能都是一个不可忽视的选项。

（四）核能发展的科技战略价值

1. 核能发展践行国家科技创新战略

我国核能发展一直践行国家科技创新战略。通过自主研发，我国核能领域形成了大量的自主知识产权，极大促进了研究设计、装备制造、以及相关领域科技实力的提升，为新一代核能技术研发和国内其他工业领域的科技进步提供了重要支撑。自岭澳二期开始，我国大力推进核能装备的国产化攻关，经过不懈努力，核电设备国产化率从早期大亚湾建设时的 1% 提升到目前三代核电的 95%，形成了装备产业链集群，同时也带动了地方经济的发展。2018 年年末，在中核集团改革开放 40 周年新闻发布会上，针对“美国对华的核出口管制是否会影响中国核能事业发展”的记者提问，中国核能企业的回答：“在核能方面，我们的技术完全不受美国人的制约；可以自信地说，中国核能的发展不会被人卡脖子。”

践行科技创新战略为核能发展不断带来活力，核能发展也为科技创新战略的实践创造了平台。核能科技创新已经成为一种模式，一种文化，根植在核从业者的心里，不断推动着新技术的发展。同时，核能科技创新发展和航空航天、高铁网络，移动支付一样，不断给国人带来信心，激发国人的创新潜能，是我国科技创新战略成功实践的重要一环。

2. 核能带动国家高端装备制造产业发展

在核电项目建设过程中，我国装备制造企业在吸收消化国外先进技术基础上，积极开展三代核电装备的研发，制造技术持续创新，重大核心关键技术取得突破性进展，形成了一批具有自主知识产权的成果，在保证三代核电工程建设的同时，大大提升了我国高端装备制造的能力和中国自主品牌的影响力。

核能装备国产化过程中，国内核能装备制造企业通过技术攻关，研发了自动激光焊接、自动化安装与无损检测等新工艺新设备，并且成功应用于产品制造，进一步提升了我国自主装备的技术水平。核能装备制造企业通过信息化与工业化的深度融合，从传统离散型生产模式向数字化生产模式转型，建立了现代化的核能装备制造工业体系和核电主设备成套供应商，为中国核能走向国际市场打下了坚实基础，也为其他装备制造业提供了良好的范例。

另外，核能发展对我国高端装备制造人才队伍建设与提高企业管理水平具有重要意义。核能装备制造对人员的素质要求高，国家实行严格的准入制与全过程质量监督管理，焊工、无损检测等特殊工种需要通过考核持证上岗。目前国内制造企业以提供高端核能装备为目标，培养了逾万名高素质人才队伍，这些人才从核能产业起步，走向各行各业，为我国高端装备制造能力做出了不可磨灭的贡献。另一方面，由于核能装备制造业的质量要求高、过程管理严格，通过涉足核能装备制造业，提升本企业员工的企业管理能力，已经成为中国制造业的共识。一些非核能装备生产商也积极参与到核设备生产取证的大军中，其着眼点并不仅仅是在核能装备供货中分一杯羹，而是想通过这种方式倒逼企业的管理能力提升，这种产品与能力的双向正反馈，是非常难能可贵的。

二 . 我国核能公众接受性的困境

发展核能如此重要，但它却面临着公众接受性困境，许多研究都表明，公众态度对核能项目的实施与公共政策的制定存在较大影响。在这里，我们首先对公众接受性的基本概念做一个简单界定。简单而言，核能公众接受性是公众对核能所持有的带有赞同或不赞同偏向性评价事物的倾向，代表了一种内在的、相对稳定的主观倾向，通常反映在对核能的认知水平、情感和行为的表现中。

在公民意识较强的社会中，较高的公众接受性能够使项目、政策的推进实施更加顺畅；而较低的公众接受性将导致不必要的麻烦与问题，影响项目的正常推进，甚至会导致项目的搁置与失败，还会引发社会矛盾与不稳定。目前，我国民众的公民意识正处于觉醒加速的阶段，因此公众接受性对于项目的顺利实施具有重要决定作用。核能项目（包括核电厂、乏燃料后处理厂、放射性废物储存点等）作为投资大、建设周期长的大型项目，其推进实施过程中特别需要重视公众接受性的问题。

我国的核能公众接受性并不高，其主要原因可以归纳为以下三个方面，这三方面在其他核大国也是影响公众接受性的重要原因。

核能认知偏差较大。由于历史原因，公众对“核能”和“核武器”产生概念混淆。在我国，“核”的概念最早来自于核武器，美国在日本投掷的两颗原子弹、我国自主研发的“两弹一艇”，以及20世纪宣传的“打赢核战争”等口号，使很多公众把“核能”这一多义词简化为“核武器”，造成了恐核心理。时至今日，相信不少从业者自我介绍时，还是会受到“您是研发核武器的吗”等类似的疑问。此外，由于核能产业技术要求高，相对封闭性强，能源占比少，公众对核能的风险和利益认知不足，也影响了公众接受性。

核事故负面影响深远。公众对核能的恐惧根源主要来自于几次重大事故，1979年美国三哩岛核事故第一次敲响警钟；1986年苏联切尔诺贝利核事故使得全世界意识到重大核事故的影响范围巨大，持续时间极长，损害无法逆转，后果难以预测；2011年发生在邻国日本的福岛核事故使得公众对核能愈发不信任。在这里我们要特别强调福岛核事故。在媒体众多的信息时代，公众对福岛核事故的了解和“感受”比其他任何事故都清晰，新闻播放的事故画面，水产市场遇冷，碘盐受到哄抢，都给民众留下了严重的心理阴影。更为糟糕的是，东京电力公司及日本政府事故后处理的一系列失误，使得公众对整个核能行业而不单单是对福岛第一核电站产生了质疑。

涉核不实信息高速传播。这是社会信息化后的新原因，近几年信息传播速度呈指数增长，微信、微博的诞生与自媒体的高速发展，使得很多不实信息无孔不入，涉核不实信息也不例外。杞县卡源事件、江门反核事件、连云港反核事件、“核雾染”等各类消息传播速度飞快，且由于转发与二次编辑的人众多，很快就在真实情况中诞生了大量的不实信息，导致官方发布与辟谣无力应付。在批量不实信息的狂轰滥炸下，很多公众已经主动的或被动的走入“信息茧房”，偏颇的相信转载较多的信息，而无法分辨其真实性。另一方面，随着各类社交平台的兴起以及媒体的普及，使得媒体的建设门槛大幅降低。公众能够通过大量媒体获得涉核领域的相关知识，却无法得到理解与内化，导致公众的核电知识体系构建出现了半专业化甚至伪专业化的现象。这种半专业化认知使公众在面对核电项目时更容易产生误解，且这种误解由于存在一定的专业知识基础而更加难以被转变。在多方面因素的共同作用下，涉核的正确信息难以入耳，不实信息大行其道，最终扰乱了公众的视听。

总的来说，我国核能所处的公众环境不佳，也正因为如此，反核行为时有发生。下面我们将介绍定域性与广域性反核行为，并简要介绍走出核能公众接受性困境的关键所在。

（一）定域性与广域性反核行为

核能公众接受性不佳的直接体现，就是公众的反核行为，而部分公众的反核行为也会成为降低其他公众接受性的原因。反核行为分为定域性的和广域性的，定域性反核行为指发生在核项目所在地，针对该项目发生的邻避事件；广域性反核行为则是不针对某具体核项目或某区域，而对全社会造成广泛影响的事件，主要形式为涉核谣言和反核影视作品的传播。

1. 定域性反核行为

定域性反核行为即“邻避效应”导致的邻避事件，这些事件不仅会直接阻碍区域性的发展计划,其社会影响还可能会从区域扩大到全局,延缓整体计划的实施。“邻避效应”指新发展计划受到计划所在区域或邻近地区居民反对的情况,来自英文“Not in my back yard（NIMBY）”，直译即是“不要在我的后院”，非常形象地说明了“邻避效应”中公民们对待新项目的看法：不管项目如何，请不要建在我家旁边。“邻避效应”的强弱，能够直接体现计划或项目在公众接受性上的不足程度。

对于国家来讲，核能具备极高的战略价值，但是当核设施落地于具体某处时，其带来的风险被分散给了当地群众，而其战略价值却仍然被全社会享有。在这种情况下，如果当地公众没有感知到可以享有的额外利益而仅仅感受到风险，极有可能产生邻避心理，最终导致发生邻避事件。

随着经济发展和国民素质的提高，人们越来越关心自己的身心健康，越来越注重表达自己的看法，维护自己的权利。作为一个还需要持续推进大型工业设施建设的发展中国家，无论从历史的维度或者空间的维度做国家间比较，我国这种建设发展的需求与人民权利意识的冲突都是罕见的。另一方面，新媒体时代的信息有着爆炸式的传播速度，在这种情况下，公民们愈发能够通过便利的途径了解到政府的相关举措，这种信息透明虽然对于关心项目进展的公众来说是福音，但同时也给某些计划项目的邻避主体造成了信息冲击。在福岛核事故发生后，我国公民对核能安全性和核事故后果有了更多关注，恐核心理增强，出现了多起邻避事件，如安徽望江县政府发文请求叫停江西彭泽核电站事件、广东江门民众抵制核燃料厂建设事件、连云港市政府由于市民抗议决定暂停核燃料循环项目前期选址工作等。这些邻避事件最终导致了核设施落地的失败，阻碍了我国核能产业的发展。

以连云港事件为例。乏燃料后处理是核工业中的重要一环，我国核电站卸出的乏燃料在不断增加，而目前仅有的乏燃料后处理试验工厂——中核四〇四有限公司中试厂仅有 50 吨 / 年的处理能力，远远不及乏燃料卸出量。在这样的背景下，中核集团与法国阿海珐于 2013 年签署了建立大型商业后处理再循环工厂合作项目的框架协议，阿海珐集团承担总体技术责任，中核集团负责在我国选址建设该乏燃料后处理厂，总投资金额过千亿元。连云港已经有田湾核电站这一核设施，因此被认为是核能公众接受性较高的群体，加上比较合适的地理条件，被作为备选厂址之一纳入中核集团的考察范围。2016 年 7 月 28 日，有媒体发布了《总投资超 1000 亿的乏燃料后处理大厂或落户连云港》的文章，透露乏燃料处理厂可能落户连云港。这一消息引起了巨大的反响，连云港部分媒体疯狂转载引发热议，最终引发了 8 月 6 日和 7 日的居民游行抗议活动。在游行中，出现了一些不法分子趁乱袭警的情况，还有人拍摄了警察维护秩序抓捕不法分子的影像资料上传到网络上，散布“警察开枪”“打死群众”等谣言。最终，当地政府不得不在 8 月 10 日发布暂停选址工作的公告。实际上，连云港仅仅是备选厂址之一，且选址工作早在 2015 年就已经展开，但是因为政府的信息公开不足，“邻避效应”应对策略欠缺，导致核循环项目被误传为“核废料大处理厂”（“核废料”的概念本身并不准确，但是是反核人士常用的），舆论迅速发酵，选址工作最终搁浅。

由此可见，定域性反核行为对核设施建设具有毁灭性的打击，如果不能及时处理，造成的损失将会难以挽回。这也是为何现在核设施的业主在前期工作伊始就对于公众沟通与信息公开非常重视的原因所在。

2. 广域性反核行为

广域性反核行为以涉核谣言传播和反核影视作品的传播为主，又以涉核谣言传播最为突出。涉核谣言的大范围快速传播，容易造成恐核情绪与反核心理，使公众接受性进一步降低，甚至导致群体事件。“造谣一张嘴，辟谣跑断腿”，生动地说明了造谣成本低而辟谣成本高的情况。面对舆情，如果不能及时处理，“从众心理”等效应往往会使谣言扩散迅速，且谣言在传播的过程中还可能被放大或扭曲，使舆情复杂，愈发难以应对。

例如，福岛第一核电站受海啸影响出现了部分放射性物质泄漏，引发日本及亚洲周边国家的大范围恐慌情绪。大约在 3 月 15 日左右，浙江率先出现不要购买海产品、海盐等说法，之后多种版本的谣言相继传播开来，例如“碘盐可以防辐射”或者“由于大家放弃海盐，井盐会相应提价”等。该谣言自 16 日传至沿海省份，17 日在全国范围内大面积传播，随即出现了一些地方民众疯狂抢盐的事件。在抢盐过程中，还发生过拥挤踩踏等现象，带来极大的社会不稳定隐患。根据网络舆情指数测评体系评价，“抢盐风波”的舆情指数达到了 94.2 分，足见其社会影响极大。

又例如，2017 年 1 月初，一则“日本宫城县惊现巨型生蚝”的消息被多家网络媒体转载，图中的生蚝接近成年男子的手掌大小，引起众多网友关注。1 月 10 日日本驻华大使馆回应称，该图是宫城县一家水产养殖公司养殖了两年的牡蛎。“巨型生蚝”的消息引发了大量网友转发，造成了恐慌，同“切尔诺贝利巨鼠”谣言一样，对核事故后的后果进行错误和夸张化地展现，诱发了公众的恐惧和对核能的反对。

当然并非所有涉核谣言都是广域性的。例如 2009 年河南杞县发生的钴 -60 卡源“核泄漏”谣言，造成的影响主要集中在杞县及附近区县，这类谣言一般有区域性的涉核主体，影响范围具有定域特点，为了分类方便，本书将其归类为邻避事件，而非广域性反核行为。值得一提的是，涉核公众沟通中易出现将广域和定域问题混淆，并出现了“本末倒置”的问题：讨好了广域的旁观群体，却冷落了定域的利益相关群体，甚至被旁观者中别有用心群体所误导和利用。这种资源倒挂现象，不仅浪费人力物力，效果也十分堪忧。

（二）走出困境之钥

公众接受性是一个“形而上”的概念，但是公众接受性引起的问题是实际存在的，只要公众接受性低，反核行为就会不断发生（可能是连续的，也可能是脉冲式的），即使公众接受性达到一定水平，一旦新的核事故发生，或者别有用心者炮制新的反核行为，也没人能保证核能公众接受性水平不会断崖式下跌。那么公众接受性到底要达到何种水平，才能不对核能发展产生阻力呢？

飞机可能是个很好的例子。飞机与核能有许多相似的地方：军用飞机和核武器在战时都大放异彩，令人生畏；民用飞机和核能都造福了人们的生活，但事故后果均极其严重。飞机和核能也有不同之处，例如在长途旅行时，飞机的可替代性弱，而目前核能仍然有较强的可替代性（否则我国核电装机和占比也不会如此之低），又例如，选择飞机的乘客对飞机的风险认知是比较成熟的，而对核能风险的认知不但不成熟，还有些是科学中尚无定论的（如低剂量效应等），并且不能按照喜好与否进行单独个体的选择（公众无法轻易地选择是否用核能技术，而往往是在不知情的情况下就使用了核能，或者是根本没有不用核能的选项）。但有一点是最重要的，飞机刚被制造出来时，也被认为可靠性低，事故后果严重，很多人惧怕空难事故，拒绝乘坐，但经过数十年发展，大多数人已经认同了从概率上来讲飞机是最安全的交通工具。长时间的宣传，锲而不舍的技术发展以及公众浸入式的体验，是飞机得以被公众接受的关键，这些观点我们在后续章节还会论述。

同样，只有当公众不再认为核能是一种特殊的能源，而把它和水能、太阳能、风能等能源同等看待，甚至能指出核能的独特优点时，核能发展才能完全走出公众接受性困境。核能发展走出公众接受性困境之钥，就是提高所有公众对核能的认知水平，营造认同核能的“温室”（社会氛围），提高公众接受性，最终使核能在公众心中不再特殊。其实，美国在早年制定核电安全目标时，提出的“两个千分之一”的概念（对核电站周边个体，因核事故导致立即死亡的风险，不应超过全社会成员因其他事故导致同类风险总和的千分之一；对核电站周边的正常个体，因核电运行所导致的癌症死亡风险，不应超过其他原因导致的癌症死亡风险总和的千分之一），就是把核电看作和其他工业设施一样，考虑其对社会造成的附加风险不能超过同类其他工业设施，而并非把核电站特殊对待。这种理念其实也是美国等国家能够大力发展核电的一个认识层面的基础。

毋庸置疑，同人们对飞机的认识一样，也需要长期的科普、技术发展与公众体验，不断提高下一代对核能的认知水平，而由于核能的不可选择性等特点，公众提升核能的认知可能还需要比提升飞机的认知花费更长的时间。在这个过程中，反核行为仍然有可能发生，但我们还要继续朝这个方向努力。换个角度讲，其实我们现在所做的一切提升公众接受性的努力，无论是学术研究或是科普实践，都是为了让公众更加了解核能，不再非理性地把核能当作一个特殊的事物。

三．总结

本章中我们不难看出，从政治、经济、环境与科技四个战略维度，核能都是十分必要的。事实也证明，没有任何一个强国或想成为强国的国家不重视核能技术与产业。然而另一方面，核能公众接受性的困境，又使这个必要的技术和产业发展受到或多或少的阻碍。尽管我们很多分析用的是中国的情况和数据，但很多结论对于其他发达国家和部分潜力巨大的发展中国家，都是适用的。核能发展的需求和接受性的困境有所冲突，相互制衡，使得世界的核能技术与产业发展成今天的局面。那么当下和未来，公众接受性会变得更好吗？会变得更差吗？会如何影响核能的发展？这些问题我们无法直接回答，但我们可以通过介绍一些研究方法和研究成果，使读者具备根据自己所处的客观环境做出理性分析的能力。正如前言所说，本书并不是想告诉读者应该支持核能或者反对核能，而是提供给大家研判这一问题的思路和方法，使读者具备自己的思考能力。

我们已经了解了核能公众接受性的重要性，在下一章中，我们将选取一些典型的历史片段，使大家更好地理解核能公众接受性的演化过程，并提炼出一些公众接受性的重要问题，作为我们后续研究的重点方向。在这里需要强调一下，本书的撰写过程中，有专家认为从广义上来讲，以“核能的社会可接受性”提法易于为社会所接受，防止给人以居高临下的感觉，同时确实政府、社会组织等在核能可接受性方面也起着重要的作用，而“公众可接受性”是其中的一部分。本人也十分认同这种观点，然而由于本书更多的笔墨着力于“人”（这里的“人”，既包括普通公众，也包括核从业者，政府官员等其他社会角色，是广义的公众——这也是本书中“公众”的内涵）的感受，因此本书还是将题目定位“公众接受性”，便于本书的聚焦。

参考文献：

[1] 汤搏 . 核电安全的基本概念 [J]. 领导科学论坛 , 2017,4:57-66.

[2] 谢力 . BP 世界能源统计 2019[J]. 石油科技动态 , 2019,7:1-128.

[3] 王泽平 . 产业走出去需深谋远虑——核电走出去的技术优势和发展路径 [J]. 中国投资 , 2015,19:48-53.

[4] Bhatt, Naitik. Renewable Energy Resources[J]. Energy, 2010, 89(2):1101-1102.

[5] 王蕾 , 郑国栋 , 赵顺平 , 等 . 日本福岛核事故对我国大陆环境影响 [J]. 辐射防护 , 2012,6:4-14+26.

[6] Yao X , Zhang Y , Du L , et al. Review of the applications of microreactors[J]. Renewable and Sustainable Energy Reviews, 2015, 47:519-539.

[7] Shrader-Frechette K . Climate Change, Nuclear Economics, and Conflicts of Interest[J]. science & engineering ethics, 2011, 17(1):75-107.

[8] 梁锋 . 信息茧房 (information cocoons)[J]. 新闻前哨 , 2013,1:87-87.

[9] Burstein, P. The Impact of Public Opinion on Public Policy: A Review and an Agenda[J]. Political Research Quarterly, 2003, 56(1):29-40.

[10] Gates, Ernie. No one wants backyard nuclear dump[N]. Daily Press, 1980, Vol. 85, No. 181.

[11] 苏才美 , 黄敏 . 群体性突发事件下谣言传播与控制研究——以碘盐抢购风潮为例 [J]. 东南传播 , 2011,5:28-30.

[12] 杨辰 , 房超 , 童节娟 . 中国发展核能的必要性 [J]. 核动力工程 , 2014,1:200-202.

[13] Richard, L, Stroup, et al. Not In My Back Yard[J]. Economic Affairs, 1989,9(6):34-37.

[14] IAEA. The Fukushima Daiichi Accident —— Report by the Director General[R]. 2015.

[15] 刘洋硕 . 反核电老人 [J]. 南方人物周刊 , 2012, 9:54-56.

[16] 郭芳 , 王红茹 . 望江“恐核症”[J]. 中国经济周刊 , 2012, 9:24-35.

[17] 王斌 . 新媒体与基层社会的传播动员机制——“江门反核行动”个案研究 [J]. 暨南学报 (哲学社会科学版), 2014, 11:130-139.

[18] 马天南 . 风险集聚类“邻避型”群体事件研究——基于连云港“反核废料”事件的分析 [J]. 湖北文理学院学报 , 2017, 38(6):25-29.

[19] Jones J C . How Safe is Safe Enough?[J]. Risk Management, 2005, 7(1):73-74.

[20] Van der Pligt. Nuclear energy and the public[M]. Blackwell Publishing, 1992.

[21] Slovic, Paul, et al. Risk perception, trust, and nuclear waste: Lessons from Yucca Mountain [J]. Environment, 1991,33(3):7-31.

[22] 陈虹宇 , 房超 . 核能环境利益与“邻避效应”——从心理距离的角度出发 [J]. 中国核电 , 2019,5:586-590.

[23] 文剑波，左凯文 . 突破旧围筑新城——论核电公众沟通过程中的绝对质疑与相对信任 [J]. 中国核电，2019,12(6):701-705.

第二章

核能公众接受性的演变

如果要评选史上最硬核的玩具的话，“Gilbert 原子能实验室”应该有备选的一席之地。这款玩具于 1950 年发布，有多个版本，如图 2–1 所示，它主要含有盖革计数器、验电器、威尔逊云室、铀矿石标本、α 放射源铅 -210 和钋 -210、β 放射源钌 -106、γ 放射源锌 -65 以及使用说明书和铀矿勘探手册等。该玩具发布一年后，就因为可能致使儿童摄入放射性物质以及被苏联作为暗杀工具而下架。放在今天，发售这样一款直接带有放射性物质的玩具是不可想象的。

图 2–1 Gilbert 原子能实验室广告

“Gilbert 原子能实验室”是早期人们把核科学视为时髦科技的产物，像这种把新兴事物视若珍宝的情况在人类史上屡见不鲜，贵族小姐们用铅粉化妆、拿破仑用铝碗换掉银碗，说明时尚的一部分就是猎奇。这个小巧而狂野的玩具也是那个时代人们对核的不懈探索与开发的真实写照，在它被下架的这一年末，美国阿贡国家实验室（Argonne National Laboratory，ANL）建成了世界第一座可以发电的反应堆 EBR-1，人类对核能的利用开始真正启程。在迈过了 20 世纪 60 年代的验证示范期后，以美、苏、英、法等国为首的多个国家开始迅速推动核能建设，在 1966—1980 年，世界共有 242 个机组投入运行。核能产业欣欣向荣，人们对原子能时代充满信心，直到 1979 年一部名叫《中国综合征》的有关揭露核电站事故的电影的上映，普通公众才对核能打出了第一个问号，而仅仅两周后的三哩岛核事故，让这个问号变成了红色感叹号。我们认为，核能公众接受性正是从三哩岛核事故开始成为制约核能发展的重要因素（显然安全性在此时亦被进一步重视）并正式进入了决策者和研究者的视野。在三哩岛核事故后，美国蓬勃的核事业转向低调与平缓，众多与核相关的国家实验室的经费拨款大幅削减，温伯格等众多核能领军人物逐渐销声匿迹，“第一核纪元”走向了尾声。

不过，核能毕竟是解决世界环境问题和能源问题的答案组成之一，人类并没有放弃核能，只是在后续的发展过程中更加谨慎地对待它。接下来，我们将从《中国综合征》和三哩岛核事故说起，讲述一些四十年来与核能公众接受性有关的史实，然后介绍公众接受性研究方法的发展过程，使大家了解核能公众接受性发展演变中的一些重要问题。需要说明的是，核能公众接受性是一个复杂的科学问题和社会问题的结合，不可能事无巨细地展示给读者，我们这里只是选取一些有代表性的历史片段，让读者对于核能公众接受性历史演化中诞生的重要问题有一个感性的认识，这对于读者深入理解本书后面章节内容是非常有益的。

一．《中国综合征》和三哩岛核事故：问题起始

《中国综合征》于 1979 年 3 月 16 日上映，虽然名字带有中国，但是这张电影海报却并没有任何中国元素，也基本和中国没什么关系。以现在的眼光来看，这部电影与现代美国商业片的故事模式差别不大，它讲述了这样一个故事：

记者金伯利和摄影师亚当斯在加利福尼亚一家核电站控制室参观时恰好撞见一次运行事件，在总工程师杰克的带领下，这次事件总算是有惊无险地度过，而亚当斯也悄悄录下了这个事件。事后，金伯利的领导要求金伯利待美国核管会（Nuclear Regulatory Commission, NRC）的调查结束后再处理此事，而对资本家心生怀疑的亚当斯则悄悄拿走了保存在保险室里的原片。另一方面，如果核电站不能按时恢复运行，就会耽误另一座核电站的资格申请，因此，杰克模糊了事件中的一些细节，使得 NRC 的调查结果表明核电站并没有什么大问题。但是事后，杰克发现建筑公司提供的焊缝 X 射线照片全都是一样的——这明显表示核电站存在未知的隐患。与此同时，亚当斯找到了两位科学家，也证明了核电站有事故隐患。如果这个事故发生，不受控制的链式反应会使核反应堆堆芯持续产生高温，将熔穿反应堆底部，并一

直向下熔穿，直至从美国一直穿透到地球对面的中国——这就是所谓的“中国综合征”。而后，金伯利和亚当斯找到了杰克，请求他提供证明。视核电站为一生心血的杰克在激烈的心理斗争后选择提供真正的X光片给两人。但是亚当斯的助手在送X光片的途中被核电站投资人的爪牙撞落山崖，在发布会公布事故证据的计划也就此搁浅。杰克决定亲自出面作证，但是刚出门就发现有人跟踪，经过一番追逐后他回到了核电站控制室并夺下了保安的手枪，一个人留在控制室，要求公开采访。闻讯而来的金伯利进入了控制室，杰克情绪激动，语无伦次，眼看杰克整理情绪就要说出真相，采访终于到了关键时刻，投资人的手下却破门而入，并朝杰克连开三枪，杰克倒地。核电站在此时却发生了事故，好在最后在众人的惊恐中事故终于停止，杰克也在此时没了呼吸。在最后的采访中，杰克的手下似乎终于鼓起勇气站了出来，但是这仅存的勇气也仅仅只能让他说出“杰克是个英雄，后续应该有细致的调查”，影片在此时戛然而止……

图 2–2　《中国综合征》海报

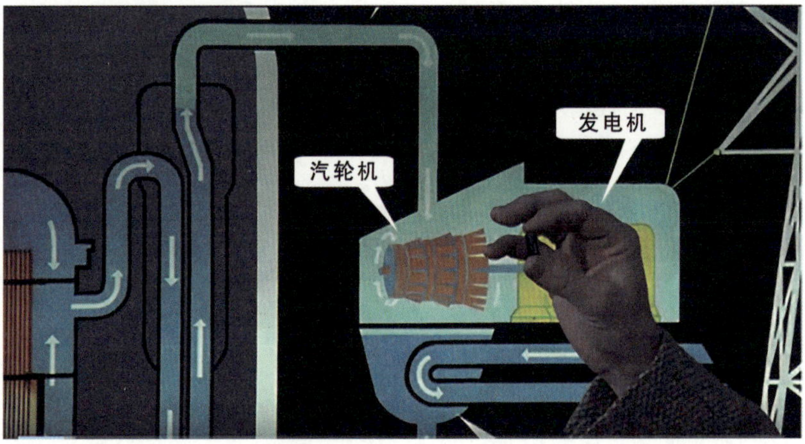

图 2–3　《中国综合征》展示铀燃料和反应堆简化图的剧照

从一个普通观众的视角来看，这四十年前的电影虽然剧情简单，但是对人物的塑造可圈可点，结局也发人深省，意味深长。而从一个从事核能工作的人的视角来看，这部剧可谓“神剧”，因为它很准确地预言了未来：

- 发生事故时多个仪表盘同时蜂鸣，部分仪表产生故障，多数操作人员经验不足——与三哩岛核事故发生时的真实情况非常类似。
- 为了利益不符合规定而提前启堆的操作——这和切尔诺贝利核事故里违规提高反应性“异曲同工”。
- 电影中多处表达了对放射性废物处置问题的担忧——这正是我们日渐关注的问题。

如果没有三哩岛核事故，《中国综合征》也许会像很多商业片一样，在公众当中火上几个月、参加几个电影奖评选后就没入芸芸影海中（客观来说，这个电影从艺术的角度也是成功的，它获得了 4 项奥斯卡提名）。但是，无巧不成书，刚刚运行一周年的三哩岛核电站在电影上映后十二天，也就是 1979 年 3 月 28 日发生了一次 5 级事故。当日凌晨 4 时半，三哩岛 950 兆瓦压水堆电站 2 号反应堆主给水泵停转，辅助给水泵按照预设的程序启动，但是由于辅助回路中一道阀门在此前的例行检修后没有按规定打开，导致辅助给水回路没有正常启动，二回路冷却水没有按照程序进入蒸汽发生器，热量在堆芯聚集，堆芯压力上升。堆芯压力上升导致减压阀开启，冷却水流出，应急堆芯冷却系统投入使用。但是由于机械故障，减压阀在泄压后没有回坐，而操纵人员误以为已经回坐了，关闭了应急堆芯冷却系统，在堆芯压力回复正常值后一回路冷却水继续注入泄压水箱，堆芯水量继续减少。一回路冷却水大量流失造成堆芯温度上升，待运行人员发现问题所在的时候，堆芯燃料的 60% 以上已经熔毁并发生了放射性物质的泄漏。系统发出了放射性物质泄漏的警报，但由于当时警报蜂起，核泄漏的警报并未引起运行人员的注意，事后甚至无人能够回忆起这个警报。直到当天晚上 8 点，2 号堆一、二回路才恢复正常运转，而运行人员都始终没有察觉堆芯的损坏和放射性物质的泄漏。6 天以后，反应堆的堆芯温度才开始下降，氢气爆炸的威胁也解除了，但有大部分铀棒受到损坏，反应堆最终陷于瘫痪。

CARTER GIVES OATH TO TWO IN CABINET

Around the Nation

Haydens Start a 52-City Nuclear Protest

Bostonians Vote Today to Select Two for Spots in Mayoral Runoff

图 2-4　纽约时报对 Jane Fonda 夫妇反核演讲的报道（1979 年 9 月 25 日 A 版 14 页）

三哩岛核事故就像是《中国综合

征》的重演，公众虽然没有陷入恐核，但是对核能的支持率显著下降，反核人士们挥舞的斧头也更加锋利。《中国综合征》的女主演 Jane Fonda 是一个最典型的例子，1979 年 9 月 25 日她和丈夫 Tom Hayden 在三哩岛核电站的冷却塔前手挽着手，宣布将在接下来的 32 天里在 52 个城市进行反核运动，接受电视台采访和进行校园演讲，力争在十年内让核能退出历史舞台（图 2–4）。有趣的是，40 年零一个月后，也就是 2019 年 10 月 25 日，美国还是那个世界上核电站最多的国家，而 Jane Fonda 则因为进行抵制化石燃料导致的气候变化抗议活动被警方逮捕。82 岁的她一袭红衣，高举被捆起来的双手向公众示意，甚至吐出舌头大做鬼脸——也许她应该重新认识一下核能，这可是解决气候变化的好方法。

当然，在三哩岛核事故之前已经有了零星的反核声音，其中 John W. Gofman 和 Arthur R. Tamplin 两人合著的一本名为《Poisoned Power》的书可以说是最值得关注的资料。John W. Gofman 博士是 ^{232}U，^{232}Pa，^{233}U，^{233}Pa 的共同发现者，毕生致力于研究辐射对人体产生的伤害；Arthur R. Tamplin 博士曾致力于研究核弹爆炸后生物圈的辐射浓度分布。毫无疑问，两位学者在自己的领域上都颇有建树，尤其是作为劳伦斯利弗莫尔国家实验室（Lawrence Livermore National Laboratory，LLNL）生物医学研究中心的创立者 Gofman 博士，更是相关领域的大牌专家。1963 年他们两位受美国原子能委员会（Atomic Energy Commission, AEC）的委托开始对“和平利用原子能”可能引起的潜在危险进行了一系列研究，发现“迅速发展的原子能所产生的辐射对人类生命的危害远比任何人想象的要严重得多；核辐射导致的癌症和白血病死亡人数比以前认为的多得多，人们严重地低估了遗传损害对后代的潜在损害。”然而，两人的研究结果并没有被 AEC 完全接受，于是为了表达自己的观点，两人合著了《Poisoned Power》来公开研究成果和阐明弃核的理由。该书第一版于 1971 年出版，书中的主要论据和案例包括：

- 核电站运行一年产生的放射性物质和一千颗广岛原子弹相同。
- 保险公司的风险判断专家，通过排除合同中对公众遭受核电站事故和放射性损害的保障条款，来保护自己免受索赔。
- AEC 既是公众的“保护者”，又要负责推动核能发展，必然存在利益冲突。
- 没有任何证据表明 AEC 和平利用核能的标准是真正安全的。
- 核电并不是未来唯一的充足电力来源，未来将有更高效、清洁、经济和安全的能源。

此书的论述中，大部分都的确是核能客观存在的问题，但我们这里要强调两点。针对第一条，实际上这是完全正常的。原子弹爆炸的核反应时间很短，约为万分之一秒量级，而反应堆一年的核反应时间为三千万秒，因此生成的放射性物质当然比原子弹多不少。对于原子弹来说，最大的风险不是放射性射线，而是冲击波和粉尘气溶胶的吸入，文中的说法有点故意误导读者。针对第三条，实际上美国在三哩岛核事故前就做出了改变。美国爱达荷实验室为了模拟 LOCA 事故（冷却剂丧失事故，Loss of Coolant Accident）的主要状态，组建了一个 50 MW 压水堆试验装置 LOFT（Loss of Fluid Test），一系列的试验结果表明，早期核电厂应急堆芯冷却系统的注入水可能被破口大量旁路，以至堆芯不能得到足够的冷却。这个结果使 AEC 陷入困境，因为已有数十个核电机组建成或在建。AEC 质疑试验结果的合理性，要求将结果保密，但结果还是被泄漏，导致 AEC 丧失了社会公信力。1974 年，美国通过“能源重组法案”将 AEC 与国家自然科学基金会等机构合并，并分化出能源研究与发展署（Energy Research and Development Administration，ERDA）和美国核管会（NRC）。ERDA 后演变为美国能源部（Department of Energy, DOE）。实际上，世界主要核大国均把核安全监管与核能发展分开管理，防止“既当运动员又当裁判员”的情况出现。

让我们回到这本书本身。在该书的引言部分，他们这样说到：

Nuclear power has not been proved to be clean!

Nuclear power has not been proved to be cheap!

Nuclear power has not been proved to be safe!

而这本书的目的，也正是从清洁性、经济性和安全性上全面否定核能。在三哩岛核事故后，他们又在 1979 年对该书作了更新和再版。在新版前言中，Gofman 把三哩岛核事故中氢气爆炸并没有大规模发生归功于“命运”而非工程师们的技术和纵深防御，并且认为尽管媒体揭露了很多核工业技术上的问题，但是有关核能的真正问题是在道德上的，包括：

- 核工业利用谎言和欺骗来操纵公众舆论，并为了自己的利益利用公众甚至杀死公众。
- 核工业在公众不知情或不同意的情况下进行各类实验。
- 核工业为了所谓的“进步”而认可随机性谋杀和随机性的对不可剥夺的生命权的剥夺。
- 核能导致遗传退化并突破我们保护自己基因免受伤害的责任底线。
- 国会和总统提倡让官员和行业雇员亲自负责并执行危险甚至杀人的政策。

Gofman 的上述观点仁者见仁，但与之对比，在 1971 年的版本的前言里，他更关心的显然是辐射危害而非“道德”问题。我们再回头来看《中国综合征》，在这部剧中，对资本家的唯利是图和对 NRC 马虎态度的唾弃显而易见，这与 Gofman 的新观点高度一致，现实和虚构、科学和媒体、技术和道德交织在一起，很难说是谁先影响了谁，但是《中国综合征》、三哩岛核事故和《Poisoned Power》无疑向公众传达了同一个信息：核能是危险的，操纵核能的资本家更是不值得信任的。技术的可靠性与否和从业者能否被信任在近半个世纪以前就已经是人们关注的问题，而在今日，它们仍旧是影响核能公众接受性的两个关键因素，对此，我们在第四章将会有更详细的分析。

而如果要对三哩岛核事故做一次评价的话，我们认为这是一次不幸又是一次幸运。不幸的方面显而易见，三哩岛核事故不仅造成了经济损失，还使反对核能的团体得以口实，公众对核能支持度下降，致使核能发展势头在 20 世纪 80 年代显著下降。但是从长远来看，这次事故可谓幸运。首先，三哩岛核事故并没有造成直接的人员伤亡，而释放到环境中的裂变产物也仅占堆芯总量的百万分之一，多数研究报告认为三哩岛核事故并未对周围公众造成健康影响，也未对环境造成显著影响；其次，三哩岛核事故的堆芯部分熔毁但并未对公众产生重大影响，证实了 WASH-1400（NRC 于 1975 年发表的核电站风险报告《反应堆安全研究》）的研究结果，说明核电站的事故风险和后果比以往估计的要小；最后，三哩岛核事故是人类核能发展史上重要的教训，为人类敲响了警钟，以美国为首的多个国家开展了对三哩岛核事故的教训和经验总结，主要包括：

- 尽管有多种预防措施，但核事故仍有可能发生。
- 应对前序事件加强关注——1977 年在与三哩岛核电站堆型相同的 Davis-Besse 核电站曾发生了类似的事件，但是未对反应堆造成损伤。
- 在技术上，反应堆仪器仪表和控制系统需要改进；发生的事故可能比初步推断更严重；反应堆熔融时会产生大量氢气等。
- 三哩岛核事故中裂变产物的释放量比 1962 年美国联邦政府执照标准所规定的释放量少三至四个数量级，这是裂变物再沉积导致的，使人们认识到即使发生堆芯损伤事故，其放射性释放量也没有原来假设的那么大。这一发现使 NRC 在 1995 年对源项作出了更为实际的修改。
- 在非技术层面，紧急情况的管理和操作员的技术水平需要重视和提高。

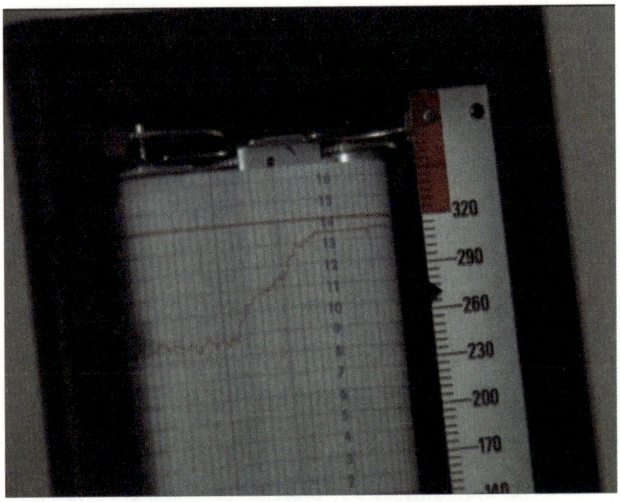

图 2–5　《中国综合征》里的故障仪表

没有技术的发展是一帆风顺的，三哩岛核事故也让核能技术发现了自己的问题。然而从另一个角度说，三哩岛核事故以一种大家尚可承受的代价推动了核能安全性的发展，也让核能的从业者知道了反对核能发展的声音。在三哩岛核事故之前，虽然亦有零星的反核声音，但没有被重视——作为那时高精尖技术的代表，公众对它的接受性问题对于这种技术的发展影响太微不足道了。“最了解你的人不是你的朋友，而是你的敌人”，面对核能反对者的技术质疑和公众信任危机，核能从业者开始了深刻反思，他们在不断地努力，有则改之，无则加勉，希望重新获得公众的信任——核能公众接受性这一问题，借着三哩岛核事故，逐渐走上了历史的舞台。

二．沉睡的切尔诺贝利和墨菲定律：最大危机

世界上最大的陵墓也许是胡夫金字塔，也许是始皇陵，但是世界上最大的棺材，毫无疑问是切尔诺贝利石棺。这座高 108 米、宽 250 米、长 150 米的半圆柱混凝土结构下掩埋的切尔诺贝利核电站四号机组，时至今日仍然在不断释放着致命的辐射。这场事故发生于苏联乌克兰普里皮亚季市切尔诺贝利核电站，是首例被列为七级的特大核事故，使全世界的核能发展陷入了十多年的沉寂。如果说三哩岛核事故还有一些幸运的地方，切尔诺贝利核事故则是人类史上完全的不幸。1986 年 4 月 26 日，当地时间凌晨 1 时 23 分 47 秒，切尔诺贝利核电站第 4 号反应堆发生了爆炸，连续爆炸引起了大火并释放了大量的放射性物质，放射性尘埃随着云层飘往众多地区，远在 1000 公里外的瑞典 Forsmark 核电站第一个检测到了放射性，之后在苏联西部的部分地区、西欧、东欧、北欧斯堪的纳维亚半岛、不列颠群岛和北美东部部分地区都发现了反常的高放射性。Gofman 在书里谈到核电站运行一年产生的放射性相当于 1000 颗广岛原子弹，而运行 3 年的切尔诺贝利 4 号反应堆释放的放射性虽然没有达到书中所说的量级，但仍然在广岛原子弹爆炸的 400 倍以上。爆炸后，核电站 30 公里内的约 135 000 名居民撤离，之后又有超过 250 000 人从污染区搬走，清理事故花费了苏联政府 70 亿卢布，而事故造成的总的经济损失超过 2 000 亿美元（已考虑通货膨胀）。2005 年 IAEA 公布的事故报告中，认定切尔诺贝利核事故造成了 56 人死亡（47 名救灾人员，9 名罹患甲状腺癌的儿童），并估计有 4000 余人可能会因为事故死于癌症【注：IAEA 原文表述为“在受到较明显照射的 60 万人群（在 1986—1987 年的清除人员、撤离人员和严重污染区居民）中，由于辐射照射癌症死亡率最高可能增加百分之几，这可能意味着在这些居民中由于其他原因预期致死癌症人数约 10 万人的基础上最高增加约 4000 人。”实际上这种表述是不恰当的，其

原因是集体剂量概念的误用，从这个意义上说，IAEA 也增加了公众对核能的恐惧】。

图 2–6　2017 年竣工的切尔诺贝利核电站的石棺

图 2–7　切尔诺贝利核电站地理位置

切尔诺贝利核电站位于现乌克兰普里皮亚季镇附近，距离切尔诺贝利市 11 英里[1)]，离邻国白俄罗斯仅有 10 英里。核电站共有 4 座 RBMK-1000 型压力管式石墨慢化沸水堆，反应堆输出热功率为 3200 兆瓦，分别在 1977、1978、1981 和 1983 年投入使用，在当时是乌克兰 10% 的电力来源。事故发生时，还有两座 1000 兆瓦级反应堆在建造中。RBMK-1000 型反应堆是世界上最早的反应堆堆型之一，没有安全壳（由于用石墨做慢化剂，导致反应堆体积巨大，无法建造安全壳），并且在建造厂房时还违反安全规范，使用了可燃的沥青。更为致命的是，由于正的空泡系数，RBMK-1000 型反应堆在低功率时反应性系数为正，因此按照规定反应堆在运行和测试时热功率不能长时间低于 700 兆瓦。切尔诺贝利核电站的厂长是维克托 · 布尤卡诺夫，只具有燃煤发电厂的工作经验，总工程师尼古拉 · 福明也是来自一个常规能源电站，而 4 号机组的负责人阿纳托利 · 迪亚特洛夫则仅仅只有运行一些小反应堆的经验。从事后的眼光来看，切尔诺贝利核电站不仅是没有纵深防御，甚至可以说是处处薄弱。而极具讽刺意味的是，切尔诺贝利核事故的发生，正是因为一项安全测试——汽轮机惰转测试。

注：[1)] 1 英里 =1.609344 公里。

反应堆余热载出一直是重要的安全问题，任何反应堆在紧急停堆后，都需要大量的冷却水来载出余热，为了保证冷却水泵保持工作，切尔诺贝利核电站各个机组均配备了 3 台柴油发电机作为备用电源。但是，柴油机虽然只需要 10 余秒的启动时间，但还需要 1 分钟的预热才能输出水泵需要的功率，而这之间的 1 分钟空窗期里，堆芯余热无法载出，是重大的安全隐患。为了解决这一问题，有人提出了利用汽轮机的惰转惯性来继续发电，填补这 1 分钟的空白时间。为了验证这一构想，切尔诺贝利核电站已经在 1982—1985 年做了 3 次测试，但是均未成功，而这一次测试将在 4 号机组进行，负责人正是迪亚特洛夫。测试的程序如图 2–8 所示：

图 2–8　切尔诺贝利汽轮机惯性测试流程图

如果测试完全按照原定计划展开，切尔诺贝利核事故也许就不会发生，遗憾的是，墨菲定律的发现者爱德华·墨菲上尉的玩笑话“If there are two or more ways to do something, and one of those ways can result in a catastrophe, then someone will do it.”（如果有两种以上的方法来做某一件事，而其中一种方法会导致灾难，那么一定会有人这样做）在切尔诺贝利核事故上真实地发生了。4 月 25 日凌晨开始，4 号机组已经开始逐步降低功率，到 25 日早上已经降到了正常功率的一半。然而，由于一个小型发电站突然跳机，基辅电网要求切尔诺贝利暂时正常运转以满足傍晚的高峰用电，因此测试就安排在深夜，由夜班机组工作人员进行，而非原定的由经验丰富的早班人员开展。试验当天，直到晚上 11 点 4 号机组才被允许降低功率，当时的值班主任是亚历山大 · 费奥多罗维奇·阿基莫夫，操作员则是列奥尼德·费奥多罗维奇·托普图诺夫。为了在交接班之前完成测试，反应堆功率在一个小时内就降到了 700 兆瓦，但是由于缺乏经验，托普图诺夫将控制棒插得过深（阿基莫夫于 5 月 10 日去世，托普图诺夫于 5 月 14 日去世，两人并没有说出当时反应堆功率降低的原因，有报告认为出现了设备故障而非托普图诺夫的操作失误），加上夜班机组人员显然没有事先考虑到的氙中毒的问题——反应堆功率仍然在持续下降，直至跌落到 30 兆瓦。此时，阿基莫夫判断出了反应堆毒化的问题而建议停机等氙反应消耗后再提升反应堆功率。然而，迪亚特洛夫担心停机会耽误反应堆运行和测试工作，从而使切尔诺贝利的整个领导团队遭到批评和处分，因此便以开除要挟阿基莫夫和托普图诺夫两人，要求他们继续测试。于是，为了抵消氙中毒的影响，提高反应性，两人关闭了控制棒自动控制系统，开始手动抽出大量控制棒，尽管如此，反应堆热功率仍然未达到 700 兆瓦（注意我们前面提到的长时间低于 700 兆瓦热功率运行是不安全的）。此时已经是凌晨 12 点 35 分，由于低功率下的不稳定，控制室警报四起，但是机组人员认为低功率下反应堆是安全的，因此对警报置之不理。时间继续往前，离灾难越来越近，而他们犯的错误也越来越多——关闭了应急堆芯冷却系统、为了去除低压警报关闭了两个循环水泵、关闭了自动停堆系统和继续拔出控制棒。根据操作规范，在紧急情况下仍然应该有至少 28 根控制棒完全插入堆芯，而为了提高功率，当时只有 18 根控制棒还完全插入在堆芯中。此时，由于安全系统的关闭，反应堆的命运完全掌握在操作员手中，而他们唯一依靠的就是手动紧急停堆按钮“AZ-5”。

然而，他们不知道的是 AZ-5 这个手动停堆所控制的硬件有重大的设计缺陷。1983 年，一座位于立陶宛 Ignalina 的 RBMK 核电站反应堆紧急停堆时，竟然出现了反应性先升后降的情况，但是这一情况并没有引起重视，在国际核安全咨询组（International Nuclear Safety Advisory Group，INSAG）发布的 INSAG-7 报告中，他们这样评价道：“显然，他们（苏联政府和原子能委员会）广泛地认为不会发生紧急停堆时的正反应性引入情况，然而这种情况的每个细节在切尔诺贝利都发生了。”而这个正反应性的产生，是因为 RBMK 反应堆控制棒前端的石墨。当 AZ-5 按下后，被抽出的全部控制棒会重新插回反应堆，插入的速度为每秒 0.4 米，完整插入的时间是 18~20 秒。石墨是中子慢化材料，而水是中子吸收材料，当控制棒的尖端刚插入堆芯时，燃料旁边的水被石墨取代，吸收材料变成了慢化材料，慢中子不减反增，反应性迅速增加，只有等石墨之后的控制棒插入堆芯，反应性才会减少。如果插入的控制棒较少，这个正反应性的影响不会很明显，但是当数十上百根控制棒的尖端同时在堆芯取代轻水的位置时，引入的反应性将极其可怕。

需要强调一点的是，控制棒前端放置石墨这件事，在现在是不可想象的。但当时在那个时代却是一种必要的设计，并非是设计者愚蠢造成的。这截石墨叫置换物（displacer），长度是 4.5 米，只比核心长度 7 米短一些。除了 12 根自动功率调整用的控制棒外，其他控制棒都有这截置换物。当控制棒处于正常上止点时，这段石墨处于核心中间，置换掉水，这样可以提升反应堆效率，节约燃料成本。这在当时铀浓缩技术不过关、燃料十分昂贵的历史条件下，是一种“聪明”的设计。按照操作规范，控制棒是不允许完全提起的，只能提起到硼离开反应堆的程度，下端的石墨要留在反应堆里，安全控制系统也限制控制棒的提升高度。但是在关闭安全系统的状态下，控制棒是可以完全提出来的。后来再插入控制棒，相当于又引入了反应性，这就造成了事故的起因。从这个角度讲，说切尔诺贝利反应堆设计存在缺陷其实并不完全正确，这种设计确实有问题，但它又在规程中做了详细规定，事故的本质还是因为操作员违规操作。

再回到事故时间凌晨 1 点 23 分 04 秒，在迪亚特洛夫的命令下，机组人员无视警报和违规操作，开始了汽轮机惯性测试。按照要求，汽轮机的蒸汽供应被切断，随着惯性的减小，冷却水泵输出的水流量也越来越少，蒸汽无法排出反而越来越多导致蒸汽气泡增加，正的空泡系数使得反应性迅速增加，堆芯变热，进一步产生更多气泡，正反馈循环使反应堆功率持续上升。原本空泡系数引入的正反应性可以被控制棒的负反应性抵消，然而此时堆芯仅仅只有屈指可数的寥寥十数根控制棒，因此反应堆功率持续上升，36 秒过后，操作员按下了 AZ-5 按钮，两百根控制棒齐齐插入，而石墨代替轻水引入的正反应性更加可怕，反应堆功率在短短数秒之内就超过了 30 000 兆瓦，高温使得燃料棒变形，控制棒无法继续插入，石墨在燃料中间持续慢化中子，助推链式反应；蒸汽在高温下持续产生，压力不断增加，最终在 23 分 47 秒发生了第一次爆炸。没有安全壳的 4 号机组根本无法承受如此大的压力，厂房屋顶直接被炸开，两三秒之后，第二次爆炸产生，堆芯被炸散，和石墨碎片一起熊熊燃烧。之后，消防队闻讯赶来，在不知情的情况下没有任何防护措施直接顶着上万伦琴的辐射进行灭火工作，直到核电专家赶到现场，政府才开始真正有效地利用多种手段干预事故的进一步发展。

切尔诺贝利核电事故发生在冷战时期，造成的影响远超三哩岛核事故。这场发生在“东方”的重大事故直接波及到了“西方”，整个欧洲一片愁云惨淡，多个国家考虑弃核或者停止继续发展核电：1987 年意大利在全民公决后决定关闭 3 座运行中的核电站，并搁置第 4 个反应堆，进入“无核”国家；1991 年瑞典决定在 20 世纪末逐步开始淘汰核电并在 2010 年完全淘汰核电（实际上现在瑞典仍然是核能大国）；1999 年奥地利在宪法中加上成为无核国家的条款；核电大国德国也宣布将逐渐关闭本国的核电站。切尔诺贝利核事故警醒世人核电站爆炸到底会产生多严重的后果，也引起了全世界核行业的重视，事故原因、事故进程和事故后果被反复研究，技术问题和非技术问题被反复讨论，INSAG 在 1986 年和 1992 年出具了两份事故报告 INSAG-1 和 INSAG-7。在 INSAG-1 中，事故发生的主要原因被归咎于机组人员的违规操作；而 INSAG-7 则认为 RBMK 的设计缺陷更为致命。尽管如此，把切尔诺贝利核事故归咎于人因也无可厚非：乌克兰当局曾经解锁了一批 1971—1988 年涉及切尔诺贝利核事故的苏联国家安全委员会（克格勃，KGB）档案，共有 29 次紧急情况，其中有 8 起是人为因素导致的。INSAG-7 报告总结第五条中这样说道：

The accident can be said to have flowed from deficient safety culture, not only at the Chernobyl plant, but throughout the Soviet design, operating and regulatory organizations for nuclear power that existed at the time. Safety culture, fully discussed in INSAG-4, requires total dedication, which at nuclear power plants is primarily generated by the attitudes of managers of organizations involved in their development and operation. An assessment of the Chernobyl accident in this respect demonstrates that a deficit in safety culture was inherent not only to the stage of operation, but also and to no lesser extent to activities at other stages in the lifetime of nuclear power plants (including design, engineering, construction, manufacture and regulation).

此次事故的发生可以归咎于安全文化的缺乏，这不仅是切尔诺贝利核电站的问题，更是苏联核电设计、营运、监管的整体结构性问题。在 INSAG-4 中已经完全讨论过的安全文化需要全部的奉献精神，而对于核电站而言，这种精神主要由负责其开发和运营的组织管理者来缔造。而对切尔诺贝利事故的评估来看，在安全文化上的缺失不仅存在于运营阶段，还一定程度地存在于核电站生命周期的各个阶段，包括设计、工程、建造、运行和监管。

上述的安全文化可谓是切尔诺贝利所有经验总结中最重要的一点。我们在前文谈到了墨菲定律，切尔诺贝利的机组成员就像墨菲所说一样，做了数个最坏的决定，而要避免墨菲定律，就必须建立成熟可靠的安全文化。INSAG-4 对安全文化的定义是：

The assembly of characteristics and attitudes in organizations which establishes that, as an overriding priority, nuclear plant safety issues receive the attention warranted by their significance.

核安全文化是存在于单位和个人中的种种特性和态度的总和，它建立一种超出一切之上的观念，即核电厂安全问题由于它的重要性要保证得到应有的重视。

而美国核管会（NRC）对安全文化的定义是：

Safety culture refers to an individual or organization's commitment to safety as an overriding priority over other considerations.

安全文化是指个人或组织把安全放在其他所有因素之上。

我国在《核安全文化政策声明》中对核安全文化的定义为：

核安全文化是指各有关组织和个人以“安全第一”为根本方针，以维护公众健康和环境安全为最终目标，达成共识并付诸实践的价值观、行为准则和特性的总和。

可以看到，核安全文化的根本就是个人和组织都把安全作为第一位来考虑。有很多人认为这个概念是宽泛的，甚至是口号性质的，对此不以为然，然而当核安全文化真正建立并使得“安全第一”成为个人和组织的行事原则时，情况会截然不同。回溯到三哩岛核事故，如果安全文化在三哩岛核事故发生前已经建立，1977年 Davis-Besse 核电站的类似事故就应该引起重视，相应的硬件改良、预案准备和操作人员培训都已经展开，三哩岛核事故也许不会发生了。而对于切尔诺贝利核事故，正确的核安全文化可能有数次机会挽救这次事故：

- 控制棒引起的正反应性在设计时就会被考虑；即便对此疏忽，在 1983 年的事件报告后政府和原子能委员会就会对此做出应对。
- 规程上已经规定了禁止控制棒完全提出，就是考虑到再插入时会在一定时间区间引入反应性，操作员公然违反规程，非常严重地影响了反应堆安全运行。
- 管理团队和机组人员将接受更多培训，即使条件有限，测试也会由经验丰富的日班人员而非夜班人员进行。
- 机组成员会在判断出氙中毒后坚决终止实验；即便没有判断出氙中毒，在多个警报响起时也将立即停止测试，采取措施控制反应堆。
- 测试时不会关闭众多自动和非自动安全系统；不会把停堆希望寄托在单一控制系统上。
- ……

作为一个安全性至上、技术精度高的行业，核能的任何一环都不能出差错，核安全文化应该在任何参与这个行业的个人和组织中间切实建立。在今天，拥有后发优势的我们习惯了反应堆的固有安全性，习惯了设备的冗余性，习惯了运用多个能动安全系统和非能动安全系统；我们拥有了相对完善的规章制度和培训制度，拥有了一批经验丰富的核科学家、核工程师；我们把安全性放在经济性之前——这些现在看来理所应当的事物全都是核安全文化逐步建立起来的成果，更是几起重大事故和成千上万个小事件发生后的经验总结。在本书里，我们不否认核能事故的严重后果和可能性，我们甚至认为告知人们所有发生的事故是一件非常重要的事情，当信息都公开透明，当核能从业者在全社会的监督下工作时，“安全第一”的原则将会贯彻得更加彻底。墨菲定律也许是对的，而如果要完全打破这个定理，最好的方式就是：“If there are two or more ways to do something, we shall ensure no way can result in a catastrophe（如果有两种以上的方法来做某事，我们应该确保没有任何一种方法会招致灾祸）”。从设计、建造到运营和退役，基于核安全文化的每一个选择和决定都将是保守的，低级的、局部的小事件可能发生，但重大事故将不会发生。也就是说，我们将通过确保“最差的一条事件发生路径的结果都是不那么糟糕的”来保证反应堆的安全性。切尔诺贝利核事故过去已经 30 多年，新的石棺将在至少 100 年内掩埋住它的遗容，周遭日益兴盛的旅游业让这个乌克兰北部的城市重新受到人们的关注，我们将永远缅怀这里的英雄，也应该时时提醒自己安全的重要性。

切尔诺贝利核事故后，各种影响不断显现出来，给广大的公众造成了极大的冲击。切尔诺贝利核事故释放到环境的放射性总量为 50 兆居里 (1.9×10^{18} 贝克)，并且由于放射性核素进入大气层，使远离乌克兰的其他欧洲国家也受到了放射性影响。此次事故最终使 76 100 平方公里被铯 -137 污染，水平为 1~5 居里 / 平方公里。事故处理人员中，总共 237 人有临床综合症，其中 134 人有急性放射综合症，28 人死于急性辐射损伤。在居民中，事故后疏散 11 万 6 千人，1990—1995 年重新安置 21 万人，该地区甲状腺癌发病率明显增加，0~14 岁儿童患者 565 名。核事故还使很多公众的生活与工作受到严重影响，包括日常产品受到污染等。面对这样惨痛的事实，全世界公众对于核能的焦虑与恐惧爆炸式膨胀，忧愁、宿命论和“受害者”心态滋生，核能的公众接受性面临空前的挑战。如果说三哩岛核事故让公众接受性这一问题走上了历史舞台，那么切尔诺贝利核事故就是把它变为世界的焦点。然而在这个历史阶段，这个焦点让人如此的恐惧与不敢直视，毕竟出现了这样可怕的事故，公众真的很难去接受核能了。

三 . 日本福岛核事故和韩国电影的《潘多拉》：矛盾心态

2011 年 3 月 11 日，一条估计约 500 公里长、200 公里宽的地壳带断裂在日本东部海域引发了 9.0 级的大地震，坐落在福岛工业区的福岛第一核电站受到了直接冲击，该核电站有 6 台设计抗震等级为 7.0 级的机组，地震并没有造成明显的安全结构损坏，1、2、3 号在运机组成功自动停堆，4、5、6 号机组则因为定期检查已在停堆当中。然而，地震引发的高达十数米的海啸淹没了厂址，场外电源在地震中早已丧失，而场内备用电源也因为水淹无以为继，最终 1、2、3 号机组的堆芯都出现了熔毁，1、3、4 号机组厂房爆炸，

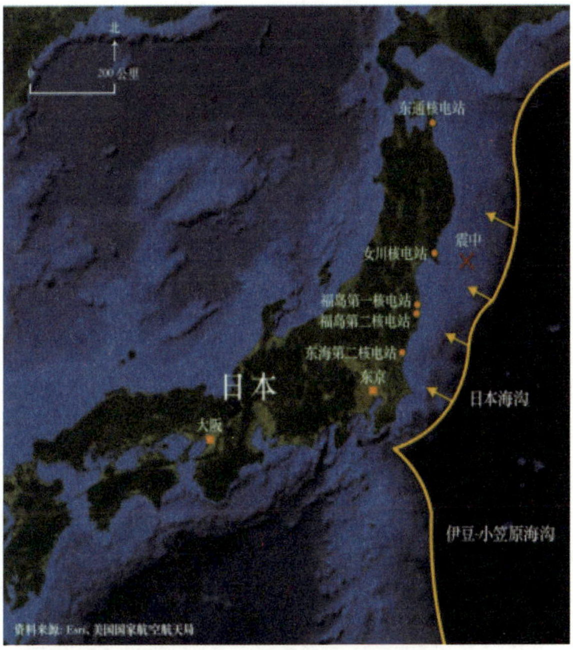

图 2–9　日本东部大地震的震中和附近的核电站

大量放射性释放到大气环境和太平洋中。福岛核事故使超过十万人背井离乡，而东电公司则要为之支付数以万亿计的日元来进行事故赔付和清理。

福岛核事故一发生就受到了全世界关注，整个事故都被直播了出来，直到今天，各国还在持续关注福岛核事故的后处理情况和造成的污染情况。虽然福岛核事故传播得更快更广，但是长期来看，它对世界各国对核能的选择的影响并不比切尔诺贝利核事故强。图 2–10 是根据国际能源署数据所绘制的 1971—2016 年的世界核能发电量及占总发电量份额的图形。从发电量上看，三哩岛核事故发生的 1979 年和上一年相比基本持平，而后一年发电量继续快速爬升；而切尔诺贝利核事故发生的 1986 年虽然比前一年发电量多，但是之后增加趋势有所减缓；2011 年福岛核事故使得当年发电量比上年下降且 2012 年也受到影响持续下降。仅从发电量上考虑，福岛核事故的影响是最大的，但是从核电发电份额来看，三哩岛核事故前后核电份额上升速度基本一致；切尔诺贝利核事故后核电份额上升趋势明显减缓，而后基本持平且在步入 20 世纪后逐步下降；福岛核事故并没有加速这个下降趋势，反而在 2013 年后核电份额趋于平稳。从发电份额上看核能发展趋势比从发电量上看更能反映核能在人类电能利用上的地位，可以看出切尔诺贝利核事故对核能发展的负面影响显著大于福岛核事故和三哩岛核事故。

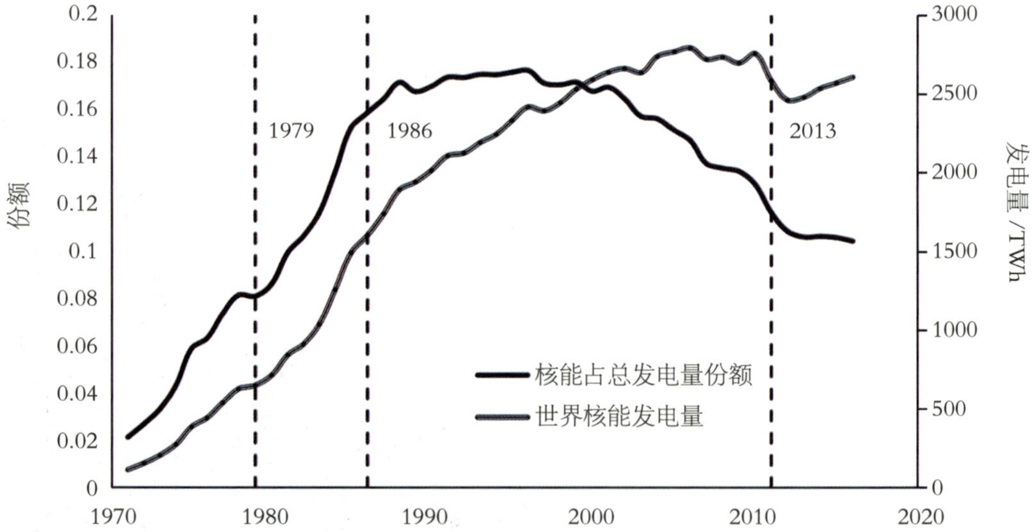

图 2–10　1971—2016 世界核能发电量及占总发电量份额

福岛核事故后各个国家对待核能的态度也说明了福岛核事故对大多数国家核能决策的影响主要是延缓性的而非直接否定性的。首先，事故所在国日本在 2012 年 5 月 5 日关停了所有核电站，实现了无核化，但是能源紧缺产生的一系列问题使得日本仅仅在 57 天后就重启了大阪核电站 3 号机组，但该核电站在 2013 年又因为维护计划而关停。几经反复后，安倍晋三担任日本首相后，强硬地表示要废止“零核电”计划。2015 年，鹿儿岛县的川内核电站率先重启，到 2020 年初，日本已经有超过 30 台机组重新启动运行。另一方面，众多有核国家在讨论和检查后对核电继续保持积极稳妥的发展态度：我国在论证核电发展的必要性后，经过一段时间的检查、评估与调整，坚持发展核电，目前拥有世界上最多的 13 台在建机组，被一些业内人士称为“世界核电的未来”；美国并未明显受到福岛核事故的影响，对核电保持信心并继续运行近一百台机组，并且持续推进在小型堆的研究；俄罗斯除了推进国内核电建设计划外，还积极向亚洲和中东地区拓展业务，成为国际反应堆市场上的卖方巨头；英国出台了核电激励政策，鼓励地方兴建核电站，并有望成为了“华龙一号”的进口国；法国的未来能源规划中表示，即使在大规模发展新能源的情况下，核能在 2035 年仍然将保持 50% 左右的规模；瑞典、芬兰等北欧国家对核能仍然保持开发态度；经受切尔诺贝利打击的乌克兰计划通过现有机组延寿和功率提升以及继续建设两台百万千瓦机组来保证电力供应；罗马尼亚和中广核签署了有关协议，计划再建两台重水堆机组；捷克将继续运行所有核电站；斯洛伐克除了 4 台在运机组和 2 台在建核电站外，还计划再建机组；匈牙利计划从俄罗斯引进 2 台机组；亚美尼亚决定对现有机组进行延寿，并于 2015 年决定再建 1 台 600 兆瓦新机组；印度目前有 22 台机组在运，还有 7 台在建机组，仅次于我国的在建机组数量，等等。此外众多核能新兴国家仍然决定发展核电：阿联酋有 4 台在建机组预计于 2021 年运行，未来还计划兴建 4~8 台百万千瓦核电机组；土耳其为了应对国内极速增长的能源需求，计划到 2030 年建成十台以上的反应堆；波兰为了应对煤资源短缺与环境问题，计划到 2030 年核电占比发展到 6%，2040 年上升到 40%；白俄罗斯的两台在建机组有望于 2022 年并网发电，提供全国 38% 的电力；孟加拉、埃及、越南、苏丹、马来西亚、尼日尼亚、印度尼西亚、约旦等国也将继续推进核能引进和建设计划。少数国家在福岛事故后决定放弃核能：德国再次明确提出逐步淘汰核电，将于 2022 年关停所有反应堆，但仍保持一定的研究能力；瑞士于 2019 年底关闭了米格贝勒核电站，但是绿党提议的于 2029 年关闭所有核电站遭到了公投反对，关停计划将延缓且核电研发能力将继续保持。韩国的情况最为特殊，虽然国内反核势力高涨且以总统文在寅为首的政府决定弃核，但是国内仍然有 24 台在运机组和 4 台在建机组，并且在不断尝试开拓国际市场。

然而，上面的文字并不是说福岛核事故对于公众接受核能是没有影响的。相反，绝大多数的公众以及决策者，都对福岛核事故存在深深的恐惧，但却又不得不依靠核能带来能源供给，带来科技进步以及带来 GDP。因此，就像本书的封面一样，当这位酷似牛顿的伐木工人吃着“核能之树”产出的苹果，思考是否要砍倒这棵树时，心情一定是非常复杂的。

在这里，我们以一个韩国电影《潘多拉》的案例，来谈一下公众对核能的复杂感情。韩国国民对核能的感情非常复杂，一方面核能给韩国提供了超过四分之三的电力，另一方面福岛核事故使得这个日本近邻的国民深陷恐惧之中，本节题目中的《潘多拉》，正是韩国一部复现福岛核事故的影片。潘多拉（Pandora）是希腊神话中赫菲斯托斯送给人类的第一个女人，她在好奇心的驱使下打开了宙斯送给她的魔盒，把灾害和瘟疫释放到了人间。朴正宇编导的电影以此为名，正是把核电站比作了潘多拉魔盒，盒子里面的瘟疫和灾害就是核事故带来的可怕后果。《潘多拉》从居住在釜山地区 1 号核电站的宰赫一家的视角，讲述了地震引发核电事故的故事：

宰赫是 1 号核电站的一名普通员工，这里的人们与核电站有着千丝万缕的联系——要么是电站的员工，要么为他们服务。宰赫的父亲早年间死于一次核事故，因此他内心对核电站既憎恨又恐惧，一直试图逃离。某一日，朝鲜半岛发生了大地震，核电站出现了紧急情况，宰赫试图带着伙伴脱离，但是工友们纷纷决定坚守岗位，结果反应堆还是爆炸了，他们也被送到了附近的临时医院。然而，反应堆需要有人手动修复储水池，于是宰赫和工友们进入了充满放射性的反应堆内部，可是，此时的储水池已经无法修复，宰赫决定牺牲自己炸毁储水池顶部，让堆芯浸入储水池。

《潘多拉》就是福岛核事故在韩国演绎再现，宰赫父亲的原型是日本东海村核临界事故的受害人，而宰赫和工友们的原型就是在福岛核事故后 50 位继续在核电厂内进行紧急维修的“福岛五十死士”。《潘多拉》于 2016 年 12 月 7 日上映，连续两周蝉联票房冠军，周末观影人数超百万，获得了十项金钟奖。韩国电影的情感丰富细腻，《潘多拉》刻画的宰赫一家极易引起观众的共鸣，韩国民众对福岛核事故的记忆再次唤醒，反核情绪进一步高涨。时代杂志 2008 年环境英雄人物 Michael Shellenberger 在其“Greenpeace’s Dirty War on Clean Energy, Part I: South Korean Version”（绿色和平组织的新能源肮脏战争，第一部分：韩国版）文章中发表的观点认为，《潘多拉》收到了绿色和平组织的秘密支持以反对核能，并且取得了预期的效果：不仅使众多母亲潸然泪下加入反核行列，还影响了韩国总统大选，使废核派的文在寅上台。

有趣的是，Michael Shellenberger 早年间也是一个反核激进主义者，但是之后转为支持核能，积极投身于和反核人士的辩论以及保护核电免于废止的运动中（关于 Michael Shellenberger 的态度是如何转变的，读者可以听听他 2017 年在柏林的演讲《Why I changed my mind about nuclear power》），他的观点也许有失偏颇，但是也反映了《潘多拉》对韩国核能发展造成的冲击。尽管如此，韩国的现状还是表现出了这个国家对核能的高度依赖性，韩国民众也许对核电有自己的态度，但是可能也不会真正付诸过多行动来改变现状吧。

网络的普及让人们每天都能获得五花八门的信息，核能离人们的生活虽然不遥远，但也比不得柴米油盐。各式各样的爆炸新闻让人们疲于应付，恐怖袭击、交通事故、地震、海啸等天灾人祸几乎每日都有报道，同它们一样，核事故在普通公众中引起的反响虽然剧烈但却短暂。切尔诺贝利核事故后，公众简直是对核能恐惧的无以复加，但福岛核事故后，我们却看到了公众对于核能接受性的态度发生了微妙的变化。我们要意识到，公众对于核能的态度已经不是盲目的支持或是咬牙切齿的反对，而更趋于矛盾化和立体化——人们一方面享受着核能的利益，又惧怕它带来的风险。在这个情况下，纸上谈兵的争论已经不能再主导公众对核能的看法，利益和风险冲突导致的“邻避效应”以及公众对与核能复杂多样的情感，已经逐渐成为影响核能公众接受性最为重要的问题。

四．捡到“钥匙链”的男人：辐射之殇

1996 年 1 月 5 日早晨 7:30，在吉化集团建设公司从事管线工作的吉林小伙宋学文踩着薄薄的小雪赶去上班。在路上，他拾到了一条类似“钥匙链”的小链子，由于一时间找不到失主，宋学文就把钥匙链放在右腿膝部的工作服裤袋里赶去上班了。两个小时过后，宋学文开始感到头晕恶心，到了十点，他开始呕吐，直至中午十二点，宋学文实在撑不下去选择回到宿舍休息，并把工作服脱到了床底下。折腾到下午五点，已经虚脱的宋学文艰难地下楼到值班室求助，半小时后，队长来询问情况，才确认并告知他，他捡到的是铱 -192 放射源。这个放射源本来是用于 30 万吨乙烯施工现场的射线探伤作业，但由于操作人员违反程序，致使该放射源从工作容器中脱落，遗失在施工现场，被宋学文捡到。遭受长时间照射的宋学文几经周折被转入了北京中国人民解放军第三零七医院，接受了长达两年多的治疗，经过 7 次大手术，无数次小手术，宋学文被截去了双腿和左小臂，右手也仅仅只剩下中指。1998 年 12 月 24 日，在家孤独自闭的宋学文随意拔打了一个当地的陌生电话，接电话的人，是吉林市乌拉街镇的医院实习财务姑娘杨光，两人聊得十分投缘，这通电话打了四个小时，谁也不会想到，两人会因为这通电话结缘，并最终走入婚姻的殿堂。2000 年，宋学文在杨光的陪伴和支持下打赢了和吉化集团的官司，获得了 48 万元的赔偿，但是除去维权、诉讼、安装假肢的费用后，他只剩下了 8000 多元。2003 年，宋学文就靠着唯一的中指敲出了三十多万字的自传《生死链》，并在中

央电视台主持人张越的推荐下在北京经济日报出版社出版了。2006 年 8 月，宋学文和杨光领取了结婚证；2008 年，他们在老家蛟河市松江镇爱林村贷款办起了幼儿园。2011 年，宋学文的小说被导演敏卉拍成了电影《站起来》，他还亲自饰演了自己。2015 年，曾被告知无法生育的宋学文居然有了一个健康的儿子，为了家庭，宋学文还开网店卖大米，承包光纤改造工程。但最终，核辐射的后遗症还是让这个坚强的汉子倒下了，2019 年 4 月 23 日，宋学文在和辐射后遗症抗争 23 年后去世了。

图 2–11　书籍《生死链》与电影《站起来》海报

写书、拍电影、办幼儿园、开网店、承包工程还有一通随机拨打的电话让陌生人成为了不离不弃的一生挚爱，如果这些事情发生在一个健康人身上，也许大多数人都会感叹甚至羡慕他人生的精彩，但是一条 8 厘米的“钥匙链”，却让宋学文多彩人生的底色成了苦痛的黑色。宋学文无疑是个坚强的人，他的悲剧与核反应堆并没有直接关系，但是任何同放射性有关的事件，最终都将影响核能公众接受性。

中国虽然没有发生过核事故，但是却有核辐射事故受害者，宋学文遭遇的根本原因是吉化公司管理不当，但是公众只会记住两件事：一是核辐射会让人痛不欲生，后果严重；二是放射源容易丢失、泄露，且造成的辐射事故不堪设想。公众很自然的思路是：反应堆放射性更大，相当于放射源更多（尽管这个说法是不科学的），一定更加可怕吧！所以，我们要有这样一个意识：核能公众接受性的根本是公众对广义核能的信任——并不区分核反应堆或者核技术应用。要提高核能公众接受性，势必要同时提高更大范围的核科学与技术的公众接受性。正是因为辐射事故也会对核能公众接受性产生影响，我们在后续对核能公众接受性的讨论将不仅仅局限于核能和核电站，而是广泛地涉及许多核与辐射的方面。毕竟核能是个宽泛的概念，其中任何一部分让公众不接受，都可能影响核能的公众接受性。

五．秦山“邵工”和瑞典 Forsmark 乏燃料处置库选址：不懈努力

读至此处，您可能已经对核能忧心忡忡，但事实上核电发展在绝大多数时候还是受到公众支持的，这源于核能从业者的不懈努力。这一节的两个例子，第一个例子是我国第一座核电站——秦山电站在公众沟通上的成功经验，第二个例子则是瑞典 Forsmark 乏燃料处置库的选址经过。

秦山核电站是我国第一个自行设计、建造和运营管理的核电站，位于浙江省嘉兴市海盐县，始建于 1985 年，于 1991 年建成投入运行，经过三期工程，秦山核电基地共有 9 台运行机组，总装机容量 654.6 万千瓦，年发电量约 500 亿千瓦时，截至 2019 年 7 月，秦山核电基地已安全运行 118 堆年，累计安全发电超过 5 500 亿千瓦时。三十多年的安全运行离不开海盐人民的支持，秦山核电的公众沟通无疑是一个良好的范本，而其中最有名的，应当是“邵工话核电”的故事。邵工名叫邵祖芳，1942 年出生，20 世纪 60 年代末作为我国首批自主培养的核工业技术人才，毕业于哈尔滨工业大学，并于 1985 年建站伊始就来到秦山核电站从事技术管理工作，他还一手筹建了秦山核电科协，一直担任秘书长直到退休。20 世纪 90 年代初，邵祖芳就常到海盐中小学讲课，广受好评，好友王国翼就给他挂上了金字招牌“邵工话核电”。除了亲自讲课，邵祖芳在其他公众沟通工作上也不遗余力，他多次参与核电科技展的设计和布置，前后编制了数十本核电科普丛书。时至今日，邵祖芳还每年大改一次自己的宣传讲稿，为学生和游客带来最前沿的核电知识。在邵工的示范作用和秦山核电良好的公众沟通范围下，秦山核电涌现了不少公众沟通代表作，例如群众喜闻乐见、展示核电人风采的音乐舞蹈视频“核电小苹果”、90 后核电科普讲解员王一冰的“一冰课堂”等。秦山核电在 1999 年就被评为了“全国青少年科技教育基地”，还是我国第一批“全国科普教育基地”“军工文化教育基地”。秦山核电还注重与政府合作，不仅联合制定了专门的科普行动计划，还打造了全国首个核电科技综合旅游区。秦山核电不仅为海盐提供了电力和税收，还成了海盐最

有特色的标签。

秦山核电的公众沟通工作亮点在开工后，而瑞典在选择永久性乏燃料储存点时则把公众沟通放在了开工前。

瑞典核燃料和废物管理公司（the Swedish Nuclear Fuel and Waste Management Company，SKB）早在20世纪70年代就已经开始进行乏燃料处置库的选址工作。1977—1985年，SKB对多个地区进行了调研，调研结果指出，并不存在一个表层地理环境突出的厂址，可能需要通过基岩钻探的方法，在多个地区权衡考虑最终选址。在选址过程中，瑞典的很多地方也发生了抗议活动，在乌普萨拉地区甚至还发生了示威游行来抗议SKB的钻探工作。SKB从民众的反对中意识到了公众接受的重要性，并贯彻到了后续的选址工作中。1992年，SKB开始了以自愿接受为基础的具体选址工作。SKB给各个地区发出了选址的邀请，在得到积极的回复之后，还会进行公民投票调查居民对建造乏燃料储存库的意见。最开始给出积极回应的Storuman和Malå小镇，但是公投结果显示居民们反对继续进行选址工作，SKB立马撤出了这两个小镇。之后，SKB又选择了6个小镇进行进一步的调查，在调查过程中，SKB始终没有忘记获悉群众的意见，他们在开始调研后的3年还会进行一次全民投票，确保群众经过长时间的考虑仍然接受建立乏燃料处置库。SKB在2002年选择了Östhammar和Oskarshamn作为最后的备选厂址，并进行了长达五年的现场调查，从地质学、水文学，生态学和社会影响等方面进行了评估，结果发现两个小镇都具备成为乏燃料处置库的条件。最终，Östhammar的Forsmark（该地原来就有3座核电厂）在2009年斯德哥尔摩的投票中胜出，被选为乏燃料处置库场址（其位置如图2-12所示）。在2002—2007年的现场调查过程中，SKB共编制了约800份科学报告，取芯钻孔25次，其中9个超过1000米，还进行了101次较浅的土壤钻孔，一共花费了6亿瑞典克朗（约4.5亿人民币）。

秦山核电和Forsmark乏燃料处置库选址的成功经验说明，不论是项目实施前还是后，只要科学的花心思、花精力、用真心、有耐心，都是能博得公众信任的。提高公众接受性不仅能够避免“邻避效应”的发生，更能够使得工作人员和普通公众关系融洽，和谐的邻里关系又将进一步激发了工作人员的荣誉感和责任心，有利于安全文化的培养和贯彻。在历史上发生了那么多与核相关的事故和故事，我们的核能从业者真的明白了，必须努力去和公众用心交流，才是化干戈为玉帛的基本前提。

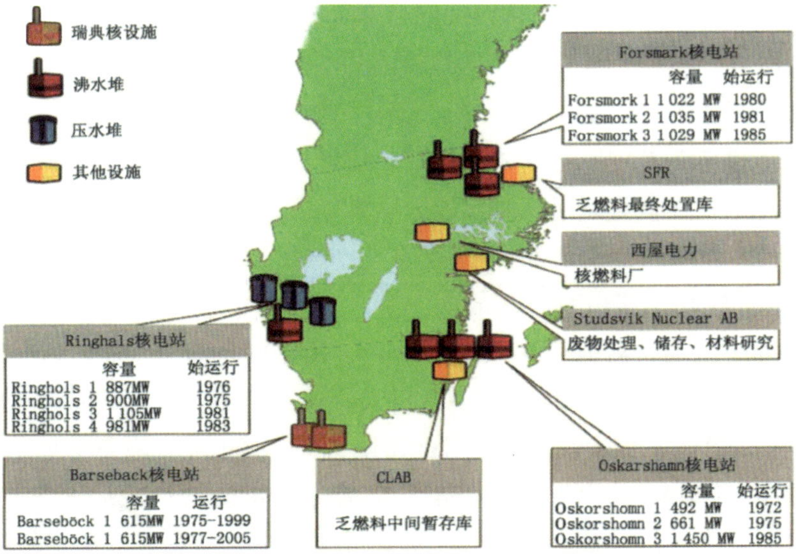

图 2-12　Forsmark 乏燃料处置库场址地理位置

六．为实践找到科学依据：学术研究

在世界核能的支持者和反对者践行他们理念的同时，我们的科学家从来没有忘记为这些实践寻找科学依据，这就需要有科学的方法对核能公众接受性进行研究。几十年来，核能公众接受性的研究方法不断发展，大致可以分为三个阶段：简单统计、定性因素研究和定量因素研究，并且在近年随着脑科学与管理科学的发展，有了一些新的动态。本节中我们将介绍一些主要的研究方法，这些方法在本书后续章节中也有所应用。

（一）简单统计研究

20 世纪 70 年代，在第一次石油危机后，为了调整能源结构，核电迅速被发达国家重视，地位与日俱增，与之相应的各种调查也在这个时候开始逐步进行，针对核能公众接受性的问卷调查也在这个时候开始铺开。当时的主流方法是简单数据统计处理，利用调查问卷中的量表，统计某个时间点时公众对核能的接受程度，以此来研究公众接受性随时间的变化。

令人扼腕的是，三哩岛核事故和切尔诺贝利核事故在各种调查展开不久就发生了，因此这一阶段最重要的结论是一个“显而易见”的共识结果：核事故对核能公众接受性具有消极影响。例如，Nealey 等人的研究表明，20 世纪 70 年代早期尽管美国公众对于在居住地附近建设核电厂的接受性稳步下降，但三哩岛核事故后极速加快了公众接受性下降的过程。而 Richard 和 Lindell 的研究则表明，切尔诺贝利核事故对欧洲国家的核能公众接受性具有较大的消极作用。这一阶段的调查还有一些局限性，部分调查的时间是一次性的，还有一些调查对象较少，另外一些调查虽然有跟踪，但是却是在事故发生后才开始的，因此极少有一个团队能够在事故前后对相同人群做对照调查实验，以观测核能公众性的变化。

尽管如此，例如 Verplanken 等少数研究团队，还是非常巧合地做到了对照调查。Verplanken 在切尔诺贝利核事故前一个月，后一个月，后六个月，后十九个月针对荷兰的同一批受访者做了连续跟踪调查：第一次调查在 1986 年 2~3 月展开，利用邮件投递的形式获得了 2439 份有效问卷；第二次调查于 1986 年 5~6 月展开，Verplanken 团队邀请了 206 人进行面对面访谈，其中有 154 人愿意参加第三次调查；第三次调查在 1986 年 10 月开展，154 人全部参加了访谈；最后一次调查在 1987 年 11~12 月展开，Verplanken 等人向参加了两次访谈的 154 人寄送了问卷，最终收回了 113 份有效问卷。对比 4 次调查结果后（如图 2–13 所示），Verplanken 发现：当事故发生时，由于公众对核能认识不足，盲目听信某些明显错误的信息，核能公众接受性骤然急降；在事故发生 6 个月后，公众并未收到进一步消息，逐渐回归理性认识，核能公众接受性上升；在事故发生 19 个月后，各种调查报告公开和媒体报道增加的情况下，公众才滞后地接收到大量信息，再次产生对核能的担忧，造成核能公众接受性再次下降。

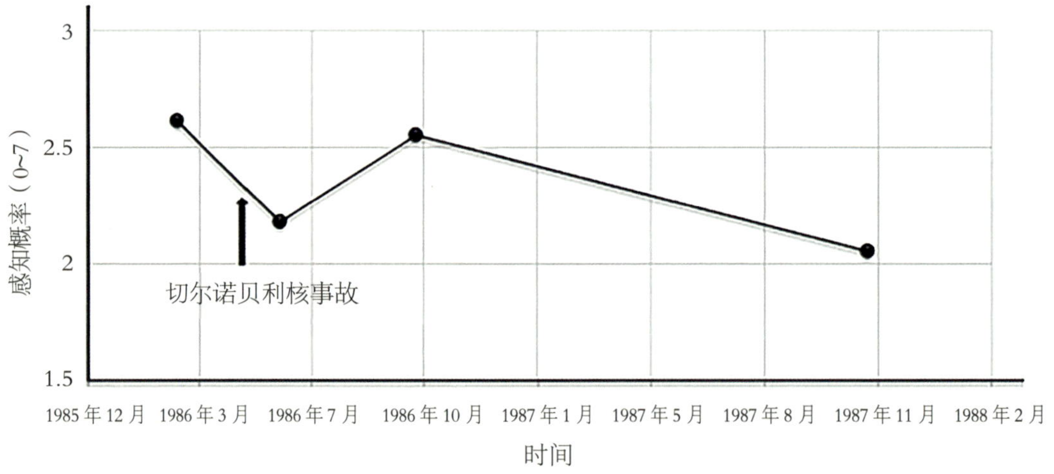

图 2–13　荷兰民众对大规模发展核能的态度

第一阶段的研究均表明公众的核能可接受性在事故后出现下降，区别在于滞后时间的长短，显然，福岛核事故已经说明 21 世纪的核事故负面影响不仅是即时性的，还是能够被长期回顾的。简单统计研究能够直接观测核能公众接受性的高低和变化趋势，是最基础和直观的调查方式，也是后续两个阶段研究的根本。

（二）定性因素研究

当研究人员意识到事故一定会降低核能公众接受性后，拆解核能公众接受性影响因素并利用这些因素重新获得人们的信任，就成为了新的课题。随着时间的推移，影响因素分析工作开始逐步开展，定性总结影响核能公众接受性的因素成为了第二阶段主流研究方法。

这一阶段的研究可谓百家争鸣，国内外各个学科的专家从不同方面剖析了核能公众接受性的影响因素。Gamson 通过对 1945—1989 年媒体关于核电宣传材料的分析，研究了媒体报道对公众核能感知形成的作用，解释了美国三哩岛核事故之前核能公众接受性稳步下降，公众对在自己社区建核电厂的抵触等现象，并且分析了年龄与接受性之间的关系变化。Ellen Peters 等人认为情感与世界观是决定人们接受核能与否的决定因素，他们认为世界观将影响人们对核能的情感认知，进而影响人们的决策，最终体现在人们对核能的接受性上。Peters 在切尔诺贝利核事故后两年内，在德国针对三批随机抽取的不同受访者进行了调查研究，研究表明受访者在事故发生的两年之内，食物健康与否是影响可接受性的重要因素。郭跃探讨了在日本福岛第一核电站核泄漏事故中，造成科学家群体与公众对核能接受性表现出明显差异的原因：在面对核事故时，科学家往往对核能技术有一个更加客观、理性的认识，这种情况下，科学家对核能的专业背景是决定其对核能技术接受度的主要因素；但是公众对核能技术的接受度更多地是依靠自己的经验、主观情感思维、切身利益感知等因素，并且由于公众对核能技术了解有限，因此公众对核能技术的认知往往都是偏主观、感性化的。时振刚研究了核能公众接受性的诸多影响因素，除了知识结构差异以外，个体偏好、风险特性、社会文化背景、可监督性和信任度等都会影响公众对待核能的态度。在定性影响因素分析的基础上，不少研究人员也提出相应模型。杨波提出了一个动态、复杂和闭合的公众核电风险认知模型，在这个模型中，公众核电风险认知是一个主观认知客观风险的过程。

定性研究从多个方面分析了公众接受性的影响因素，为具体工作提供了重要工作方向，如果说简单统计是发现问题的话，定性因素研究就是研究解决问题的着力点。

（三）定量因素研究

与其他研究类似，当定性研究深入到一定程度后，研究人员就开始采取各种方法量化各个影响因素和核能公众接受性之间的关系。结构方程模型在这个过程中大放异彩，成为探究核能公众接受性的主流定量化模型。这一阶段的研究主要集中在21世纪以后。

Yim总结了公众核能教育、公众核能态度的形成及改变与公众核能感知风险三者之间的关系及相关理论，并发现教育能够改变公众的价值观，教育所传递出的信息应满足精确、全面、抓住要点这三个特点。Choi建立了针对韩国民众的核能公众接受性模型，在这一模型中，考虑了性别、受教育程度、信息获取途径等外部因素，得到了由感知风险性与感知利益性决定的核能公众接受性模型。Choi的研究发现，感知风险性与感知利益性是影响核能公众接受性的主要因素：针对国家部署核能层面，感知利益性对核能公众接受性影响大于感知风险性的影响；而针对当地建设核电项目，感知风险性对核能公众接受性影响大于感知利益性的影响。Visschers研究了瑞士福岛核事故前后核能公众接受性与矛盾心理、知识水平的关系，并认为影响核能公众接受性的最核心因素是公众个体对核能的最初印象。同时Visschers在福岛核事故前5个月和后1个月，针对同一批瑞士受访者进行了核能接受性的调查，得到了图2-14所示的模型。这是为数不多的引入时间变量，进行定量化的模型研究。从这个模型可以看出，影响核能公众接受性的最重要因素是感知利益性，并且事故前的感知利益性与信任度对事故后的感知利益性与信任度有强烈影响。

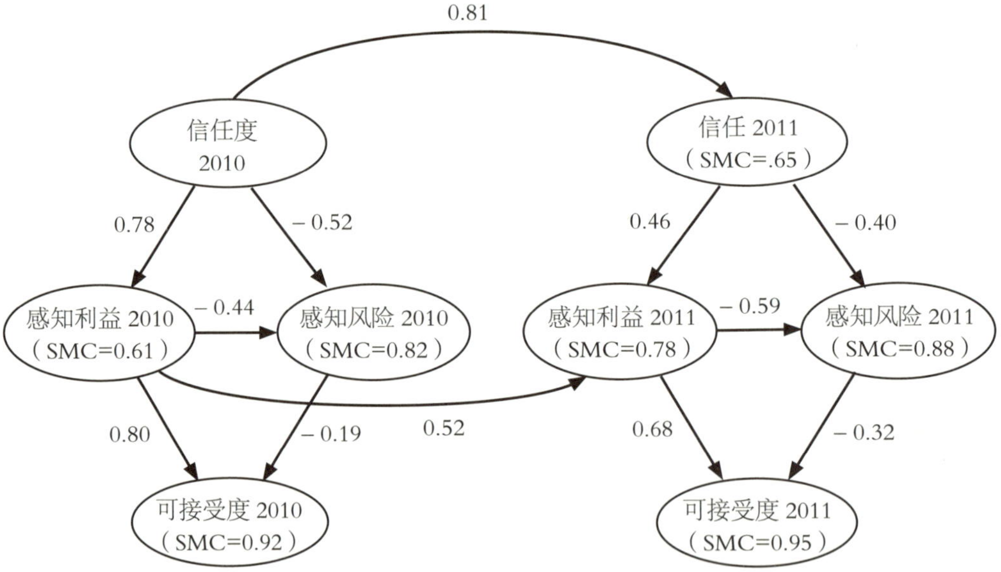

图2-14　福岛核事故前后瑞士的核能公众接受性定量化模型，其中椭圆表示因素，因素之间连线上的数值为-1到1之间，表示正相关或负相关，绝对值越大表示相关性越强。SMC为多元相关平方值。有关该方法的介绍详见第四章。

这一阶段研究方法具有模型化、定量化的特点，与前两阶段方法相比，具有更高的准确性，能够较准确地分析出不同影响因素对接受性的影响程度以及各因素之间的相关影响程度，对影响核能公众接受性因素的研究具有很好的参考价值。然而比较遗憾的是，我国在福岛核事故之前以及事故后的 1~2 年内几乎没有利用结构方程定量研究核能公众接受性的论文发表，在这个方面，作者所在的课题组进行了很多开拓性的工作，这些内容将在第四章详述。

（四）研究发展趋势

由于人体行为决策、心理方面的复杂性与动态性，使得现有的研究方法在准确性与指导性上仍存在较大的发展空间。为了更真实地反映公众接受核能过程的影响因素与机制，未来核能公众接受性研究方法将会在以下几个方面继续开展工作：

完善时间因素分析。在现有定量化模型中，较少考虑时间因素，对核事故前后的核能公众可接受性变化了解不足。因此，在模型中对时间因素的影响加以考虑后，模型结构会更加完整，更能对核事故后的核能公众接受性变化进行有效预测。显然，对多个典型时间点的核能公众接受性定量化研究尤为必要。

细化心理学分析。目前从心理学层面研究核能公众接受性的工作还很初步，特别是心理学的定量化研究，即不同对照组对于同一现象的应激反应，以及针对这些反应的缓解与沟通办法。此外，还应特别关注在核能公众接受性变化过程中伴随的心理历程，以便能更好地指导相关工作的开展。

强化风险沟通研究。在现有的研究方法中，核能风险沟通与危机公关的研究还有待加强，特别是符合广域居民与定域居民特点的沟通方法与危机公关技巧的研究。在平日的核能宣传教育以及突发情况下的信息通报中，良好的风险沟通能够对核能公众接受性的提高具有促进作用。

值得一提的是，作者所在的课题组在这些方面都做了一些尝试性的工作，尽管有些还比较初步，但都取得了一些有益的初步成果——我们希望通过这些新方法和新手段的尝试，为核能公众接受性研究打开新的大门，提供新的工具，也希望能提供新的结论。我们也很高兴地看到，核能公众接受性作为一个越来越被关注的问题，近年来的研究也越来越多。必须强调的是，核能公众接受性的研究本身具有周期性，往往是重大核事件发生时大家一股脑的研究——这样的做法并不科学。只有长期跟踪核能发展形势与公众态度变化的研究，才能更好地让我们了解历史，弄清现在并预测未来。

七．总结

核能公众接受性的演变离不开核能发展史："原子能的和平利用"的概念一开始并不是被公众所熟知的，公众对它并没有什么发言权；在核能利用初期，核能公众接受性也仅仅只在核设施周围被关注；三哩岛核事故的发生使得公众对核能的反对声音日益壮大，核能公众接受性也开始引起了人们的重视；切尔诺贝利核事故让核能的声誉跌到了谷底，公众意见开始左右部分国家的核能政策，直接导致数个国家放弃了核能；福岛核事故虽然严重，但是对核能发展的大趋势只起到了延缓的影响，不过多样的媒体让新世纪的每个人都能迅速得到世界各地的信息，也因此利益和风险导致的"邻避效应"开始成为核能公众接受性中最突出的问题。核能公众接受性还受到其他核与辐射事故的影响；然而毋庸置疑的是，不计其数核能从业者在做好本职工作的同时，也在努力使公众更加了解核能，更加信任核能。

如果从三哩岛核事故算起，核能公众接受性成为影响核能发展的重要因素已逾四十年，对其研究已从简单统计发展到了定性与定量研究。在我国，核能公众接受性研究方兴未艾，除了核工程师和核科学家，社会学家、心理学家、统计学家甚至很多媒体朋友都开始逐渐参与到对核能公众接受性的研究和实践中。从这个意义上说，核能公众接受性研究越多，相关的问题研究的越透，对于公众能够正确认识核能的方法也就掌握更多，就可以使公众对核能有更加客观和全面的认识。

通过本章的介绍，读者已经了解了核能公众接受性中的一些重要问题。从下一章开始，我们将用三章的篇幅，利用本章所述的部分研究方法，来分析核能公众接受性中的若干问题，使读者从心理学、统计学与传播学等角度，对核能公众接受性中的重要问题有更高层次与更加深入的理解。

参考文献：

[1] Nuclear Regulatory Commission. Backgrounder on the Three Mile Island Accident[R]. Retrieved March 6, 2018.

[2] Gofman, John. Poisoned Power: The Case against nuclear power plants before and after Three Mile Island. [M]. Rodale Press, 1979.

[3] Robert D. Burns III. Wash 1400—Reactor safety study[J]. 1980,6(1-3):117-140.

[4] Harold T. Peterson Jr. Summary report on the post-accident review meeting on the Chernobyl accident : International Nuclear Safety Advisory Group. International Atomic Energy Agency (IAEA) Safety Series No. 75-INSAG-1 (STI/PUB/ 740), Vienna, IAEA, 1986. 260 Austrian Schillings[J]. journal of environmental radioactivity, 1987, 5(5):403-404.
[5] International Nuclear Safety Advisory Group. The Chernobyl accident: updating of INSAG-1 : INSAG-7 : a report by the International Nuclear Safety Advisory Group[M]. International Atomic Energy Agency, 1992.
[6] IAEA. The Fukushima Daiichi Accident – Report by the Director General[R]. 2015.
[7] IEA. IEA Headline Global Energy Dara (2018 Edition) [R].2018.
[8] 龙茂雄 . 世界核电发展现状与展望 [N]. 中国能源报 ,2019.9.16(11).
[9] 宋学文 . 生死链 - 中国首例核辐射受害者与生命对话 [M]. 经济日报出版社 , 2004.
[10] SKB official website. How Forsmark was selected [EB/OL]. https://www.skb.se/projekt-for-framtiden/karnbransleforvaret/bakgrund/
[11] Nealey S M, Melber B D, Rankin W L. Public opinion and nuclear energy[R]. DC Heath and Company, Lexington, MA, 1983.
[12] Richard J, Hannover B, Mann L, et al. Nuclear attitudes after Chernobyl: A cross-national study[J]. Journal of Environmental Psychology, 1990, 10(2): 101-110.
[13] Lindell M K, Perry R W. Effects of the Chernobyl accident on public perceptions of nuclear plant accident risks[J]. Risk Analysis, 1990, 10(3): 393-399.
[14] Verplanken B. Beliefs, attitudes, and intentions toward nuclear energy before and after Chernobyl in a longitudinal within-subjects design[J]. Environment and Behavior, 1989, 21(4): 371-392.
[15] Gamson W, Modigliani A. Media discourse and public opinion on nuclear power: A constructionist approach[J]. American journal of sociology, 1989,95(1): 1-37.
[16] Peters E, Slovic P. The role of affect and worldviews as orienting dispositions in the perception and acceptance of nuclear Power1[J]. Journal of Applied Social Psychology, 1996, 26(16): 1427-1453.

[17] Peters H P, Albrecht G, Hennen L, et al. ‘Chernobyl’ and the nuclear power issue in West German public opinion[J]. Journal of Environmental Psychology, 1990, 10(2): 121-134.

[18] 郭跃，汝鹏，苏竣．科学家与公众对核能技术接受度的比较分析——以日本福岛核泄露事故为例 [J]. 科学学与科学技术管理，2012, 33(2): 153-158.

[19] 时振刚，薛澜．核能风险接受性研究 [J]. 核科学与工程，2002, 22(3): 193-198.

[20] 杨波．公众核电风险的认知过程及对公众核电宣传的启示 [J]. 核安全，2013 (1): 55-59.

[21] Yim M S, Vaganov P A. Effects of education on nuclear risk perception and attitude: Theory[J]. Progress in nuclear energy, 2003, 42(2): 221-235.

[22] Choi Y S, Kim J S, Lee B W. Public’s perception and judgment on nuclear power[J]. Annals of Nuclear Energy, 2000, 27(4): 295-309.

[23] Visschers V H M, Wallquist L. Nuclear power before and after Fukushima: The relations between acceptance, ambivalence and knowledge[J]. Journal of Environmental Psychology, 2013, 36(1): 77-86.

[24] Visschers V H M, Siegrist M. How a nuclear power plant accident influences acceptance of nuclear power: Results of a longitudinal study before and after the Fukushima Disaster[J]. Risk analysis, 2013, 33(2): 333-347.

[25] 李锦彬，房超，曹建主．核能公众接受性研究进展及发展趋势 [J]. 核安全，2014, 13(4):17-22.

[26] 潘自强．切尔诺贝利和福岛核事故对人体健康影响究竟有多大 ?[J]. 中国核电，2018, 11(1):11-14.

[27] 邓理峰，王大鹏．重思邻避困境的风险沟通与治理问题：基于核电的讨论 [J]. 南华大学学报 (社会科学版), 2017, 18(3):5-15.

第三章

核能公众接受性与心理学

1965年，苏联在塞米巴拉金斯克州恰刚河滩的地下178米处引爆了一颗14万吨TNT当量的核弹，然后经过简单的处理和引水，建成了一个直径430米的水库。当时的苏联人认为这是一个省时省力的好办法，为了证明水库的安全性，核能部长斯拉夫斯基纵身一跃跳入水中，游了个畅快。斯拉夫斯基无疑是想通过自己的威望和示范，引导人民的心理，提高公众对“核”人工湖的接受性。虽然事实上水库的确有放射性，但这位“以身作则”的部长的行为确实在一段时间内奏效了（他最后幸运地活到了93岁）。

图3–1 斯拉夫斯基在恰刚湖

斯拉夫斯基博得群众认同是一次领袖引导群众心理的成功，要提高核能公众接受性，无疑也需要解读和引导公众心理：一方面，解读公众心理可以理解和预测公众行为，找到公众接受性工作的重点和盲点；另一方面，引导公众心理有助于直接提高核能公众接受性，避免不理性反核行为的发生。因此，公众接受性的心理学分析十分重要。

心理学是一门独特的学科，似乎每个人都能对这个领域说上两句（例如高中生与大学生，他们往往最喜欢读的就是心理学相关书籍，而且还会认为这个领域的知识很“酷”），但除了专业人士，却极少有人能够用系统的、完备的、可检验的心理学研究方法来分析我们日常所遇到的种种心理学问题。核能公众接受性的心理学研究，也许对于心理学的研究者并不是一个需要深入研究的问题，毕竟这里面的心理学问题并不前沿，甚至说利用古典心理学的方法就可以分析清楚。然而，对于核能公众接受性的研究者来说，知道公众对于核能的心理反应和心理变化过程是重要的——知道公众怕在哪里，才知道如何让公众不怕。

与其他学科一样，心理学也有多个流派，其下的各个研究范式与基本假设并不是统一的，甚至是矛盾的。例如，弗洛伊德认为人是由自我（ego）、本我（id）、超我（superego）三个部分组成的，三部分互相制衡，时常会有矛盾和冲突发生，导致人的焦虑和恐惧；但马斯洛就不同意其理论，认为人可以是和谐一体的，主张人的行为都是意动的。那么，在进行核能公众接受性的心理学分析时，该如何选择呢？尽管用一个流派的理论来解释公众的行为是可行的，但时下心理学家们已经认同了现代心理学的多元化，从不同角度解读人们的心理和行为都是有意义且可取的，甚至可以更好地解决实际问题。多元化是心理学的进步之一，例如弗洛姆同时受到马斯洛和弗洛伊德的影响，写出了《爱的艺术》这本伟大著作。

在本书中，我们不讨论心理学各个流派及主义的优劣，而仅仅是利用它们作为工具，选择最合适的理论来解释不同情境的公众心理：对于核能恐慌的来源，采用马斯洛的需求理论解读；对于公众抱有的核能偏见，采用卡尼曼的启发式偏差解释；对于公众的个人行为，采用弗洛伊德等人的自我防卫机制理论分析；对于群体行为，则采用勒庞的社会心理学进行剖析。

在对核能公众接受性进行心理学分析之前，我们回到苏联恰刚人工湖的话题，从斯拉夫斯基的角度对它进行一个简短的心理学分析。首先，缺水影响了公众的生活生产，使公众的最基本的生理需要受到了威胁，这可能会导致舆论和恐慌，因此政府决定建造一个水库。且经过分析，用小型核弹是最经济高效的。但由于公众对核“偏见”（实际上这并非错误的），使他们并没有立刻去使用水源。在这种情况下，斯拉夫斯基利用自己作为领袖的名望，通过具有领袖效应的实际行动使群众相信了水库的安全性。以上分析直接阐明了斯拉夫斯基的行为动机，也能说明整个环节中公众、政府、领袖行为的意义的考虑依据。本章我们将介绍需求层次理论、启发式偏差、自我防御机制与群体效应等概念在分析公众核能接受性中的应用。我们并不追求像案例分析那样面面俱到，我们只希望能够把核能公众接受性相关事件背后最重要的心理因素展示给读者，让大家知道为何各个利益相关方是这样考虑的。

一．需求层次理论视角的研究

我们在第一章便提出重大核事故是影响公众接受性的重要因素。这背后的深层原因是什么？需求层次理论可以很好地解释。

（一）马斯洛需求层次理论

需求层次理论来源于美国心理学家亚伯拉罕·马斯洛在20世纪提出的动机理论，用以解释人们的行为动机。需求层次理论把人的需求按优先级分为五个层次，从低层次到高层次分别是：生理需求（Physiological needs）、安全需求（Safety needs）、社交需求或归属感和爱的需求（Belongingness and love needs）、尊重需求（Esteem needs）和自我实现的需求（Self-actualization）。

图 3–2　马斯洛需求金字塔

1. 生理需求

生理需求指的是人们维持生存最基本的需要，例如空气、水、食物、睡眠等。人作为生物被各种各样的生理需求驱使和支配着——没有氧气，人只能存活几分钟；没有水源和食物，人只能存活几天；没有睡眠，人的神经系统会紊乱。因此，人总是在不停地满足这些生理需求。

在绝大多数情况下，生理需求的满足拥有最高的优先级。对于旱涝频发、饿殍遍地的古代，这是极易理解的事情，但是在现代社会，由于物质的丰富，人们已经很少能直接感受到这些需求的重要性，要重新感知这些需求，只需要进行一段时间的剥夺就可以了。例如，对于长期航海的船员，新鲜蔬果是他们的最爱，这源于他们随意吃新鲜水果蔬菜的权利被客观剥夺，因此身体非常渴望必需的维生素。

睡眠剥夺可能是一个更贴近普通人生活的例子。由于社会节奏的加快，许多人不得不在咖啡因的帮助下彻夜加班，短暂的生理调节并不能消除疲劳，随之而来的就是以前用来聚会活动的周末现在成了补懒觉的好日子，这意味着高层次的需求，社交需求、尊重需求甚至自我实现的需求被生理需求占据了。

2. 安全需求

当人们能够吃饱穿暖时，他们便开始寻求更高层次的需求，紧接的就是安全需求，即对安全、稳定、秩序的需求。

马斯洛通过幼儿和孩童的行为说明了这一需求。例如，当婴儿离开熟悉的母亲怀抱时，他或她往往会开始啼哭；又例如短暂离开父母的儿童回家会对家长更加依恋。当然，这两个现象中不仅仅体现了婴儿和孩童的安全需求，婴儿还不具备完善的爱的主观意识，母亲更多的是作为提供食物和保护，即满足其生理需求的“设施”；而离家的孩童对家长的依恋也蕴含着对爱和归属感这两种高级需求。实际上，各层次的需求本身就不是可以完全分割的，很多时候人们的行为是多个需求共同推动的结果。

对于成人而言，安稳的社会环境和长治久安的国家是重要的安全需求。说到这里，我们不得不感谢“两弹一艇”先辈们的卓越贡献，核武器的成功研发是我国安全发展的重要保障，从这个意义上说，中国人民生活的“大安全”的基础恰恰是核能提供的。而其他发展中国家的人民就不一定像我们一样幸运了，“阿拉伯之春”后，无数难民涌向了欧洲，他们舍弃了自己的家园，舍弃了自己已经获得的朋友和社交圈子，甚至舍弃了尊严，都是为了一个安定的社会环境，对于大多数人来说，更高层次的需求在安全需求面前，就是如此的不堪一击。

3. 社交需求

社交需求，也称为爱和归属感的需求，往往会在生理需求和安全需求被满足后出现。在古代，各种歌颂美好感情的诗歌作品，基本都是在作者吃饱穿暖的前提下产生的。有表达亲情的“人有悲欢离合，月有阴晴圆缺，此事古难全”；有表达爱情的“只愿君心似我心，定不负相思意”；有表达友情的“桃花潭水深千尺，不及汪伦送我情”。试想如果生理需求与安全需求无法实现，感情这种虚无缥缈的东西是难以安放的。就像有评论人揶揄马尔克斯的名著《霍乱时期的爱情》，说那会根本不可能有爱情，都病成那样了哪有功夫谈爱情。这固然是一个玩笑，但也体现了不同层次需求的优先关系。

与已经组成家庭、社交相对稳定的成年人相比，年轻的学生和独自奋斗的青年或许能更多地感受到这种需求。由于时时刻刻处在群体当中，学生反而可能是最害怕被孤立的一类人。在大学以前，除了极少部分由于过分优异的天才外，大多数被孤立的学生都会逐渐变得自卑，甚至有遭受霸凌的危险，学生们似乎早早了解了这种规则，所以会形成各种各样的团体，这些团体可能是纯粹友情形成的小团体，也有可能是相同兴趣所促成的大社团。到了大学，由于更彻底地离开了家庭生活，对社交需求的渴望空前，学生们往往会更加认可群体的重要性，社团和学生会的参与几乎成了每个人的必修课。而对于背井离乡的青年人，除了工作单位外，找到组织和爱人变得格外困难，因此社交需求长期得不到满足的某些人会在网络上疯狂地宣泄，沉迷游戏、直播、动漫和追星等娱乐互动，因为这些活动使得他们能够给组成各种各样短暂的团体来满足自己的社交需求。

4. 尊重需求

尊重需求是第二高层次的需求，即要求获得稳定的社会地位，获得对个人能力和成就的认可的需求。尊重需求很自然的分为两部分，一部分来自内部，是对自己能力和成就的认可，即自尊；另一部分来自外部，是威望和名誉，是他人对自己的尊重和赞美。尊重需求的满足能够促进自信的产生，反之，尊重需求长期得不到满足的人会变得自卑。

正如“成就感”往往被认为是事业选择的重要一环，尊重需求在低级需求基本满足的情况下极其重要，很多人会为了尊重需求放弃稍好的物质条件。例如，不少年轻人选择成为国家公务员而放弃成为一名高薪的公司职员，因为国家公务员有更多的机会参与公共事业与国家、地方、领域的决策，获得极大的尊重感。此外，捐赠行为、志愿者行为的部分原因也来自尊重需求。

满足尊重需求并不意味着贪慕虚荣，把尊重需求完全寄托在他人的赞美和奉承上是一件极其可怕的事情。马斯洛认为，只有基于与自身实力相符的尊重才是稳定健康的尊重，而基于意志力、责任感和后天努力取得的成就也比先天优势导致的成就更应该受人尊重。

5. 自我实现需求

自我实现需求听起来有些虚无缥缈，似乎是艺术家才会谈及的模糊概念。实际上，自我实现需求指的是个人实现自己的理想和抱负，或者完成与自己最大化能力相符的事业的需求。自我实现需要最大程度激发自己的潜力，几乎是一种没有满足上限的需求，自我实现者在得到常人无法理解的快乐时，往往也能成为人中龙凤。马斯洛总结了十九点自我实现者的特点，包括自发性、自主性、以问题为中心、超然独处等，由于对公众接受性的分析极少涉及自我实现需求层面，因此我们不在此赘述，有兴趣的读者可以自行查阅本章最后的文献。

6. 需求的高低级

马斯洛认为，除了满足的优先级不同，需求还有高低级之分，需求层次越高，需求也越高级，其原因如下：

高级需求在进化历史和个人成长过程中都是较晚的产物。人类是地球种族上进化程度最高的生物，因此有所有五个层级的需求，而从稍次的群居型的哺乳类动物身上我们也能看到一些社交需求和尊重需求，再往下，爬行类动物和鱼类往往就只有基本的安全需求和生理需求了。由此也可以证明需求的满足是随着进化慢慢出现的，因此自然的有高级和低级，高层次和低层次之分。同时，对于人类个体，高级需求也是随着年龄的增加才出现的。婴幼儿只有最基本的生理需求和安全需求，拥有玩伴的儿童开始慢慢拥有社交需求和尊重需求，而自我实现的需求，即使是天才如莫扎特式的人物也要等到再大一些才会出现，对常人则会迟得更多。高层次需求的出现更晚，也意味着其对生存的需要愈不重要，而对个人精神世界的塑造更重要。

高级需求的满足难度更大。从内部条件看，高级需求的满足更困难。生理需求只需要一定的劳动便能够基本满足，安全需求需要个人能够融入安稳的环境，社交需求需要个人具备爱与被爱的能力，尊重需求则需要更高的实力和成就，自我实现的需求，则要求个人有追求、毅力和极高的能力。从外部条件看，高级需求往往涉及更多的人，需要更大的活动场景，花费更多的时间。生理需求和安全需求个人努力就能基本满足，社交需求只需要和特定的一些人产生紧密的联系，尊重需求需要平台和观众，自我需求的实现，则往往需要周密的计划和数以十年计的时间。

高级需求能够引起更合意的主观效果。“物以稀为贵”，由于满足难度更大代表的成就越高，高级需求的满足往往能使人的获得更多的快感和更强的高峰体验或者更加宁静、智慧、高尚的感受。安全的满足可能只是让人觉得如释重负，而尊重的满足会让人自信、愉悦、充满成就感。同时满足了高级需求和低级需求的人们往往认为高级需求具有更高的价值，甚至愿意为之牺牲一些低级需求。例如，有的人会为了演唱会和艺术展去通宵排队；还有人省吃俭用只为了买自己喜欢的收藏品；更有一些科学家为了从事自己喜欢的科研方向放弃高薪的诱惑。由此可见，高层次需求能够引起更合意的主观效果，也正是因为他们更加符合自己的意愿，我们就把它定义为高级需求，或者说，我们觉得它们更加珍贵。

7. 需求层次的颠倒

五个层次的需求都是基于人天性的需要，他们的层次关系在大多数情况下都是稳固的，人们倾向于先满足低层次的需求再去满足自己高层次的需求，但是我们也常常看到一些需求层次颠倒的情况。例如，颂扬爱情的古诗中，还有“问世间情为何物，直教人生死相许”，“衣带渐宽终不悔，为伊消得人憔悴”等，这不就是放弃了自己的生理需求转而选择爱和归属感的需求吗？又例如，减肥人群忍饥挨饿，挥汗如雨，不就是为了赢得别人的喜爱和尊重，牺牲生理需求来满足自己的社交需求和尊重需求吗？这样的例子很多，包括在我们自己身上都天天发生。

虽然这些行为中的确出现了需求层次的颠倒或者错乱，但是并不能说明需求理论的层次划分是不准确的，马斯洛对这种现象进行了详细的讨论，我们认为其中有三点最为重要：

（1）行为的多动机

正如上文提及的婴儿和孩童的行为是为了满足多种需求，实际生活中的大多数行为都是多动机的，即是多个层次的需求共同推动的。

减肥人群的动机显然是复杂的，由于身材外形的改善，人很容易获得更多的赞美和尊重，因此，社交需求和尊重需求的满足是减肥成功者极易享受到的。与此同时，人们可能并没意识到生理需求也是推动减肥者保持努力的原因之一。肥胖导致的亚健康状态会使人沮丧，而运动会加快多巴胺的产生使人生理性愉悦，因此人的身体也在运动中获得满足，这也是运动减肥的动力之一。同一种活动在不同的情境下也满足了不同的需求。一顿晚餐，倘若是一个人吃，可能仅仅满足了生理需求，而对于情侣来说则添加了爱的意义，对于举办慈善晚宴的企业家来讲，满足的还有尊重需求，对于美食家来说，更可能是一次自我实现的经历。

另外还需指出一点，当低级需求长期被压抑时，低级需求的实现将很容易转变为低级需求和高级需求的结合。对于长期处于较低生活水平的人来说，丰盛的美食和干净整洁温暖的衣物不仅仅意味着生理需求的实现，还可能是自尊的极大满足。很多行为在表面上看起来像是放弃了低层次需求转而寻求高层次需求，但实际上这些行为是多种需求共同驱动的结果，需求层次的颠倒并没有真正发生。

（2）需求满足的不同程度

需求满足的不同程度是导致需求颠倒的重要原因。需求满足的优先级的确是按低层次到高层次的，但这并不意味着一定要低层次的需要达到百分之百的满足，人们才会转而寻求更高层次需求的满足。

对于绝大多数人来说，所有需求层次都是处于部分满足的状态，并且满足程度也总是在动态变化的。饥饿程度和疲劳程度在一天中会持续交替变化，安全需求和社交需求的满足也因为场景的变化而变化，尊重需求和自我实现更是很容易受到各种各样的影响。另外，我们对不同层次的需求的满足程度要求是不一样的，例如对于生理需求，一次熬夜就能使人萎靡不振，一顿饭吃饱并不能让人下一顿不吃饭，而对于高层次的需求，一次尽兴的聚会或一次作品的获奖就能使人在接下来的几天保持活力。低层次的需求需要更高的满足程度，而由于高级需求满足的难度更高，带来的愉悦更多，高层次的需求只需要较少的满足便可以使人感受到极大的满足感，正如马斯洛的假设，“一般公民大概满足了 85% 的生理需求、70% 的安全需求、50% 的社交需求、40% 的尊重需求、10% 的自我实现需求”。

只要低层次的需求达到了一定程度的满足，人们就会转而寻求更高层次的需求，而且高层次需求带来同样“百分比”的需求满足感会比低层次需求带来的更令人愉悦，因此我们才会看到有人放弃部分睡眠而选择加班的现象，这都是尝试用生理需求的部分牺牲来换取高层次需求的部分满足——这种情形下需求层次的颠倒是部分而非全部的。

（3）对需求满足种类的选择权

对需求满足种类的选择权指个人能够通过资源分配来选择哪些需求得到优先，在这种情况下，高层次的需求往往显得更重要。

对需求满足的种类具有选择权意味着随时可以放弃高级需求转而去满足低级需求。例如，减肥人群可以随时中断节食，他们知道自己的饥饿仅仅是知觉上的不满，而不会真正影响到自己的生命安全，因此他们能够放心地减少食物的摄入。

此外，对需求满足种类具有选择权的人，往往低层次需求的满足程度都长期在较高的水平，并且因此有更多精力能够经常地实现高层次需求。这种低级需求的长期满足会使人们对低估低层次需求的重要性：几乎没有人会常常惦念氧气的重要，正常饮食的现代人也并不觉得饥饿会真的威胁到人的生命，长期没有战乱的国家的人民在看到国际新闻前几乎不会意识到国家安全的可贵。此消彼长，高层次需求满足带来的更大愉悦使得人们在主观体验下认为高层次需求比低层次需求重要。

需要强调的是，需求理论始终是有局限性的，对于一些高尚行为和变态行为，我们并不认为需求理论能够进行完美的解释，但对于普罗大众的核恐慌来源的解释，需求理论是极其适用的。

（二）需求理论下的恐核之源

核事故能给人们带来危害或潜在的危害，从核事故的危害对人们低级需求造成的威胁出发，能够极好地解释公众的恐核之源。

1. 核事故对低级需求的威胁

首先，核事故周围居民的低级需求直接遭受了威胁。切尔诺贝利核事故发生后，核电站工作人员、消防队、普里皮亚季城人民以及后续进场的各种求援和处置人员的生命安全直接受到了威胁，同时由于搬迁造成的不稳定，当地居民的生活环境不得不改变，生理需求受到了巨大影响（由于亲人朋友的分散，社交需求在一定程度上也受到了威胁）。另一方面，大量核污染物被高空释放，致使欧洲大部分地区都受到了辐射影响，当地的土壤、水源、动植物都沾染了大量放射物质，食物和水源被毁于一旦（至少出于保守考虑，这些都是不宜食用的，相当于被破坏了），绝大部分欧洲人民的生理需求和安全需求都直接受到了威胁。同样，福岛核事故不仅污染了日本土地，由于日本政府和东电公司的处置不当，大量放射性还被以有组织或者无组织的方式直接排放至太平洋，致使附近区域的海产品放射性超标，对渔民和沿海居民造成了生理需求和安全需求的威胁。

其次，在媒体的报道下，世界各地的人们都了解到了核事故的严重后果。这些后果的展示往往是触目惊心的，爆炸、浓烟、残破的建筑和泪流满面的幸存者都是媒体最喜欢报道的对象（尽管这些内容可能不是本次核事故的，甚至是艺术化的）。当人们看到这些对象后，同理心很容易被激发，对食物和水源安全性的怀疑和对自己周遭甚至遥远地区的核电站安全性的怀疑会不断产生，生理需求和安全需求便在这种情况下突然遭受威胁甚至可以说是被剥夺，引起强烈的不适。低级需求是最基本最迫切的需求，在长期满足的情况下突然被剥夺，巨大的反差极易使人们产生焦虑和恐慌，核事故便成了“恐惧之源”。

2. 核事故对高级需求的影响

核事故对低级需求产生了直接的威胁，对高级需求也产生了复杂的影响，这种影响对不同的群体是不同的，对于某些群体，高级需求的威胁或被唤醒直接成为他们行为的动机。我们无法对每个群体进行论述，这里仅举几个典型的例子。

对反核人士的影响。核事故一旦发生，反核人士的话语权和可信度无疑会显著提高，这可能导致两种情况：反核人士成为意见领袖和意见领袖成为反核人士。由于媒体的关注和核事故的事实，反核人士很容易在事故发生后成为焦点人群之一，并迅速博得群众的信任，在这种情况下，反核人士成为意见领袖，他的自我价值实现了，高级需求得到了高度满足，使他更加坚定地反对核能；意见领袖成为反核人士也是容易发生的情况，一方面可能是意见领袖本身对核能不信任，但之前并没有表达的必要；另一种可能是群体的反核倾向使得意见领袖为了保持自己在群体中的地位，寻求归属感和尊重，也开始作为反核人士发声。在一些反核事件中，最初的小团体本身的确就有很强的反核倾向，但后期加入的一些成员，肯定是有希望通过参加反核活动来提高自己声誉的，这就是对社交需求和尊重需求的追求。

对媒体从业者的影响。核事故无疑是大新闻，即使媒体从业者作为社会人是不希望看到核事故发生的，但一旦核事故发生，他们就不得不将注意力转移到核事故上，并对与核有关的故事和人物进行深挖，大新闻带来的声誉和赞美无疑会满足媒体从业者的高级需求，因此核事故消息的传播和扩散必然是迅速的。

对核能从业者的影响。核事故的发生对核从业者无疑是一次打击，随之而来的质询和怀疑更会使人沮丧。核从业者在社交圈中会出现两种情况，一是因为职业而遭人疏远（这种情况在现代多元化社会环境下可能性较低）；二是因为职业被过度关注和关心（例如被亲朋好友询问个人安全问题以及自己并不熟悉的核安全问题等）。可以说，核能从业者社交需求的改变非常复杂，难以预料，但都会多少发生一些自己不期望的改变。而在尊重需求方面，由于整个行业被质疑，自身事业遭受了负面影响，核能从业者的尊重需求在短期内会是缺乏的。在自我实现需求方面，如果个人对核能事业有着如此高层次的追求，那么理论上他应当是以正面积极地态度看待核事故，以继续推动核电发展为己任的，核事故的发生不会对这样的核能从业者产生负面影响。但实际上，核事故往往会使一个国家的核能事业发展减缓乃至停滞，这会使一些具有高层次追求的人“自我实现”的需求无法实现，也会带来负面影响。

可见，除了生理需求和安全需求，核事故的发生也会从高级需求的角度导致公众恐核。核事故对高级需求的影响极其复杂，但总的来说这些影响对核能公众接受性必然是负面的，还极易成为反核行为的动机，因此，在关注满足公众低级需求的同时，消除或利用核事故对公众高级需求的影响也值得重视。

（三）对策和建议

利用需求的满足和需求的特点，我们可以用以下原则来解决核事故带来的恐慌源头。

1. 保障低级需求

低级需求的满足对个体来说极其重要，而对于越来越对核能发展有话语权的公众来说，如果低级需求都受到威胁，恐核心理和反核情绪是不可能根除的。因此，提高公众接受性的基础是要保障公众的低级需求。

首先，一旦核事故发生，应该通过多种渠道进行信息公开，告知公众具体的事故情况和各个地区的受灾情况，并对空气、食品和水源等基本物资进行安全检测和报告，使公众了解自己的低级需求受影响程度（当然这个问题和政府的公信力有关，但如果不做只会引起更不好的效果）。同时，应当根据实际情况对受影响比较大的地区进行食品、水源以及住所的稳定援助，最大限度的保障公众的基本需求。需要注意的是，在这个过程中应当注意不要过多宣传、反复宣传核事故的某些具体细节，以免引起进一步的恐核，这在后面的启发式偏差中会详述。

其次，从核设施本体出发，应当从技术和心理上保障公众的低级需求。从技术上来说，要遵循纵深防御的原则，继续提高核设施设计、建造、运营、维修和退役水平，提高核设施安全性，从心理上，则是要通过沟通宣传使公众知晓核设施各道屏障的作用。

最后，从经济性上提高公众的生活水平。通过把核能利益平民化，使周边的居民可以切身享受到核能带来的利益。这些利益可能是招工的便利条件，可能是用电用热的优惠，甚至可能是核电企业体育馆和游泳馆使用权——这些都可以，但一定要让公众体会到大众化与直接化的受益，营造更积极、稳定、繁荣的社会环境，使公众的生理需求和安全需求的满足程度得到提高。

2. 利用高级需求

James Reason 教授在 1990 年提出了瑞士奶酪模型，见图 3-3。他指出即使一个系统每个部分都非常精密，仅有一点微小的漏洞，但由于一系列的失误和巧合，事故总是有概率发生的，这与墨菲定律有异曲同工之处。

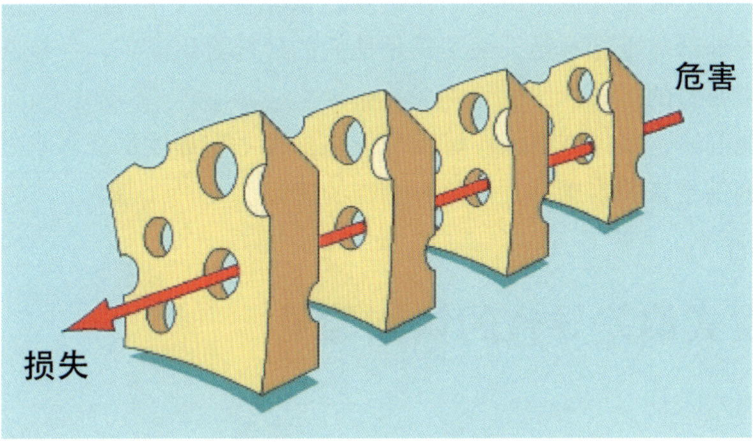

图 3-3　风险的奶酪模型

从奶酪模型可以看出，核设施是不可能完全消除风险的，因此要完全消除公众在低级需求上的疑虑也是不可能的。幸运的是，需求是可以颠倒的，需要同时满足各个层次需求的人往往认为高级需求更重要，只要低级需求得到一定的满足，高级需求就更容易成为人们行动的动机。因此我们可以主动出击，通过高级需求的满足来获得公众的支持。

对于普通公众，特别是核设施附近的利益相关群众，可以利用在社交需求方面，通过走访、共建等形式争取核设施附近群众的好感，和他们交朋友，开阔他们的眼界和知识面，使他们的生活更加丰富多彩。需要知道，核设施一般都设立在比较偏僻的地方，周边利益相关群众实际上忍受着巨大的孤独和社会不兼容。尽管他们的生活水平不够高，但城乡二元化给他们带来的孤独感影响更甚。从事提升核能公众接受性的人员可以从这个角度切入，切实的满足普通公众的社交需求。

对于反核人士，如果发现他们成为意见领袖以及自我价值实现是靠传播不实信息“忽悠”群众得到的，就应该尽快地指出，打击他们自我实现的高级需求，分化团结在其周围的核心成员以破坏归属感，使他们原型毕露，失去话语权。

对于媒体人士，需要尽力满足他们的尊重需求。记者是一份十分辛苦的工作，大多数记者在采访与撰稿过程中缺乏必要的被尊重。针对这种情况，应该通过主动与正规记者进行交流沟通，给予可公开的第一手资料，让媒体把核设施正面的一方展示出来，达到双赢的效果。需要强调的是，这些工作最好在没有发生核事故时多做一些，平时正面信息报道的多，更加有利于树立核能良好形象。

对于核能从业者，应当让他们尽量地参与到各类公众沟通活动中，使他们在从事业务工作的同时，还可以在公众面前展示自己的专业能力与水平，并设置奖励机制，赢得更广泛的社会尊重。由于工作特点，核能从业者相对比较封闭，神秘感很高，但实际的外部尊重却不足，为了满足他们的外部尊重需求，让核能从业者深入群众，是非常必要的。

对于其他群体，也应该根据实际情况，在保障一定程度低级需求的情况下，通过高级需求的满足来争取支持，消除对核能的恐惧。

二．启发式偏差导致的认知偏见

公众对核能和一些相关概念存在着诸多偏见和误解，例如把核能和核武器混为一谈，认为核能从业者是“变异人”，认为核电站正常工作时会产生大量污染物，等等。公众的这些偏见主要来自于自己的经验揣测和主观臆断，虽然是不准确的，但这些偏见的产生的确是有逻辑的。卡尼曼和特维斯基就针对不确定状况下判断的特点做了研究和总结，归纳出来了三种启发式偏差：代表性（Representativeness）、便利性（Availability）、锚定和调整（Adjustment and Anchoring）。这些启发式偏差最初是用于经济性和概率论的，但利用偏差理论也可以解释公众对核能产生偏见的规律，从而减少公众对核能的偏见。

（一）代表性导致的核能偏见

代表性偏差指在对事物进行判断时参考这一类事物的代表所引起的偏差，常常出现在归属类的问题中。例如，当我们新结交一个身高两米的朋友时，我们会很容易认为他是一个篮球爱好者。在这里，身高是这个朋友的特征，而这个特征最容易出现在篮球运动员身上，于是我们便将两者结合起来，断定他至少也是一个篮球爱好者。同时，在认识到一个事物后，我们也常常只关注它最具代表性的一点。还是以这位朋友为例，他可能的确是一名优秀的篮球运动员，但同时他还是名牌大学的博士并发表过一些高水平的学术论文，但当别人介绍他时，最喜欢重点介绍的还是他的身高而非他的学识。

对于核能来说，群众最关注的特征就是“核”，而具有“核”特征的事物里，最广为人知的代表就是核武器，于是核能和核武器就被群众联系到一起了。核武器的特征是辐射、爆炸、破坏等不稳定不安全的因素，于是核能也被公众认为是不稳定不安全的了。代表性偏差有一些典型的具体体现：对先验概率的不敏感、对样本规模的不敏感和对可预测性的不敏感。而核能之所以会被很多公众误解，与这三者有紧密关系。

1. 对先验概率的不敏感

先验概率是指一件事还没发生时，根据以往的经验和结果得出的概率，一般来说先验概率对结果判断是有影响的，但很多研究发现，在代表性偏差中，对结果判断几乎没有影响。

卡尼曼和特维斯基对此做了这样一个实验：被试样本被分为两组，让他们根据听到的一些人的信息，描述来判定这些人是律师还是工程师。在实验开始之前，A 组被告知总样本中工程师和律师的比是 7∶3，而 B 组则是 3∶7。根据贝叶斯规则，A 组被试应该认为样本中有更多工程师而 B 组则应该认为样本中有更多律师，然而最后的结果却显示 A、B 两组的概率判断基本相同，证明了如果人们仅对单一信息源作为根据判断时，启发式偏差效果明显，而证明这个启发式偏差出现的判据，就是测量结果对先验概率的不敏感。例如，对其中一个样本的描述是“迪克 30 岁，已婚无子女。他精明强干，想在自己的领域成就一番事业，他深受同事喜爱”，该描述没有任何表露职业的信息，如果只参考这个描述，样本是工程师或律师的概率应该是对等的，而实验结果显示，A、B 两组对迪克是工程师的概率判断确实接近 0.5，并非先验概率所说的 0.7 和 0.3，这就说明人们在判断过程中存在启发式偏差，只参考了这条无效信息，对先验概率视而不见。

上述例子说明，当人们没有任何信息时，虽然原则上人们会使用先验概率或者背景知识进行判断，但一旦接受到任何有关对象的信息，不管这些信息是有效的还是无效的，人们都会忘记参考先验概率，而去参考信息里的代表性特征。在给定一些代表性信息的情况下，我们可以认为，人们容易忽视已知的结果和背景知识，仅根据代表性来进行判断。

这个现象在公众讨论核能时十分显著。当单纯讨论能源结构问题时，公众倾向于把核能和其他能源进行经济性和清洁性的对比，关注的是核能带来的价值，核能的公众接受度并不算低。但是一旦公众听到有关核工业安全事件的描述，公众都会忽视以往核设施的安全运行历史，转而质疑核设施的安全性，对于核能就不是很接受了。这是因为，在讨论能源结构时，核能与风能、太阳能、水能等可再生能源并列，而与煤、石油等化石能源对立，其代表特征是“清洁”“经济”；而在讨论安全问题时，核能被归于“武器”“高放设施”一类，代表特征是“破坏”“风险”。事实上，核能的性质没有改变，但因为只关注了信息给出的代表性特征而忽略了核能本身，公众对核能的认知就出现了巨大的差异。

2. 对样本规模的不敏感

对样本规模的不敏感表现在尽管人们知道“样本数越接近于整体数，估计的结果越好”，但人们会忽视样本规模而仅仅考虑样本结果和对应参数的相似性。

读者可以尝试下面这个测试，给出直观的答案：有一个装满红白小球的容器，其中一种颜色的小球占 2/3，另一种为 1/3。A 从容器中拿出了 5 个小球，其中 4 红 1 白；B 拿出了 20 个小球，其中 12 个红色 8 个白色，那么谁会对“容器里红球占 2/3”更有信心？

实验证明，大多数人会认为A更有信心，因为他抽出的结果中红白球数量对比为4∶1，而B只有12∶8。事实上，按照概率论计算，如果“容器里红球占2/3”的假设是对的，得到A抽出的结果的概率为16/81，而如果“容器里白球占2/3”，得到A抽出的结果的概率应为2/81，两者之比为8∶1；同样可以计算出，对于B，“容器里红球占2/3”和“容器里白球占2/3”的概率之比应为16∶1。从严格的概率论角度说，实际上B应该更有信心认为“容器里红球占2/3”，但在这个例子中，人们忽视了样本的规模，仅仅考虑抽出的实际情况来考虑结果。

这样的估计也发生在对核能的认知当中。人们并不在意样本的规模，而只对样本展示出的有代表性的结果感兴趣。三次严重核事故是典型的核事故代表性小样本，而且是人为划分的小样本。在提及核事故时，人们总是会拿出三次严重事故进行对比、说明和讨论。从反应堆设计的角度来说，基于最严重事故的假设和基于不同始发事件的事故研究是好的，但这也导致公众对核事故的认知仅仅限于这三次核事故。实际上，核事故分级有 7 级，而这三次事故中切尔诺贝利和福岛核事故属于 7 级，是最严重的事故，三哩岛核事故是 5 级，也是较严重的事故。公众对于这三次事故组成的小样本最熟悉，所以对核事故严重程度的判断很容易集中在 5~7 级水平。但是显然这个样本的事故严重程度和所有核事故平均严重程度相差巨大，如果我们再把正常工况也考虑为一种称为“没有事故”的“事故状态”，那么这个样本的偏差会更大。

公众本身对样本规模就不敏感，如果展示给公众的核事故样本小而严重，就很容易形成核事故后果不可接受的刻板印象，这种印象一旦根深蒂固，再通过其他途径来说明核能的安全性和核事故的可控性就更难了。

有一个涉及核事故概率的有趣故事值得一提。2013 年 9 月，一位专家在《物理教学》上发表了一篇名为《中国有可能也会爆发一次重大核事故吗》的文章，通过三次核事故估计世界重大核事故发生的概率是 1/4992 次 / 堆年，然后又对第三代核电技术和我国核工业水平进行了一番抨击，认为我国出现重大核事故的上限小于等于 1442 堆年，引起了轩然大波。当时这篇论文引起了广泛讨论，很多专家试图证明他的计算错误，但到最后也并无一个比较好的反驳依据。然而实际上，这位专家并没有计算错误，因为他只计算了一个先验概率。他的方法来自贝叶斯学派，而非我们常说的频率主义学派。这位专家在贝叶斯话语体系下得到的概率其实是“先验概率”，但贝叶斯理论的重点是随着后续样本信息增加不断修正先验概率得到后验概率，最终遍历可以获得的所有信息后，收敛到的结果才趋于真实结果。贝叶斯理论的精髓是研究“概率的概率”，是将“样本信息”与“概率”联系的一种方法，如果不去继续扩充样本信息而拿一个先验概率作为真实结果，是完全站不住脚的（或者说这个先验概率就是真实结果的概率为零）。在贝叶斯理论中，任何先验概率都是平权的，谁都可以假设一个 0~1 之间的概率，没有哪个更好哪个更差的区别。这篇文章把这个先验概率拿出来和大家论战，忽略后续样本信息对其先验概率的修正，还在论文中声称这个结果是“或然”判断，这显然是不科学的。

3. 对可预测性的不敏感

对可预测性的不敏感指人们常常用少量的资料作为代表来推测事物的发展，这种推断是片面的，在这个过程中人们高估了事物的可预测性。

卡尼曼和特维斯基的另一项研究就是让两组被试阅读同一个实习老师在实习课程中的表现描述，然后分别用百分制来评价这门课的质量和预测五年后这门课的质量，结果发现两组人对每个实习老师的评价和预测几乎都是一样的。然而，仅仅基于一次实习课程表现的描述来推断一个人五年后的表现，其可预测性显然是有限的，但被试仍然言之凿凿地做出上述预测，这说明人们更加愿意注意到了眼下事物的特征，或者说该事物的发展被现在的处境代表了，这就是对可预测能力的高估。

依然以那篇《中国有可能也会爆发一次重大核事故吗》中的内容为例，虽然提及了反应堆技术的更新换代，也提及了各国制造水平和工作人员素质的差异，但是同时他使用了很多假设性的字眼，实际上对核能发展的预测仍然是不准确的。从他的文章中，能看到很多主观的臆断，例如：“……中国出现灾害的自然条件比日本还要严重。持平之论，可以认为和日本处于同一水平……”这是谁说的？是否权威？是否有数据支持？是否考虑到了日本和中国国土面积的差异？是否考虑到了中国核电站选址的更严格的标准？如果有其他人说中国自然条件更好，又该如何假设？这些问题都是文章中没有回答的，“持平之论”似乎做出了让步，实际却采用了一种对核能不利的假设，并且用其作了并无很好预测效果的预测来误导大家。

实际上，我国已经实现了反应堆升级，非能动安全系统被广泛应用，反应堆安全得到了极大提升。三次重大核事故的反应堆中，三哩岛核事故最重要的原因是人因；切尔诺贝利核电站的反应堆则是有一定设计缺陷的石墨沸水反应堆，且操作违规，也没有核安全文化的保障；福岛核电站则是遭遇了罕见的外部事件，并且老式的 MARK-I 型安全壳的设计落后，早期失效概率较大。尽管这些改进的因素量化起来很难，但利用此前的反应堆运行经验来推测我国具有后发优势的反应堆的事故概率是不合适的，是明显对预测能力的高估，也是代表性偏差判断的体现。

（二）便利性导致的核能偏见

便利性偏差又被称为可得性偏差，指的是人们通过事件易于想象的程度或这件事情发生的容易性来判断该事件发生的频率。

例如，当我们提到孙悟空时，最深入人心的形象就是六小龄童饰演的美猴王，灵动狡黠却有一股正气，但事实上，《西游记》原著里的孙悟空可谓是身形猥琐，外貌丑陋。第二十一回中，“那怪仔细观看，见行者身躯鄙猥，面容羸瘦，不满四尺”，可见孙悟空身材矮小；第三十六回中，“他即开门，只见行者撞进来了，真个生得丑陋：七高八低孤拐脸，两只黄眼睛，一个磕额头；獠牙往外生，就像属螃蟹的，肉在里面，骨在外面”。可见按照吴承恩《西游记》里的描述，孙行者不像是 1986 版《西游记》里英气十足的英雄，更像是周星驰《西游·降魔篇》里的妖怪。这种形象的区别和创作者的意图密不可分，1986 版《西游记》想树立一个光辉的英雄形象鼓舞群众，而《西游·降魔篇》因为剧情需要，孙悟空是一个反派。然而，央视的西游记出现的较早，这一“美猴王”的形象深入人心，一想到孙悟空，自然这个形象就映入眼帘。也正是因为如此，《西游·降魔篇》中的孙悟空形象出现后，很多观众表示无法接受。

图 3–4　央视 1986 版《西游记》与《西游·降魔篇》中孙悟空的形象对比

孙悟空的形象被美化接受了，但是核能在大众的心目中却是被妖魔化接受了。提起核电站，最好想象的不是秦山和大亚湾，而是切尔诺贝利和福岛；提起核从业者，不是我国接受了严格培训、兢兢业业的一线工作人员，而是没有担当，说一套做一套的东京电力公司高层领导。出现这种情形的原因，是核能的负面形象被报道的数量与正面消息有量级的差异，这些信息更容易被公众想象和记忆。

Lichtenstein 的研究表明，被试被告知美国每年因机动车事故死亡的人数约为 5 万人后，要求他估计其他 40 个死亡原因（如中风、龙卷风、火灾、心脏病和自然死亡等）的发生频率。结果表明，被试倾向于高估暴力的、灾难性的、突然的致死事件的发生频率而低估有征兆的、不引人注意的致死事件发生频率。例如，龙卷风致死的发生频率为每年 90 人，而中风则是 209 100 人，是前者的 2300 倍，但是被试对龙卷风致死的估计结果平均值为 688 人，而中风则为 10 668 人，仅为前者的 15 倍。Combs 的实验结果表明，报纸报道确实往往关注是那些暴力的、灾难性的事件（例如交通事故、龙卷风、谋杀等）。研究中的两家报纸就龙卷风一种灾难报道了 16 次之多，死亡人数分别为 36 人和 25 人；而对于各种疾病（数十种疾病），加起来一共仅报道了 176 次事件，死亡人数累计约 200 人。

结合两者的研究发现，人们所判断的死亡频率和报纸所报道的死亡数量的相关性达到了 0.7。这种高相关性正反映了便利性偏差在风险讨论中的重要意义。另一方面，这种高相关性还说明了人们的观点反过来也会影响媒体的报道，两者会形成正反馈，如果媒体的宣传报道和公众的讨论一直集中在核电的负面，那么在便利性启发的影响下，公众对和核能的风险感知会越来越强烈。

便利性还可以用来解释为什么一部分谣言能够广泛快速的传播。“切尔诺贝利巨鼠”是一个广为认知的谣言：20 世纪 90 年代，一支 9 人科考队深入切尔诺贝利，结果遭到巨鼠袭击，只有一人生还，最后集结了大量部队才消灭了巨鼠群。虽然只有短短几句，但是我相信读者应该很容易勾勒出这个谣言的画面。首先，“辐射产生变异”这一套路被广泛用于各类影视、文学作品当中，是一个很容易被接受的设定，其次，“只有一人生还”颇具故事性和英雄主义，使受众很容易有代入感，最后，巨鼠群被消灭是一个令人心安的结局，也说明了为什么周遭群众生活没有受到影响，使谣言具备“合理性”。“切尔诺贝利巨鼠”谣言简直就是好莱坞科幻恐怖片的一则缩影，如此容易想象的谣言，受众自然容易接受。

（三）锚定和调整带来的核能偏见

对锚定和调整指的是人们喜欢用一个初始值作为参照来估计最终答案。由于有了一个基本的锚定值，调整相对于这个值也往往是微小的，如果锚定值和真实值差距较大，这种调整就不是充分的，使估计结果出现很大的偏差。有一个很好理解的实验来证明锚定效应：两组高中生需要在 5 秒内分别写出 $8\times7\times6\times5\times4\times3\times2\times1$ 和 $1\times2\times3\times4\times5\times6\times7\times8$ 的估计值。结果第一组的中位估计值为 2250，对第二组则为 512，但正确值为 40 320。由于前面数字的乘积更大，第一组学生对算式结果估计的锚定值也更大，说明了锚定值的存在和差异性，而两组中位估计值都与正确结果相差巨大，则说明了调整的不充分。

锚定和调整有一些“先入为主”的意思，一旦公众对锚定值是不看好的，就很难调整到一个积极的结果。不幸的是，由于代表性和便利性偏差，在面对核能时，公众很容易选择一些夸张和负面的锚定值。

例如，广岛原子弹造成了近十万人死亡，因此当切尔诺贝利核事故发生后，有很多人也估计其造成了等量级甚至超量级的死亡，但是实际上切尔诺贝利仅造成的直接死亡仅有 28 人，截至 2005 年 IAEA 确认有累计有 56 人死因可归咎为切尔诺贝利核事故——这就是锚定性思维带来的偏见。有趣的是，IAEA 等国际组织在切尔诺贝利核事故 20 周年发表的切尔诺贝利核事故的评价中，又因为误用有效剂量和集体有效剂量的概念，声称受到较明显照射的 60 万人群中，可能患癌症致死的人数最高可达 4000 人，使得这个数字又成了新的锚定值，导致人们对核事故死亡人数的估计也往往是数以千计。

人们对低剂量辐射（如天然本底辐射、宇宙射线与通信基站等）后果的估计也是一个锚定和调整导致偏差的例子。低剂量电离辐射对人体的影响本身是个尚未解决的科学问题，但辐射容易被人知悉的后果就是罹患癌症，所以公众对辐射危害估计的锚定值就是“癌症”，这个锚定并不区分剂量，也不区分是否是电离辐射。然而癌症毕竟不直观，于是公众把这个锚定值调整到各种身体不适的症状：头晕、乏力、失眠等，这些症状恰恰又极易出现，于是“要求拆除手机基站”和“防辐射孕妇裙大卖”等事件就屡见不鲜了。另一个有趣的事实是，核医疗里面所用的伽马刀、医用直线加速器、PET 与 SPECT 等技术，其实造成的局部或全身剂量远远大于前面所述的低剂量辐射（伽马刀与医用直线加速器约为希伏量级，PET 与 SPECT 约为毫希伏量级），但由于它们确实能够进行治疗和诊断，人们会把它们的后果锚定在“医疗”上，认为这是治疗疾病和造福人类的好工具，而对其产生的放射性损伤（有些甚至是急性放射性损伤）持包容和理解的态度，甚至在实际生活中还有不少公众主动选择核医疗手段进行常规体检。可见，对于放射性这一概念，不同的锚定方法，公众的接受度是完全不同的——对于无明显受益的放射性，公众更乐于将它们锚定在负面效应上；而对于自己可以有所受益的放射性，公众就会对辐照风险表现出包容，而将其锚定在正面效应上。

（四）减少对核能偏见的建议

启发式偏差可以解释公众为什么会产生对核能的偏见，但在此之前，我们应当注意到,所有的偏差都说明了从业者和公众在认知思维和认知水平上具有显著差异:从业者有深厚的背景知识和调研需求，而公众不求甚解，也不需要去了解很多细节，更喜欢眼见为实，先入为主。因此，在进行核能公众接受性有关工作时，必须经常站在公众的角度来思考和解读问题。基于这种思想和启发式偏差，我们总结了以下几点建议来减少公众对核能的认知偏见。

1. 注重概念区分

避免代表性偏差最主要的方法就是对事物概念进行精确的界定和区分。对于核能来讲，概念区分主要是对核能和核武器的区分和对先进技术和落后技术的区分。

在进行概念区分时，可以反过来利用代表性偏差，通过把核能与其他安全、稳定的能源概念归为一类，使公众对核能的认知朝积极的方向偏转。具体而言，在区分核能和核武器时，应该注重核能的“能”而非“核”。我们作为从业者在和公众交流沟通时自己首先要摒弃核能是一个敏感概念的想法，多把核能和其他新能源进行对比，强调核能的成熟性、稳定性，而不要急于去强调核能安全性，造成“此地无银三百两”的现象。实际上，这一点在后续章节中也可以从实证学的角度论证，得到相同的答案。

对于先进技术与落后技术的区分上，可以通过强调先进堆型的高科技性质来进行。公众对于核能的兴趣，绝对不仅仅是为了解决能源需求，还因为核能确实是代表着国家强大的科技实力。因此，在提升核能公众接受度的具体工作中，应该强调我国核电取得的科技成果和带来的工业发展，把中国新建堆型和发生重大事故的、具有设计缺陷的反应堆区分开来，增强公众对我国核设施的信心，这可以使公众对核事故发生的预测向积极的方向偏转。所幸的是，现在很多的核能科普工作已经开始接受这一结论，并用于实际工作了。

2. 减少对潜在风险的主动宣传

在前文对便利性偏差的讨论中已经指出，对风险的讨论会使公众对这种风险的可想象性增加，因此减少对核能潜在风险的主动宣传是十分有必要的。

告知公众核设施可能的风险的确是专家应做的事情，但风险告知并不一定会得到理性的回应，特别是宣传的风险是潜在的或未发生的，公众更容易朝极端方向想象。所以在对核设施进行宣传时，即使是“两个千分之一”之类的包含潜在风险的概念，在公众沟通中也应该尽量避免。需要解释的一点是，减少对潜在风险的主动宣传和对低级事件的报道并不矛盾，前者关注的一般都是未发生的风险，且往往是比较大的风险；而后者关注的则是已经发生的正常波动。任何一个设施完全没有运行谬误是不可能的，我们需要做的是让公众认为我国已经发生的偏差事件是正常波动，而不是灌输很多核能潜在风险让公众担惊受怕。

3. 增加对低等级事件的报道

调整公众对于核事故的锚定水平，使之对于核事故有正确的认识，对于公众重新认识我国核安全情况有重要作用。虽然我国核电站一直保持着安全稳定的运行，但是实际上仍然发生过一些低级别的运行事件。《中国核电厂运行事件综合报告（2012 版）》指出，截止 2011 年年底，我国运行核电厂共发生了 662 起运行事件，其中 0 级运行事件 522 起，1 级运行事件 130 起。这些事件几乎没有被媒体报道，一是因为确实影响太小，不值一提；二是事件一旦被报道，担心会引起公众恐慌。

我们认为适当报道一些低等级运行事件，是能够改变公众对于核事故的锚定值的，并且非常有利于提升公众对核能的接受度。公众对核事故的认知始终集中在三次大型核事故上，如果对低级事件也进行报道，久而久之公众就会意识到核事故是有不同分级不同后果的，不会将核事故只锚定在高危水平，可以更客观地认识每次事件或事故导致的结果。同时，报道低级事件还能增加核电厂运行的透明度，提高公信力，向公众证明核设施的可靠性和固有安全性。需要强调的是，这里并不是强调只报道低等级事件，良好的运行记录，也应该积极报道。我们最终的目的是使公众将核事故认知锚定在一个理性值和客观值，而不是一听到核事故就认为十分严重，导致无法接受核能。

至于报道是否会引起公众恐核，我们认为只要报道得体是不会有这方面问题的。地震对于生活在板块中间的居民来说是一个陌生的概念，一旦发生，会引起极大恐慌，但对于生活在地震带的人来说，地震就像是下雨打雷一样平常。日本几乎每天都会发生地震，政府也几乎每天都要进行地震通报，但是民众早就对低等级地震习以为常，不为所动了，而即使高等级地震到来，民众也有充分的心理准备。对核电厂运行事件的报道，也可以达到给民众打预防针，扭转对核事故的认知的效果。在经过一段时间的报道后，公众对核事故的认知会更加全面客观，对核事故影响的“锚定值”也会大幅度下降，使核设施具有一个更安全的形象。当然，在开始阶段，一定会有一些社会不安甚至不良言论释放出来，但这并不能作为我们不开始的接口——毕竟如果害怕失败而不开始，就永远不会成功。

三．自我防御机制导致的个人行为

自我防御机制是弗洛伊德在其精神分析理论中提出的概念，经过他女儿安娜·弗洛伊德的继承和发展，被广泛地用于心理分析和治疗。自我防御机制是从意识层面消除不愉快情感成分的一种心理操作，也就是当人感受到不愉快时，便会触发自我防御机制，来排除这种能意识到的不愉快的感受。

当核事故报道和核设施落地时，由于恐核心理和认知偏差，人们很容易有焦虑、愤怒、抑郁等不愉快的感受，此时自我防御机制就会驱使人们行动。因此，应用自我防御机制，可以用来分析人们的行为，对公众进行引导和焦虑的疏解。本节我们将介绍精神分析的一些基本假设和在面对核能热点事件时最可能出现的自我防御机制及其导致的个人行为，并提出相应的应对方法。

（一）本我、自我和超我

自我防御机制中的“自我”是精神分析中的一个基本概念，为了更好地论述自我防御机制，有必要先介绍一下精神分析理论的基本假设，即把人格分为本我（id）、自我（ego）、超我（superego）。而在讨论本我、自我和超我之前，我们需要了解“意识”的概念。意识是人脑对大脑内外表象的察觉，弗洛伊德把心理活动划分成意识（conscious）（对处于这种状态的描述即为有意识的）和潜意识（subconscious），潜意识又分为前意识 (preconscious) 和无意识（unconscious）。

生理学上，意识脑区指可以获得其他各脑区信息的意识脑区（在前额叶周边），有意识即是有知觉，有意识的心理活动即是被自我察觉的心理活动，只要人处于清醒的状态，就是有意识的。相对的，潜意识则是人类心理活动中没有被觉察的部分。例如，在进行一次工作汇报之前，不断对自己强调不要紧张，这就是有意识的，而当真正开始做自我介绍时，仍然紧张，出现了脸红，流汗的情况，这就是潜意识的流露。

弗洛伊德指出，潜意识有两部分，一部分潜意识是有可能成为意识的，被称为前意识，而一些一直被压抑不可能成为意识的，就是无意识。用图 3-5 中的冰山模型能很好地表现心理活动的划分，浮在水面之上的是被察觉到的意识部分，水面之下的都是潜意识，而潜意识中靠近意识，有可能成为意识的部分是前意识，更下层的则为无意识。

本我就是潜意识形态下的思想，也代表着人类最原始的一面，遵循的是满足本能冲动的欲望的快乐原则；自我则是本我分化出来的一部分，由于现实环境的限制，人不能完全被本能驱使，于是自我就被分化出来，有意识地较合理地满足本我的要求，自我遵循的是现实原则，绝大部分自我是有意识的；超我则是人格结构最高层的道德部分，是长期自我约束后从自我分化出来的一部分，遵循的是完美原则，超我的一部分是有意识的，但也有一部分是无意识的。在意识的冰山模型上对本我、自我和超我进行划分，就如图 3-6 所示。

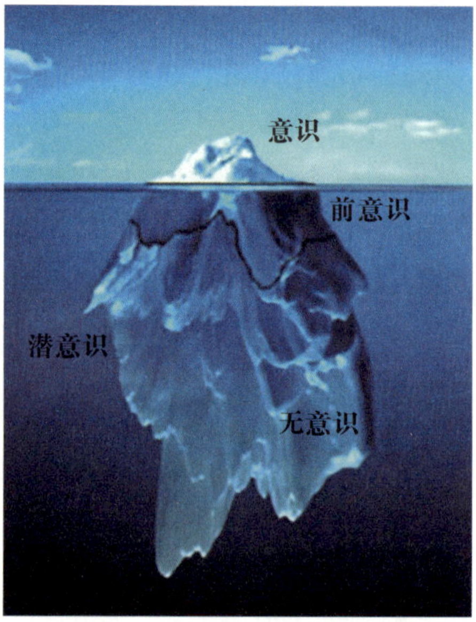

图 3-5　心理活动的分类示意图

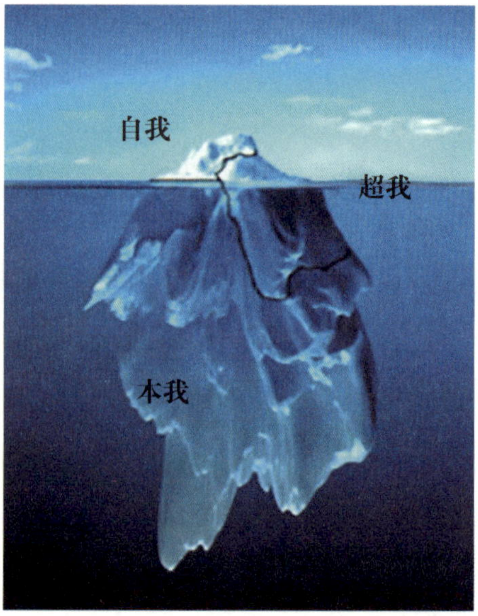

图 3-6　本我、自我和超我关系示意图

自我作为人格的中间层，既受到本我的驱使，又受着超我的压制，因此自我的调节是非常复杂的，这也是为什么人的行为比动物的行为更加难以预测。而我们不愉快的感受，可能来自超我对本我的限制，也可能来自现实对本我的限制，还可能来自我对本我的持续敌对。

本我在自我的帮助下寻求现实满足时，超我会对其进行谴责和压制，于是两者的矛盾会使人产生不愉快的感受，例如焦虑和内疚等。比如当我们在地上捡到一个钱包时，本我会想要私吞这个钱包，满足自己的欲望，但是超我会告诉自我，应该找到失主进行归还。如果钱包里的失物金额巨大令人垂涎，这个选择将会是艰难的，“欲望的折磨和良心的煎熬”就是本我和超我冲突带来的不愉快的感受。

现实对本我的限制也很常见，指的是由于现实条件不足，自我不能满足本我的需求，然后产生了不愉快的情绪。例如，一位高中生因为晚起错过了早餐，导致在上午最后一节课饥饿难耐，但是他没有办法离开教室满足自己进食的欲望，从而产生了烦躁、焦虑、疲乏等不愉快的感受。

而自我对本我的持续敌对则偏向于病理性的情况，有的人感受到的焦虑程度与来自超我的压制和现实的压制明显不符，这可能就是自我和本我产生了冲突：本我持续地表达强烈的需求，自我又不想对此付诸行动，于是不愉快的感受就出现了。比如我们常说的某人性格比较“拧巴”，通常就是较强的自我与本我敌对的体现。

对核产生的不愉快的感受，显然绝大部分来自现实的影响。由于经济原因和家乡情愫，核设施周边的公众基本不可能选择主动背井离乡，但又无法完全杜绝核事故的可能以及涉核谣言的影响，公众本能地希望避开核这个问题，但是现实却无法达到，于是公众就产生了不愉快的感受，并因此启动了一些相应的自我防御机制。

（二）对核“最可几”的自我防御机制

自我防御机制种类繁多，并且一直在被扩充，布莱克曼的《心灵的面具：101种心理防御》是自我防御机制的一本总结性著作，但他仍然在序言中调侃道“我那些机敏的中国学生取笑我在这本书里遗漏了离婚这一防御机制”，可见自我防御机制的分类之庞杂。防御机制有无意识的，也有有意识的，例如撒谎是一种有意识的逃避，而梦境中的幻想则是无意识的。我们不能穷举所有的自我防御机制，但是在核能热点事件发生时，一些自我防御机制是“最可几”的（即最常见的、最可能出现的），我们将分析这些自我防御机制和因此导致的个人行为。

1. 压抑（Repression）

压抑指的是把意识所不能接受的事物转移到无意识当中，这种转移本身是潜意识，如果这种转移是主动而有意识的，则称为压制（suppression）而非压抑。

当核能有关的热点事件和负面消息被报道时，如果有较远的物理距离，人们倾向于直接采取压抑的自我防御机制。由于是无意识的，人们并不会做出任何行动，但是如果有关事件持续发生，长期的压抑积蓄在本我里面的负面情绪会浮出潜意识，变成意识，引起一些激烈的行为，或者为群体性的盲从行为埋下隐患。

在核事故后，并非所有人都会宣传对于核能的恐惧，但大多数人都会明显的出现情绪不好的情况，这其实是压抑的体现，而这些压抑也往往因为其他导火索被点燃，最终导致看似与核事故无关、但却又是因核事故而起的激烈行为。比如有的学者认为切尔诺贝利核事故导致了苏联的解体，其实就是一种压抑爆发并引起其他激烈行为的逻辑。

2. 否认（Denial）

否认是指已经感知到了现实，但是仍然对其表现出否认的态度，否认可以是从本质上的，也可以是从行为、幻想和言语上的。由于对核能的恐惧和偏见，人们对核能有不信任感和疏离感，如果这些负面感受被体现在行动中，例如对核能进行直接抨击，转发一些核能的负面新闻，教导自己的后辈远离核能等，那么这些人就会给自己打上不支持核能的标签。即使核能的积极面被清楚地展现，甚至于核能的经济利益和环境利益直接影响了这类人，由于不愿意接受承认自己的错误而带来的挫败感和羞耻感，他们也会否认这些核能积极面。

否认的最直接的具体表现就是拒绝沟通和散播谣言。在“邻避效应”中，我们往往会接触到一些顽固分子，他们并非真的不清楚核设施的具体情况，但是却采取拒绝沟通的方式来否认核设施和工作人员，因为一旦他们详细地听取了工作人员的科普和劝导，再进行强硬的拒绝，就很容易显得自己无理取闹，使自己感受到不愉快。而明知是谣言还要散播谣言的行为则是更高层次的否认行为，通过谣言的散播为自己博得关注和支持，煽动群众来把个人的不理智放大为群体的不理智，从而免除自己的愧疚感和羞耻感。

3. 置换（Displacement）

置换是把对一个事物的体验和看法转移到另一个事物上。最直接的置换就是把对核事故的恐惧转嫁到其他核设施上。置换是一种无意识的自我防御机制，似乎类似于前一节提及的代表性偏差和便利性偏差，但是置换更多强调的是情感的直接转移，而非因为认知的偏差导致的相似情感。例如，孩子十分讨厌自己凶悍的继父，于是便十分讨厌和父亲年龄相仿的成年男子，这就属于代表性引起的偏见，而如果她常常与母亲争吵，就更可能是把对父亲的不满直接置换到了母亲身上。我们常见的“报复性购物”与“拿某人撒气”都是一种置换。

除了对核武器和核事故恐惧感受置换成对任何核能相关问题的排斥外，由于核能敏感的特征，公众对核常常保持敬畏或者疏远的态度，这种态度也会置换到核能从业者身上。由于从业者能够和公众进行交流，能表现出各种情绪，而核设施并不能做出反馈，所以公众更倾向于向核从业者倾泻自己的负面情绪。更具体的例子就是，如果某位专家为核设施背书，他极容易成为反核人士的众矢之的，受到诽谤和攻讦。

4. 抵消与仪式（Undoing and Rituals）

抵消与仪式指的是，当人们因为现实的限制无法实质性地解决问题时，人们会通过完成一些仪式性的行为，来假设自己解决了这个问题。很多人喜欢把这种防御机制称为“心理暗示”，也常常有意识地利用抵消与仪式来消除紧张、焦虑的情绪。例如不论东方还是西方，宗教仪式都是最直接的用来抵消人负面情绪的仪式，又例如日本人认为在手掌上写上人字然后假装吃掉就能缓解紧张情绪。

而在核能领域，发生过的最典型的抵消与仪式导致的行为就是福岛核事故后的“抢盐”事件。由于碘片可以在核事故中对甲状腺起到一定的保护作用，“碘可以防辐射”的谣言便被创造出来，而碘盐又是最容易得到的含有可食用碘元素的物项，人们便建立了碘盐与防辐射的联系，抢购碘盐就成了抵消人们恐惧感和焦虑感的仪式。实际上，这种仪式世界通用：在美国，出现了大量抢购碘片的公众；而在韩国，出现了不少抢购泡菜的公众。具体是盐、碘片或泡菜并不重要，关键的是需要着这种仪式化的东西来消除恐惧。

（三）对自我防御行为的应对

要应对自我防御机制导致的个人行为，最根本的方法当然是消除公众对核能的恐惧和减少对核能的偏见，但是如果这些行为将要发生，我们应该采取以下的应对方法。

1. 对压抑的疏导

长期的压抑可能会引起爆发性的严重后果，因此对压抑进行疏导是很有必要的。但是由于便利性的影响，任何对风险的讨论都会增加对风险的感知，所以对压抑的疏导方式也要采取积极正面的抵消，而非主动提起对核能安全性的讨论。

“7·23”特大动车组相撞事故使许多公众对动车和高铁产生了畏惧和怀疑的情绪，这种情绪对于没有高铁和动车的城市的公众来说经过短暂的宣泄后就被压抑起来，但是一旦高铁和动车通车，这种情绪肯定会被提起。幸运的是，高铁成为“一带一路”倡议的名片之一，各国争相将高铁作为先进技术引入本国，给国人带来的自豪感，使公众对高铁的安全性有了信心，最终使高铁成了人们出行特别喜爱的选择。同样，对于“一带一路”倡议的另一个名片，核能也可以通过取得的国际性成果和突破的宣传使公众获得民族自豪感，抵消公众压抑的负面情绪。

2. 对否认的破解

对否认的破解最重要的是解决顽固人士对改变态度的担忧。解决担忧的方式有两种：一是用严重（如惩罚）的后果来使人改变态度；另一种是通过明显的利好来消除担忧。对于违法人员，我们当然应当用法律的武器对其进行打击；而对没有违法的顽固人士，应该尽量争取，因此我们并不推荐用打击的方法。

更好的做法是采取第二种方法：首先应该对顽固人士进行孤立，使其产生不愉快的感受，然后通过对其他改变态度的公众奖励和欢迎来消除顽固分子的担忧，此消彼长，顽固人士就会更容易改变自己的态度。但是需要注意，对象特殊，应对方式特殊，但是给予的利益并不能特殊，“不患寡而患不均”，绝对不能出现“会哭的孩子有奶吃”的局面，这在核电厂选址的征地补偿工作中有很多失败的教训。

3. 对置换的引导

置换并不是一件坏事情，对置换的引导就是对公众行为的引导，置换给了我们一个将公众的注意力转移到需要的目标的机会。

以反核公众攻击支持核能的专家为例，身处风口浪尖的当事人虽然会受到攻击，但也有“实力圈粉”的机会，通过一次高水平的科普和讲解抓住这个机会，正式对公众置换防御机制的最好应对。在引导公众置换时，当事人要明白公众的负面情绪虽然是宣泄到了自己身上，但针对的并不是人本身，要始终保持理解和开放的态度。

这样一方面会使公众得不到预先想要的反馈（如当事人回应吵架等），感到受挫，减少直接的宣泄；另一方面，对工作人员的认同也会再置换到核设施，提高公众接受性。

4. 对仪式的利用

对仪式的利用是最有可操作性的一种方法，可以切实地释放公众的不愉快，使公众如释重负。

例如在“抢盐”事件中，中国盐业集团就大开盐仓，没有对其进行限购，甚至明确提出保证供货，公众最后都买到了想要的碘盐，仪式得以完成，极大减少了对福岛核事故的恐惧。可见，有时候“疏大于堵”，让群众的情绪通过无害的仪式进行宣泄是很有必要的。在本章最开头的斯拉夫斯基的行为也可以看成一种仪式的利用，只是这次仪式是领导人代替大家进行。斯拉夫斯基通过在人工湖游泳并平安归来，健康生活向公众证明了其“安全性”，就像完成了一次质量检测，使公众安心。同样，利用安全壳完成浇注等具有仪式感的事件的宣传，也能起到示范和抵消疑虑的作用。

当一种仪式无法完成或者失效的时候，就会有一种更加复杂、更加难以实现的仪式出现，完成这个仪式的代价也更大。因此，在提升核能公众接受性的工作中，要把一些“确保成功”的事项仪式化，这样可以比较便利的提升公众的信心。

四．“乌合之众”的群体行为

勒庞的《乌合之众：大众心理研究》被认为是对群体心理研究的扛鼎之作，已经被翻译成近二十种语言供人阅读。勒庞提出了很多群体性质，例如低智性、情绪化、极端性等，这些性质有很高的总结性和指导意义，但《乌合之众：大众心理研究》毕竟是一百年前的著作，有其局限性。例如，勒庞认为女性是低级进化形态的，这显然是不对的，又例如勒庞在过分强调种族因素的同时对种族的定义却模糊不清，说明在这方面他的认识也是片面的。同时，由于自媒体时代的到来，人人都是受众，人人也都是信息源，群体的形成和消弭变得格外地迅速，行动更加难以预测，加之人人都有表达意见的需求和途径，群体领袖的作用在不断被弱化，甚至出现了许多无领袖的群体，这也与勒庞书中所描述的情况不同。

不过，群体的许多性质仍然是没有改变的，在这一节中我们将首先介绍一些勒庞指出的群体的主要特点，然后提出一些群体的新特性，最后给出对群体反核行为的应对方法。

（一）“乌合之众”的特点

勒庞对心理学上的群体做了如下的定义：感情和思想全部采取同一个方向，形成了一种集体心理的人群。心理学的群体并不需要在物理意义上聚集在一起，而仅仅需要有共同的愿景或思想，但由于缺少物理接触，这种群体显然是短暂的或者易变的。

群体特点的形成来自三个原因：责任感的消失、传染和易于接受暗示。

责任感的消失是由于群体的聚集会使人感到力量的增强，同时使得个人所承受的风险被分担了，个人从一个特征明显的个体变成了毫无特点的无名氏，除非整个群体遭受打击，个体是极难承受较大的责难的。“法不责众”的想法就是责任感消失的真实写照。从精神分析的理论讲，即责任感一旦消失，超我的束缚便会减弱，本我的欲望很容易被释放出来，许多不理智的行为就会发生。

传染指的是群体中感情和行为的传染性，由于拥有共同的愿景和思想，群体的共情能力会得到增强，同群体的他人的感情更容易互通，行为更容易理解，加之模仿是人类的一种习惯，群体就很容易传染并形成一些仪式。这些仪式可能是口号、集会和一些独特的活动。

易于接受暗示是决定群体特点的最重要的原因，也是相互传染的结果。群体对其中的个体有催眠作用，有意识的部分被削弱，无意识的部分得势，个体不再是原来的个体，而是集体意志下的执行者——群体的暗示将能很轻易地转变为个体的行动。

基于这三个原因，群体拥有以下重要的特点：低智性、情绪化和偏执。

1. 低智性

低智性极易理解，传染和易于接受暗示导致的意识的丧失意味着知觉的迟钝，潜意识支配了个体，本我支配了自我，必然导致群体中的个体比独立的个体更缺乏理性，思考能力更低下。意识的重要功能就是判断，由于摒弃了这一功能，群体会变成行动至上。在传染和暗示的作用下，一个人的行动便会得到其他群体成员山呼海啸般的回应，人们生怕表现出犹豫，招致群体里其他人的怀疑与疏离。

“抢盐”事件就是群体低智性的表现。只需要稍微花上几十分钟了解“碘片防辐射”的原理，就能知道碘盐对甲状腺的保护作用微乎其微。但是人们并不倾向于探究原理，而是直接采取行动。在类似事件中，我们常常听到“宁可信其有，不可信其无”，“不怕一万，只怕万一”的说法，其实这就是一种摒弃独立判断能力的体现：从众至少不会独自承受后果，但特立独行却有可能遭人耻笑。

单从理性上来讲，低智性无疑是负面的，但是这种感情驱动的行动方式在有时也能激发出群体的勇气和斗志，推动一些奇迹的发生。例如，任何反抗斗争都脱离不了群体的感性的激励和共同愿景带来的勇气，历史上很多以少胜多的战争案例也都必须要有群体的鼓励。

低智性还有一个重要表现，就是对事物的认知总是停留于表面，因此群体喜欢刺激性的话题和表达形式，并且对于热点的话题，群体还喜欢进行夸张地加工。例如2009年的杞县卡源事件中，出现了存放货物经放射源长时间照射、温度升高发生自燃的事故，却被群众传为“辐射源爆炸”，导致大批群众逃至周边市县。当然，事件中确实存在信息公开和公众沟通的问题，但是仍然能看出群体夸张的想象力。

2. 情绪化

责任感的消失使得群体并不会估计行为的后果，也使得群体不会有前节提到的顽固分子所担心态度改变产生的挫败感和羞耻感。于是，群体的行为就变得情绪化：冲动、多变、急躁——就像是一头横冲直闯的犀牛，对于自己厌恶的事物毫不犹豫地攻击，又对自己喜爱的事物毫不犹豫地爱抚而不考虑对方的感受。在这个前进的过程中，群体摧枯拉朽般地破坏着一切阻挡其前进的事物，而且这头犀牛是如此地喜怒无常，刚刚还备受宠爱的小动物转眼就可能惨遭践踏。连云港群体性事件中，连云港只是作为备选厂址之一被纳入了初步考虑，但是公众就很冲动地认为连云港即将建造“核废料后处理大厂”，并且立即付诸行动。其实公众们就算平时遇到家庭鸡毛蒜皮的小矛盾都不会如此的急躁与不理智，但针对这么大的事件，公众就非常情绪化的大动干戈，在十天之内就组织起来游行活动，并且很快迫使政府暂停了选址工作。

群体还具备多变性，我们会发现群体极易受到当前因素的影响。例如2019年在中国举办的男篮世界杯中，中国男篮一共打了三次小组赛，第一场中国队先抑后扬，以15分的优势赢得了比赛，获得了观众的赞扬；第二场对阵强敌波兰，中国队以挑战者的姿态在比赛最后时刻取得了领先，却因为战术选择的失误和个别球员的屡次失误最终在加时赛惜败，观众因此开始对教练和该球员大加指责；最后一场，中国队对阵委内瑞拉，由于上一场大部分时间的强力表现，观众重拾信心，结果中国队整体都表现低迷，失掉13分，观众开始对整个队伍疯狂批评，甚至对一些队员进行人身攻击。这样的多变性还会体现在单单一场球赛中，球员只要连续丢球就会遭到唾弃，但只要命中关键球又会得到赞赏。由此可见，在群体面前，当下的行为永远是最重要的，也是直接影响公众情绪的。

3. 极端性

极端性指的是群体成员中已存在的倾向性得到加强，提高到支配性的地位，所谓“沉默的螺旋”。“沉默的螺旋”是指：人们在表达自己观点时，会观察其他人对自己支持的观点的响应，如果该观点得到广泛赞同，就倾向于继续表达，如无人理会或者遭受攻击，就倾向于保持沉默。于是，最先表达相同的观点的小部分人会被其他人假设为大多数，持不同观点的人就倾向于保持沉默，从而坚定了支持该观点的人的看法，造成了这些人发声的增加，最终导致一方愈发持续沉默，一方愈发强大。

在群体之中，“沉默的螺旋”效应更为显著。由于传染和易受暗示，情绪和行为会在群体中被迅速放大，即使这些情绪和行为只是小部分人的，也会朝极端的方向发展。例如，我们常常在聚会上听到一些观点被某人传播出来，并得到一些人的响应，然后这个观点就成为讨论的热点，提出观点的人也成为聚会的中心，享受所有人的喝彩。同样，我们也常常发现一些“吐槽”帖子得到数百上千的跟风支持或者反对，而支持与反对与否又常常决定于前几个回帖者的态度。

（二）反核群体的新特性

在更开放、民主和快节奏的现代，群体变化得更加快速、主动，同时也变得更加不稳定，体现出了一些新的特性，包括快速形成性、主动形成性、领袖缺失性和易分化性。

1. 快速形成性

由于信息传播的迅速和观点表达的便利性，群体的形成越来越快。例如，某人如果对某公司的商品质量产生质疑，他只需要在微博或者论坛上发布一则稍微有爆点的消息，就会立马有人进行点赞、评论和转发，迅速形成一个抵制该公司的群体。由于群体的快速形成性，舆论处置变得空前重要，监控、响应和应对都必须十分迅速，否则舆论的发酵将会超乎人的想像。

2. 主动形成性

由于社会压力升高导致的情绪宣泄的需要，群体的形成从以往的号召和传染逐渐演变为主动地参与。网络已经成为人们满足各种需求的重要平台，人们不再等待群体来找到自己，而是主动搜索自己想要参与的群体。豆瓣小组、虎扑直男、抖音网红等待标签化的群体根本不需要过多地号召，就会有源源不断的有相应需求的人的加入。主动形成性一方面意味着正能量的传播将更便利，另一方面也意味着负面消息的炮制和加工也会增多。

3. 领袖缺失性

观点表达的便利性、突出个性的需求和线上距离感使得群体中的个人的利己主义得到了空前保留。平等的概念深入人心，加之人们对屏幕背后的他人知之甚少，人们很难再对少数人心服口服，于是我们发现许多群体根本就没有所谓的意见领袖。即使是一个话题的发起人，最后也经常发现自己想吐槽的东西完全被扭曲到了其他方向，现代社会群体成员根本不会顾及其他成员的感受，而只是迫切地想表达自己独特的观点，尽管实际上这些观点早就饱受传染和暗示的影响。领袖缺失使得群体的稳定性显著的下降了，但同时想要通过领袖来控制群体也变得遥不可及了。

4. 易分化性

易分化性和领袖缺失性的原因类似，也是现代群体不稳定的体现。由于利己主义和网络群体的易进易出，一旦群体内出现不同观点，群体就很容易被分化。虽然沉默的螺旋依然存在，但是由于成员之间的接触减少并很难造成实质性伤害，现在群体内的少数派也勇于站出来表达自己的观点，随之而来便是群体的争论和站队，群体就轻易地被分化了。和自我防御机制中对置换的引导一样，群体的易分化使转移群体的注意力更加容易，给我们解决群体问题带来了新的契机。

（三）群体反核行为的应对

和个人行为相同，解决群体问题最根本的方法也是消除对核能的恐惧和减少对核能的偏见，但如果反核群体已经形成，我们就需要采取一些方式来应对。

从第一章关于“定域性”和“广域性”反核行为的论述中可以看出，适用于勒庞“乌合之众”特点的群体大多数是线下的、定域性的反核群体，而具备新特性的更多的是线上的、广域性的反核群体。针对这两种反核群体的行为，应对方法主要有引导和解散两种。引导是指通过领导、介入或参与的方式来使群体行为向危害较低的方向偏转；解散则是通过强制、分化等手段直接使群体消弭。由于物理距离的不同造成的现实社会集会难度的不同，引导较适用于更稳定的定域性的反核群体，解散则更适用于较不稳定的广域性的反核群体。

1. 引导

（1）领导式引导

领导式引导是最直接的引导方式，即通过群体领袖来引导群体行为。定域性的反核群体往往会筹备或者进行现实的集会活动，这种集会活动必然有人组织，此类人实际地掌握了群体的话语权，是群体的领袖。如果能够争取到群体领袖的理解和支持，就可以通过领袖来影响其他成员。在进行领导式引导时，有两点值得一提：一是要注意一般不要直接说服领袖改旗易帜，那样只会使得群体认为领袖和群体的对立面有所勾结，产生更大的负面情绪；二是善于利用群体的低智化——即只要群体认为其行为在向目标方向推进，成员就会很容易支持这种行为。在引导时，应该把领袖更多地作为一个沟通的代表来引导群体行为的推进，例如可以通过领袖来组织一些体验活动，拉近与反核群体的心理距离，还可以让领袖代替群体参与到一些具有仪式感的活动中，最后，与领导沟通，针对群体做出一些可以接受的让步，使这个群体认为自己已经取得胜利，达到解决危机的目的。

这里举一个例子，在福岛核事故之后的中日韩三国领导峰会期间，安排了时任日本首相的菅直人、时任中国总理的温家宝和时任韩国首相的李明博品尝福岛产的水果和蔬菜的环节（图 3–7）。在福岛核事故后，无论中日韩的公众，对于福岛核事故都十分恐惧，对于果蔬的可食用性也是抱有怀疑态度的。国家领导人既是公众的一员，也是这个群体的领袖——他们也对上述问题也抱有同样的恐惧和怀疑。正因如此，将领导组织起来参加体验活动，在那时为消除公众的恐惧十分重要的意义。需要强调的是，这不是单单的一个群体领导的体验活动，而是多个群体领导的集中体验，在此我们不去讨论这种体验活动在外交上正确与否，但它在消除公众恐惧、提升公众核能接受性上确实有效果。

图 3–7　中日韩三国领导人品尝福岛产的水果和蔬菜（2011 年 5 月 21 日）

当然，如果领导在一些体验或者仪式活动中表现欠妥，就让他所领导的群众不愉快，适得其反。福岛核事故后，时任东京都知事的石原慎太郎去东京金町净水场调研，厂长表示福岛核事故不会影响东京的饮用水，石原慎太郎当即表示他要喝一杯。本来这是一个十分好的领导式引导的行为，但由于石原饮水时表情不佳，又被记者抓拍到，反而成了当时公众心中的反例。因此，领导式引导的重点是一定要让群体领导在体验或者仪式活动中表现上佳，才能起到抚平相应群体情绪的作用。

图 3–8　东京都知事石原慎太郎去金町净水厂调研（2011 年 3 月 13 日）

（2）介入式引导

介入式引导是以一个群体和其对立面之外的第三方的身份来对群体进行引导，政府往往就在公众和核设施中间扮演了这样一个第三方的角色。

介入的第三方就像是劝架者，把两方拉开总是使怒气消停的第一步，而介入式引导的好处在于可以降低群体的情绪化和极端性，通过介入者的缓冲，群体的情绪会得到平复，同时因为介入者的存在，群体的诉求有更多对象进行表达，也会使群体对自己的需求进行重新梳理，更加倾向于解决问题而非纠结于攻击敌人。在这方面，我国秦山核电有非常好的经验，多年来，海盐县政府在秦山核电与海盐县公众之间起到了良好的协调作用，在宣传、沟通与矛盾化解上做了大量工作，使得当地的公众接受性工作成为全国的表率。秦山核电一位多年从事公众沟通的同志说："我觉得秦山核电和当地的公众就像是结婚过日子，就是关系再好，矛盾和拌嘴也是难免的。但有问题不怕，如果我们双方本着沟通的态度，又有政府作为婆婆妈妈式的长辈帮我们协调，没什么解决不了的问题。"

需要注意的是，介入式引导最关键的地方在于让反核群体认为政府始终是站在客观的一方的。对于一些政府公信力缺失的地区，介入式引导显然是适得其反的，因此核设施落地必须要对当地政治环境和政府治理能力进行严格的考察。

（3）参与式引导

参与式引导就是以群体成员的身份对群体行为进行引导，某种意义上是一种间谍行为。间谍与群体成员的不同之处不仅在于真实目的不同，还在于他是始终保持理智的，可以自然地做出更多具备逻辑的合理判断，成为群体的传染源，然后通过暗示引导整个群体的行为。参与式引导的好处在于潜移默化，拨乱反正，能够杜绝激烈的群体事件，为更彻底地解决反核问题赢得时间。但这种方法的应用需要慎之又慎，如果不是训练有素的人参与到反核群体并作出合适的引导，使公众产生反感情绪，会引来更激烈的反核行为。

相比定域性反核行为，广域性反核行为更方便用这种方式应对。因为广域性反核群体一般是通过线上联络的，作为参与者，线上参与的危险性小、主动性强，可以起到很好的引导作用（实际上很多核电业主在网络舆情出现时，都用了这种引导方式）。

2. 解散

（1）强制式解散

强制式解散就是通过封禁、删除、舆论攻击等强制手段直接打击网络群体，迫使群体解散。对于一些规模较小，不稳定的群体，人们聚集的目的仅仅是宣泄，进行强制式解散后群体成员会迅速寻找新的非核相关群体进行活动，因此强制式解散在应对这些群体时是最直接有效的方法。但是这个方法具备一定的风险性，有可能会引出更大的舆论，因此要谨慎使用。在现代化治理体系下，更加强调任何的政府行为必须有法可依和透明公开，因此这种强制方式可能并不是未来工作的首选。

（2）分化式解散

分化式解散的原理是利用现代群体领袖缺失和易分化的特性，通过不断地对群体进行分化，使群体最终解散。分化式解散和参与式引导类似，但是分化式解散是激烈的而非温和的。只有引起群体的内部不和，群体才会分化，因此，可以从群体的异质性下手。例如，某核设施附近的反核群体主要有两部分，一部分是房地产商，一部分是普通居民。那么，就可以通过房地产商和普通居民在房价上的分歧来分化这个群体。在这一点上，很多核电业主其实做过尝试，但是效果不佳。说到底，核电业主的公关能力往往不能和开发商相比，手段也非常有限，因此成功概率不高。

总的来说，解散是一种需要很高技术手段且风险较大的群体反核行为应对方式，需要有强有力的政治权力、经济支持作为保障，一般的组织或团体需要慎用。

五．总结

本章从心理学的角度对核能公众接受性中公众的恐核心理、认知偏差、防御机制和行为动机进行了分析，从中不难看出，满足人们的需求，引导舆论的走向，提高公众对核能的认知水平是解决这一系列问题的根本方法。在此再次强调，我们并不追求用心理学对核能公众接受性进行完备分析，因为这个工作对于实际操作中的意义并不大。我们希望通过本章的分析，会使一线从事核能公众沟通的读者更加了解公众的想法以及一些约定俗成的处理方式背后的心理学原理。“知其所以然”是将工作能力提升的必经之路，那么本章就是在告诉大家这样一个“所以然”：核能公众接受性这一复杂问题，其背后的原因，也是可以认识的。

当然，对于核能公众接受性，只有心理学的定性分析还不够，还需要从统计学的角度进行定量研究，才能通过实证手段充分了解公众的真实想法，并找到应对策略。在下一章，我们将介绍核能公众接受性的统计学分析方法，并给大家展示一些基于数据调查的分析结果，从定量的角度分析不同因素对于提升核能公众接受性效果的影响。

参考文献：

[1] 马斯洛，动机与人格 [M]，中国人民大学出版社 ,2007.

[2] Reason J. The contribution of latent human failures to the breakdown of complex systems[M], Human Error in Aviation, 2017.

[3] 韩松 . 人类生存问题的一种回答——解读弗洛姆的《爱的艺术》[J]. 学习与探索 , 2006(03):28-30.

[4] 王震 . “阿拉伯之春”与西方意识形态渗透 [J]. 现代国际关系 , 2012(06):18-22+39.

[5] Meeusen D R , Meirleir K D . Exercise and Brain Neurotransmission[J]. Sports Medicine, 1995, 20(3):160-188.

[6] 卡尼曼，不确定状况下的判断：启发式和偏差 [M]，中国人民大学出版社 ,2008.

[7] International Nuclear Safety Advisory Group, The Chernobyl Accident: Updating of INSAG-1: INSAG-7[R], International Atomic Energy Agency,1992.

[8] IAEA, The Fukushima Daiichi Accident—Report by the Director General[R], International Atomic Energy Agencym,2015.

[9] 肖志 , 陶书生 , 孙国臣 , 等 . 关于岭澳二期核电厂运行事件的经验反馈 [J]. 核安全 , 2012(1):22-25.

[10] 张弛 , 陈睿 , 邱艳荣，2007 ~ 2009 年秦山第三核电厂运行事件的原因和趋势分析 [J]，核安全 , 2010,1：51-55.

[11] Lichtenstein S, Slovic P , Fischhoff B, et al. Judged frequency of lethal

events[J], Journal of Experimental Psychology: Human Learning and Memory, 1978,4(6):551-578.

[12] 弗洛伊德，不确定状况下的判断：启发式和偏差 [M]，长春出版社 ,2004

[13] 弗洛伊德，自我与防御机制 [M]，华东师范大学出版社，2018.

[14] 布莱克曼，心灵的面具：101 种防御机制 [M]，华东师范大学出版社 ,2011.

[15] 匡文波 , 郭育丰，微博时代下谣言的传播与消解——以“7•23”甬温线高铁事故为例 [J]，国际新闻界 ,2012,2:64-69

[16] 苏才美 , 黄敏 . 群体性突发事件下谣言传播与控制研究——以碘盐抢购风潮为例 [J]. 东南传播 , 2011(05):28-30.

[17] 钱颖 , 张楠 , 等 . 微博舆情传播规律研究 [J]. 情报学报 , 2012, 31(12):1299-1304.

[18] 沈铁男 , 吴亦彤，自媒体引发的从众现象对青年群体价值观影响的实证研究 [J]，智富时代 , 2018(8):155-155.

[19] Vaillant G E . Ego mechanisms of defense and personality psychopathology[J]. Journal of Abnormal Psychology, 1994, 103(1):44-50.

[20] 勒庞，乌合之众——大众心理研究 [M]，广西师范大学出版社 ,2007.

[21] 王金合 . 从河南省杞县钴 -60 卡源事件看公民核与辐射宣传教育 [J]. 中国辐射卫生 , 2011(03):90-91.

[22] 诺尔诺依曼 , 沉默的螺旋 : 舆论：我们的社会皮肤 [M], 北京大学出版社 .2013.

[23] 俞冀阳，核心理学 [M]，清华大学出版社 ,2015.

第四章
核能公众接受性与统计学

网络上曾有一个问题引发了激烈的讨论，“为什么很多男生追女孩到一半就不追了”。除了问题本身外，“到底什么叫追到了一半”也引起了大家广泛的讨论。大家纷纷表示，打游戏 BOSS 时有血条可以参考，看网剧有进度条可以参考，但是在追女孩这种现实世界的活动中，就实在不知道自己是追到了 50% 还是 99%。

这个问题反映出有一些量是无法直接测量的。其实在追求爱情的过程中，更多的量无法测量——即使女孩想给男生一个量化的答案，她也很难拿出一个数值来衡量。不过方法总比困难多，聪明的男孩们总是能想到各种各样的方法来让女孩做出选择和表态，通过这些选择和表态，来获悉自己的追求之路走了多远。例如，男生会主动邀请女孩参加各种活动，从人数较多的聚会到二人世界的看电影，男生会不断提高活动的亲密度，通过女孩是否欣然接受评估对方对自己的看法。

在统计学中，这些无法直接测量的被称为潜变量（latent variable），为了间接测量潜变量，就需要设计一些可以直接测量的指标来推测潜变量。在男生追求女生时，好感度就是一个潜变量，而约会提议被接受的频率，就是反映潜变量的一个指标。指标的选取是需要仔细考量的，例如如果每次约会都是一些吃饭、看电影等活动，女生可能就只是喜欢美食或者电影，并不一定能反映好感度；而如果女生还愿意尝试一些诸如健身、散步、二人旅游等亲密度较高的活动，就能体现出较高的好感度。

毋庸置疑，从业者应该通过实证调查来评估最真实的公众接受性情况和了解影响公众接受性的关键因素，这对于有针对性的降低公众对核能的恐慌和偏见十分重要。但是，公众接受性显然也是一个潜变量，而一些“关键因素”如风险认知、信任程度、利益感知、知识水平、价值观等，也都是潜变量。因此，研究影响公众接受性的关键因素，本质上是研究潜变量与潜变量的关系——这就使调查研究变得复杂起来，因为我们没法对于自己想知道的内容进行直接调查，而必须“拐弯抹角”。对潜变量进行测量，显然也需要依赖一些指标和特殊的统计学方法，而本章中我们要介绍的结构方程模型恰恰是解决这一问题的有效手段。在国内，我们课题组是比较早利用结构方程来研究核能公众接受性的，相关的研究成果在 2014 年完成，并于 2015 年首次发表在国际会议上。事实证明，这种方法是行之有效的，现在国内已经有大量的课题组用这种方法开展研究，并取得了丰硕的成果。

本章中我们首先会介绍结构方程模型的概念和使用方法，然后以笔者 2014 年的实证研究为案例，基于问卷调查的数据，采用结构方程这一方法来分析核能公众接受性的关键因素。我们将看到，这些因素和第三章的心理学分析结论是高度契合的，也即意味着我们对于公众核能接受性的心理学分析结论，是有实事数据作为支撑的。最后，由于本章主体的统计学分析是针对广域公众的，我们还将对一些没有在结构方程中反映出来的定域性问题，通过心理距离与邻避效应的关系进行补充分析和解释。

一 . 结构方程模型

结构方程模型(Structural Equation Modeling, SEM)是以微观个体为观察切入点，在微观观察角度的基础上探讨宏观规律的一种统计方法，在教育、心理、医学与技术创新等领域被广泛应用。

结构方程模型的思想最早发源于 20 世纪 20 年代 Swell Wright 提出的路径分析的理念，到 20 世纪 70 年代由瑞典统计学家 Joreskog 提出了较为系统的概念和具有可操作性的方法。结构方程与传统回归分析方法最大的差别就是发展了潜变量的概念。如前所述，核能公众接受性和工作自主性与国民幸福感等概念一样，都是无法直接观测并测量的变量，但却又在各类统计学中是重要的研究对象。结构方程模型将这些有研究意义且不可直接测量的变量称为潜变量。潜变量往往需要通过一些可以直接观测并测量的变量来间接测量，这些变量被称之为可测变量（ observed variable ），也是反映潜变量的指标。而“结构”指的则是潜变量之间的相关关系，也就是各个潜变量相互影响程度的强弱。

传统的回归分析一般能研究的是一个因变量和多个自变量的关系，如果模型里出现了多个因变量或者自变量之间存在多重共性时，回归分析就不再适用；对于一般的单因素分析，模型中的各个变量被要求是相互独立的，但实际中各个变量往往是会相互影响的。对于需要多个可测变量来评价的潜变量，上述两种方法往往是有局限性的，例如，受教育水平会影响核能认知水平，进而影响公众接受度，但受教育水平同时也会直接影响公众接受度，在直接影响和间接影响同时存在的情况下，变量之间的关系复杂且不独立，回归分析和单因素分析方法均不适用。作为一种解决方案，结构方程模型则能同时处理多个因变量并且并不要求各个变量相互独立，这就为研究更复杂的社会问题提供了一种途径。

（一）模型基本形式和求解

结构方程模型的有关概念可以归纳为两类变量、两条路径和两个模型。

两类变量指的是潜变量和用于评价潜变量的可测变量（也可称为指标）。其中，潜变量又分为外生潜变量（exogenous observable）和内生潜变量（endogenous observable）。外生潜变量是在模型中只起解释变量作用的变量，也就是说外生潜变量只影响其他变量，而不受其他变量的影响，一般用 ξ 表示；而内生潜变量，则是既受其他变量影响，也影响其他变量的潜变量，通常用 η 表示。

两条路径指的是潜变量之间的路径和潜变量与可测变量之间的路径。与两条路径对应的两个模型则是结构模型（structural model）和测量模型（measurement model），前者用于描述潜变量之间的关系，后者用于描述潜变量和可测变量之间的关系。结构方程中的模型包括测量模型与结构模型。测量模型的一般形式为：

$$X = \Lambda_x \xi + \delta \tag{4-1}$$

$$Y = \Lambda_y \eta + \varepsilon \tag{4-2}$$

式中：X 是外生潜变量对应的指标；Y 是内生潜变量对应的指标；ξ 为外生潜变量；η 为内生潜变量；Λ_x 是外生潜变量和外生指标的关系矩阵；Λ_y 是内生潜变量和内生指标的关系矩阵，δ 是 X 的测量误差；ε 是 Y 的测量误差。结构模型的一般形式可以写为：

$$\eta = B\eta + \Gamma\xi + \zeta \tag{4-3}$$

式中：η 为内生潜变量；ξ 为外生潜变量；ζ 为随机干扰项；B 是内生潜变量系数矩阵；Γ 为外生潜变量系数矩阵。

结构方程模型的求解思路与大多数应用统计方法是一致的，都是从样本观测值出发，以观测值与所求模型的估计值差异为评判指标，最终结果就是差异值最小的结果。具体而言，结构方程模型是利用协方差矩阵进行求解的：被观测变量的协方差矩阵包含有一系列我们需要求解的未知系数，如果假设的模型是正确的且这些未知参数是可以求解的，那么理论上总体的协方差矩阵应该能够被准确重复出来，即：

$$\Sigma = \Sigma(\theta) \tag{4-4}$$

$$\Sigma = \begin{bmatrix} \mathrm{Var}(Y) & \\ \mathrm{Cov}(X,Y) & \mathrm{Var}(X) \end{bmatrix} \tag{4-5}$$

$$\Sigma(\theta)=\begin{bmatrix}(I-B)^{-1}(\Gamma\Phi\Gamma'+\Psi)(I-B)^{-1'} & \\ \Phi\Gamma'(I-B)^{-1'} & \Phi\end{bmatrix} \tag{4-6}$$

Σ 是被观察数据的总体协方差矩阵，我们通常用样本协方差对其进行替代，可以用调查数据中可测变量的值进行计算；θ 是个矢量，含有模型待估计参数；$\Sigma(\theta)$ 是作为 θ 的函数写出的方差协方差矩阵。由于 Σ 和 $\Sigma(\theta)$ 两个矩阵相等，那么其相同位置上的元素也相等，由此可以得出待估计的参数 θ。

对于一个完整的结构方程模型，有 8 个参数矩阵需要求解，分别为：Λ_x，Λ_y，B，Γ，Φ，Ψ，Θ_δ 和 Θ_ε，其中 Φ 是潜变量 ξ 的协方差矩阵；Ψ 是残差项 ζ 的协方差矩阵，Θ_δ 和 Θ_ε 分别是 X 和 Y 的测量误差协方差矩阵。

结构方程模型的系数矩阵反映在模型路图中就称为“路径系数”。路径系数分为标准化系数和非标准化系数，对原始数据进行标准化处理后，将得到标准化系数。标准化系数不带量纲，故而可以实现在针对不同变量之间的比较。一般情况下，路径系数是指标准化系数，即将所有观测变量都标准化后的回归系数。标准化系数可以用来衡量变量之间的影响程度或变量的效应大小，系数为正值时，表示自变量对因变量具有正向影响效应；系数为负值时，表示自变量对因变量具有负向影响效应。通常标准化系数的绝对值都小于 1，绝对值越大，表明其影响作用越大。

下面用一个比较简单的例子说明结构方程模型的求解过程。图 4–1 是一个结构方程模型，其中：ξ 与 η 分别为外生潜变量和内生潜变量，x_1，x_2，y_1，y_2 为可测变量（指标），λ_1 与 λ_2 为潜变量与指标之间的系数、y_{11} 为变量之间的路径系数，指向指标的 δ_1、δ_2、ε_1、ε_2 表示测量的误差，单向箭头指向潜变量的 ζ 表示未能被潜变量解释的部分，即方程的误差。图中单向直线箭头表示假定变量之间有因果关系，箭头由原因变量指向结果变量：

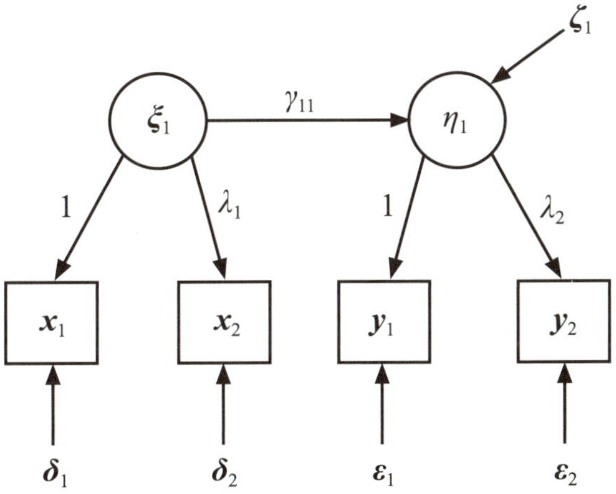

图 4–1　结构方程原理图

与图 4-1 对应的结构方程为：

$$\eta_1=\gamma_{11}\xi_1+\zeta_1 \tag{4–7}$$

$$x_1=\xi_1+\delta_1 \tag{4–8}$$

$$x_2=\lambda_1\xi_1+\delta_2 \tag{4–9}$$

$$y_1=\eta_1+\varepsilon_1 \tag{4–10}$$

$$y_2=\lambda_2\eta_1+\varepsilon_2 \tag{4–11}$$

其中，（4–7）方程为结构方程，（4–8）、（4–9）、（4–10）、（4–11）方程为测量方程。其总体协方差阵如下：

$$\boldsymbol{\Sigma}=\begin{bmatrix} \mathrm{Var}(y_1) & & & \\ \mathrm{Cov}(y_2,y_1) & \mathrm{Var}(y_2) & & \\ \mathrm{Cov}(x_1,y_1) & \mathrm{Cov}(x_1,y_2) & \mathrm{Var}(x_1) & \\ \mathrm{Cov}(x_2,y_1) & \mathrm{Cov}(x_2,y_2) & \mathrm{Cov}(x_2,x_1) & \mathrm{Var}(x_2) \end{bmatrix} \tag{4–12}$$

而

$$\boldsymbol{\Sigma}(\boldsymbol{\theta})=\begin{bmatrix} \gamma_{11}^2\Phi_{11}+\Psi_{11}+\mathrm{Var}(\varepsilon_1) & & & \\ \lambda_2(\gamma_{11}^2\Phi_{11}+\Psi_{11}) & \lambda_2^2(\gamma_{11}^2\Phi_{11}+\Psi_{11})+\mathrm{Var}(\varepsilon_2) & & \\ \gamma_{11}\Phi_{11} & \lambda_2\gamma_{11}\Phi_{11} & \Phi_{11}+\mathrm{Var}(\delta_1) & \\ \lambda_1\gamma_{11}\Phi_{11} & \lambda_1\lambda_2\gamma_{11}\Phi_{11} & \lambda_1\Phi_{11} & \lambda_1^2\Phi_{11}+\mathrm{Var}(\delta_2) \end{bmatrix} \tag{4–13}$$

待估计参数

$$\boldsymbol{\theta}'=[\,\lambda_1\ \ \lambda_2\ \ \gamma_{11}\ \ \Phi_{11}\ \ \mathrm{Var}(\varepsilon_1)\ \ \mathrm{Var}(\varepsilon_2)\ \ \mathrm{Var}(\delta_1)\ \ \mathrm{Var}(\delta_2)\ \ \Psi_{11}\,] \tag{4–14}$$

如果 $\boldsymbol{\theta}$ 中各元素都可以表示为用观测值计算的样本总体协方差矩阵中矩阵元的函数，则参数可求解。例如由：

$$\mathrm{Cov}(x_2,y_1)=\lambda_1\gamma_{11}\Phi_{11} \tag{4–15}$$

$$\mathrm{Cov}(x_2,x_1)=\lambda_1\Phi_{11} \tag{4–16}$$

可得：

$$\gamma_{11}=\frac{\mathrm{Cov}(x_2,y_1)}{\mathrm{Cov}(x_2,x_1)} \tag{4–17}$$

同理可求其他待定参数。

（二）建模过程

结构方程模型的分析过程主要分为模型构建、模型评价、模型修正和模型解释四个过程。模型构建即根据已有的经验和理论确定一个假设模型；模型运算则是在假设模型的基础上，对模型进行拟合，然后通过拟合指数和系数显著性检验等方式来确定模型的有效性；模型修正包括对指标的增删和对结构的优化；模型解释则是在得到最终模型后，对模型的变量和结构做出解释。

1. 模型构建

结构方程模型的两个要素是变量和结构，假设模型的设定要素也正是这两点。具体而言，变量的构建包括潜变量的确定和指标的选择，结构的构建包括结构模型构建和测量模型构建。

潜变量的确定是结构模型构建的基础，主要方法为通过相关理论和经验进行估计和通过因素分析进行筛选。指标选择要根据潜变量调整，指标不能过少，否则不能全面反映潜变量；也不能过多，否则模型会过于复杂。结构模型和测量模型的构建则是在变量构建的基础上添加逻辑关系，也就是通过路径将变量之间的关系和指标与变量之间的关系表达出来。

众所周知，调查样本数量的确定决定研究的精度，样本数量越大，研究的精度越高。但考虑到调查时间、成本的限制，需在两者之间做一个折合。那么在结构方程分析中，样本容量最小值应该是多少呢？针对这个问题，学术界有多种看法，但一个公认的结论是——不论是模型有恰当解的百分率、参数估计的精确性，还是χ^2统计量的分布等角度来看，样本容量越大越好。另外还有一种常见的观点认为，样本数量与指标数量的比值要大于某个值，如 Nunnally 建议样本容量应至少为指标数量的 10 倍。另外假设模型构建后，将样本分为两部分，一部分根据假设模型进行拟合，得到初步模型，另一部分则用于模型修正后的评价。

2. 模型评价

模型评价是对假设模型进行拟合后，通过参数检验和拟合程度检验来评价模型参数是否合理以及假设模型和数据的匹配情况。

参数检验讨论的是模型中未知的阐述，主要是显著性检验和合理性检验。显著性检验即 t 检验，主要是判断路径系数是否接近于 0，如果多个参数十分接近于 0，就说明模型不具备显著性，需要重新考虑。

合理性检验主要指参数的估计值是否有合理的实际意义。具体包括：与理论相比参数的正负向影响是否合理，路径系数是否在合理范围之间，参数与假设模型的关系是否存在矛盾等。

拟合程度检验主要用于检验假设模型与收集到的数据之间的契合情况。一般拟合程度检验评价指标分为三类：残差测量指标、绝对拟合指数和相对拟合指数。

真实模型总体协方差矩阵与假设模型总体协方差矩阵的差值为残差矩阵。残差矩阵测量指标越小，说明假设模型与真实模型越接近，假设模型越好，拟合效果越好。一般我们以样本方差 - 协方差矩阵替代真实模型总体协方差矩阵。残差测量指标一般有均方根残差（root mean-square residual, RMR）、标准化残差（normalized residual，NR）和标准化残差均方根（standard root mean-square residual，SRMR）等。

绝对拟合指数是判断结构方程模型的整体契合程度的评价指标，它是拟合优度（goodness of fit）统计量的简称。如果可以构造一个新的统计量，同时这个统计量能够反映出真实模型总体协方差矩阵与假设模型总体协方差矩阵的差值，就说明这个统计量可以用于评价和测量模型的绝对拟合程度，我们就把具备这种特性的统计量称为拟合指数。绝对指数评价指标一般是近似误差均方根（root mean square error of approximation，RMSEA）。

相对拟合指数构造的基本思想是将假设模型与基于数据得到的模型进行对比，通过构造一个统计量得到相对拟合指数，用于评价假设模型质量的高低。一般相对指数评价标准有标准拟合指数（normed fit index，NFI）、非标准化拟合指数（non-normed fit index，NNFI）亦称为 TLI（Tucker-Lewis index）、比较拟合指数（comparative fit index，CFI）等。

本章中，我们并不对上述指标做更深入的数学讲解，有兴趣的读者可参阅参考文献中的论文。

3. 模型修正

即使假设模型通过了模型评价，但也不一定具备较强的现实意义和理论价值，即缺乏“可解释性”，而通过一部分样本数据进行模型修正可以解决这个问题。模型修正的方向有两个：一是通过增加路径复杂化模型；二是通过删除路径简化模型。这两个修正方向一般依据的指标为修正指数和临界比率。

修正指数（modification index, MI）是朝模型复杂化方向进行修正的指数，修正指数的表达式如（4–18）所示：

$$MI=\chi_{\mathrm{I}}^2-\chi_{\mathrm{M}}^2 \tag{4–18}$$

式中：χ_I^2 是独立模型或基准模型 χ^2 值；χ_M^2 是假设模型（定义模型）χ^2 值。一般情况下，MI 的数值表示添加该路径后，模型拟合 χ^2 值可能减少的最小的量。我们认为当模型修正过程中，如果 MI 的变化很小，那么修正的意义不大。通常情况下，我们认为 $MI>4$ 时模型的修正才有意义。在符合理论逻辑的前提下，我们一

般对 MI 数值最大的那条路径进行修正。

临界比率（critical ratio, CR）是朝着模型简约方向进行修正的指数，CR 的计算公式如式（4–19）所示：

$$CR=\frac{\chi^2}{df} \tag{4–19}$$

式中：χ^2 是结构方程模型的 χ^2 值；df 是模型自由度，其值为总参数数量（例如在一个包含 q 个变量的协方差矩阵中，原始参数的总和是 $q(q+1)/2$，即上对角阵的元素数）与要估计的参数数量之差。

模型修正后，需要根据样本中用于拟合模型之外数据进行确认，如果对于该部分样本数据也得到了较好的拟合指标，则模型通过。

4. 模型解释及分析

模型解释是对修正并确认的模型结合理论进行具有现实意义的解释。模型解释最重要的是揭示潜变量之间的关系并对其原因进行剖析，这些关系的体现就是路径系数。潜变量之间的影响有直接的和间接的，例如如果潜变量 A 指向潜变量 B 的路径系数为−0.2，说明 A 对 B 有负向的直接影响，但是影响程度并不是很高；而如果 B 指向 C 的路径系数为 0.8，A 和 C 之间没有路径，则 A 对 C 的间接影响则为 $-0.2\times0.8=-0.16$。通过将路径系数和现实意义结合的方式，就能够理清潜变量之间的影响逻辑，并进一步提出改善某潜变量的方法。

二．基于结构方程的广域接受性研究

在此我们介绍一个本课题组 2014 年全国范围内的公众接受性定量化研究。本案例的研究目的是通过结构方程模型，从广域的角度研究影响我国核能公众接受性的关键因素及定量的影响程度。研究首先构建了假设模型，然后基于假设模型的变量和指标设计了问卷，再通过全国性的网络问卷调查获取样本，最后进行了统计学基本分析和结构方程模型的建立和解释。

（一）假设模型构建

1. 潜变量设计

潜变量的设计往往是根据经验和研究者的猜想进行的。麻省理工核能工程系 Golay 教授提出，对公众接受性的评价应该从两个角度来展开，一个是基于信任的

（trust-based），一个是基于技术的（technology-based）。信任角度指的是公众抛开技术不谈，而仅仅关注这个技术是由哪些群体来实施和应用的；技术角度则是公众对这个技术有了解后，对技术本身的接受程度。Golay 教授实际上指出了影响核能公众接受性最底层的两个因素：一个是对核能背后的政府、媒体、核能专家学者与其他组织机构信任度，另一个则是对核能技术的熟悉程度，也就是我们在前文经常提及的认知水平。因此，我们把信任和熟悉纳入潜变量中。

信任和熟悉到公众接受是有一个过程的，我们认为这个过程就是信任和熟悉使公众感知到的风险和利益有了变化，两者的博弈进一步造成了核能公众接受度的变化。针对感知利益，我们又根据核能的特点将其细分为感知能源利益和感知环境利益。我们这里说的是"感知利益"，并不是要评估核能真正的利益，因为基于数据调查，我们只能得到公众感知后的结果，尽管这个结果可能和真实情况有所偏差（在本章的第三节中我们还会对此进行详述）。

综上，我们假设的潜变量一共有六种：感知风险、感知能源利益、感知环境利益、信任度、熟悉度和核能公众接受性本身。

（1）感知风险

Bauer 最早提出感知风险这个概念，他指出感知风险包括两方面的内涵，一是结果的不确定概率，二是如果犯了决策错误，所导致的后果的严重程度。Cox 将感知风险定义为两个因素的函数，第一部分是个体在行为发生前，估计行为可能导致不良后果的概率，第二部分是个体在行为发生之后，出现了不良后果时，个体所感受到的损失程度。Cunningham 继续对 Cox 的理论做了进一步的修改，并用实证研究做了检验。1967 年 Bauer 进一步指出，个体的感知风险和实际的风险是两个完全不同的概念：感知风险是指个体对事物风险的主观判断，而实际风险则是经过严格科学评估后所得出的客观风险——这与我们之前提到的"感知利益"有相似之处。许多文献表明，个体的感知风险变量是多维度的，综合各个研究者的研究来看，风险可以归纳为健康风险、心理风险、财务风险、社会风险、性能风险、时间风险、隐私风险等几大类。

核能的风险属于上述风险的综合，尽管它是客观存在的，但是公众感知到的风险又是千差万别的。Starr 指出，公众对被动涉及的风险接受性远低于主动行为带来的风险，而绝大部分情况下，核能风险对于公众来说都是被动性质的，因此公众对核能风险的感知会更敏感。另一方面，卡尼曼的前景理论和 Slovic 等人的研究都指出，对于小概率事件，如果事件是获利的，人们倾向于冒险；如果事件是损失的，人们倾向于避险。例如人们乐意花一点零钱购买彩票，也乐于花一小笔钱投资保险。核能风险在绝大部分公众心目中是小概率大后果的，因此我们推测公众对核能的态度极有可能会因为感知风险的增加而变得更负面，所以感知风险被列为影响核能公众接受性的重要因素之一——然而最终的结果却与这种假设有所出入，这在后面的结果讨论中会看到。

（2）感知利益

感知利益来源于“感知价值”。在感知价值概念方面，国外许多学者从不同角度对此提出自己的观点。Zeithaml 把感知价值定义为：消费者对感知利得 (perceived benefits) 和感知利失 (perceived sacrifice) 的比较，而后对效用产生的整体感知。在此基础上，Monroe 认为感知价值是感知利得与利失之比，感知价值实质上是对产品质量或利得的感知与为获得产品而支付价格所产生利失的感知之间的一种权衡。Anderson 等认为感知价值是与购买产品的成本相对应的，是对产品总体的感知效用，这种感知效用则可以体现在经济、社会效益、服务以及技术等诸多方面。综上所述，感知价值的概念是与主观感知方面相关的，反映了对产品或事务的评价及态度。虽然不同国外学者对感知价值概念的表述存在一定差异性，但众多学者一致公认，感知价值是民众在接受事物时产生的感知利益同感知成本之间的权衡。

同风险一样，模型里的能源利益和环境利益都是指的公众感知到的利益，是上述权衡过程的最终结果。能源利益是核能带来的能源经济性和安全性，主要是经济利益层面的；环境利益则是核能清洁性对环境改善带来的贡献，主要是环保层面的。核能的重要性我们在第一章已有论述，但是由于这些利益是高层次、广受众的，作为个体的公众不一定能够很好地感知到这些利益。根据感知到的利益和风险的比较，公众对核能的态度会有所转变，因此感知利益应当同感知风险一样纳入潜变量。另外，利益和风险到底谁对核能公众接受性的影响更显著，也正是我们希望通过结构方程模型来定量化解答的问题。

（3）信任度

信任问题伴随着人类社会发展的始终，然而在大多数时候，它都作为一个隐性的元素存在而被大家所忽略。可以毫不夸张地说，只要有人类社会，只要人们还需要在社会中进行交往，那么社会网络中的信任就是必不可少的，人们只有在此基础之上才能进行交换和互动。信任被理解为一种机制，社会延续和人类发展都必须建立在这种机制之上，人们依靠这种机制进行互动，社会依靠这种机制进行整合。在特定的场域中，这种机制会以各自场域或者时空中所特需的制度或者规则出现，社会运行依赖这种机制得以稳定，人们的行为依赖这种机制得以确定。信任有着自己稳定的关系结构，人们依赖信任在这种关系结构中进行社会实践，这种关系结构会随着不同的社会类型、社会时空背景和不同的场域发生变形，因此信任与制度之间的关系结构往往呈现出多样性的特征。总之，信任是社会个体发展的基石，是社会整体发展的必备要素，是整个社会系统得以运行的保障。

从民众和政府间来审视信任问题则是一种公共信任。政府行为体现的是从整体性角度出发的公众利益，政府信任的实质反映的是公民的期望和利益与政府行为之间的契合性关系。这种契合性关系是公民与政府之间在制度化的情景之下通过互动建立起来的。契合性关系越紧密，政府信任度水平越高，政府执政行为越能够得到民众的支持与配合，政府自身的功能以及政府信任所带来的社会性功能越容易得到落实。从广义上讲，政府信任就是指公民对于一切政府行为的评估和判断。这种评估与判断在政府行为满足了公民的期望之后呈积极态势，当政府行为没能满足公民的期望，甚至是背离了公民的期望时则呈现出消极态势。

本研究中信任指的是公众对核能产业有关组织机构的信任度，由于我国核能产业基本属于国有，所以也是一种对政府信任的侧面体现，但又包含了对技术与其他组织（如媒体等）等对象。信任度高的政府或企业，要么有过使公众受益的大型活动，要么长期以来都对公众友好，由于代表性和便利性的缘故，信任度越高，公众就越愿意相信政府或企业的决策是对其有利的。反之，如果信任度不高，公众就容易联想到一些负面的事件和经历，导致对新项目的不满。我们在上一章中谈到了“置换”这一自我防御机制，指出了公众会将对核能的负面情绪宣泄到工作人员身上，反之对核能有关组织机构的不信任也会被置换或者延伸到核能上。因此，可以推测信任是影响核能公众接受性的重要因素。

（4）熟悉度

熟悉度就是公众对核能的了解程度，或者知识水平，熟悉度直接影响了公众对核能的风险和利益的了解，因此能影响核能公众接受性。可以简单地认为，熟悉度基本取决于知识水平。如前文所述，提高公众对核能的认知水平是减少对核能偏见的根本，也是使核能真正融入千家万户的根本，所以熟悉也应纳入核能公众接受性结构方程模型的潜变量中。需要强调的是，在实际调研中我们也发现很多核能从业者由于对核能的细节了解较多，由于主观或客观的原因对现有核能产业的某些问题不满意，反而对核能持有微词。实际上，熟悉度对于核能公众接受性的影响确实是非线性的，当知识水平提升到一定高度之后，接受性就不会再提高了（当然一般来说也不会降低，而是稳定在一个水平）。但是本案例中我们调查的对象中几乎不包含这类公众（或者说仅仅极个别的样本可能属于这类公众），因此这一效应可以暂不予单独考虑。

2. 指标设计

为了更好地调查六个潜变量之间的相互影响，案例针对每个潜变量都设计了若干个测量指标，也就是最终呈现在问卷上的题目。测量指标的来源，一是以往的经典问卷；二是根据当时的热点和实际情况进行的自行设计。具体的指标如下表所示，其中指标 B1~B7 是熟悉度的指标，指标 C1~C14 是信任度的指标，指标 D1~D7 是感知风险的指标，指标 E1~E8 是感知能源利益的指标，指标 F1~F6 是感知环境利益的指标，指标 G1~G6 是公众接受性的指标。

表 4–1　测量指标设计统计表

编号	测量指标
B1	您认为自己了解核吗？
B2	您了解核电站的发电过程吗？
B3	您日常生活工作与核关系大吗？
B4	请判断正误： 1. 当受到小剂量放射性照射时，且未造成健康伤害，人体会产生类似蚊虫叮咬的感觉； 2. 我们平时食用的粮、蔬、果、肉、调味品等食物中，部分经过了人工辐射照射； 3. 核电站反应堆内，医院 X 光照射产生的辐射属于电离辐射， 手机基站，磁悬浮列车，变电站产生的辐射属于非电离辐射； 4. 乘坐飞机，会受到比地面更强的辐射照射，所以应该避免频繁、长时间乘飞机，特别是孕妇和儿童
B5	请判断正误： 1. 目前，我国在建商业核电站为第二代改进型与第三代核电站； 2. 我国大部分核电站为压水堆； 3. 目前，我国商业核电站反应堆内部的核反应类型为核裂变； 4. 目前，我国商业核电站的核燃料的主要成分是铀
B6	请判断正误： 1. 正常运行情况下，核电站是 24 小时运行，不间断的； 2. 核电站就像火电站一样，发电时，需要持续不断地向反应堆内加核燃料； 3. 一旦核电站关闭了，反应堆立即停止释放热量； 4. 我国核电发电量占总发电量比例不到 5%
B7	请判断正误： 1.  这张图是核辐射的标志； 2. 自然界中放射性是到处存在的，我们一直在接受天然本底 (宇宙射线，岩石、土壤中的少量放射性元素等) 的辐照； 3. 安全存放且未引爆的核弹，对附近的人辐照极小，对人体健康无害； 4. 在核电运营公司官网、国家核安全局官网、中国核能行业协会官网上，会定期发布相关辐射监测数据
C1	中国目前主要的核电运营商有中国核工业集团有限公司(中核)、中国广核集团有限公司(中广核) 等，您是否信任这些运营商的安全管理能力？
C2	中国目前的核电运营商在其官方网站上，都有公布其核电运营数据，例如大亚湾核电站的官方网站公布有近八年 (2007—2014) 其核电机组的能力因子、运行事件、一级火险次数、周围环境监测数据等。对于这些公布的数据，您是否信任？

续表 1

编号	测量指标
C3	您是否信任核科学专家的言论与观点？
C4	目前中国核电主管部门为国家能源局，其主要负责核电审批工作。相关审批意见将在国家能源局官方网站的“信息公开”栏目中公示，您对国家能源局的审批过程是否信任？
C5	核电项目上马之前，需要通过国家环保部的环境影响评价（简称“环评”），相关通知可在环保部官方网站“环评项目审批信息”栏查询，请问您对环保部的环评审批过程是否信任？
C6	中国核电监管部门为环保部下属的国家核安全局，其主要负责核电站安全运行监管工作。其官方网站定时公布各大核电厂作业申请、全国辐射环境自动监测站空气吸收剂量率（反映当地受辐射照射水平高低）、以及相关核安全事故通报等。您对国家核安全局的监管能力是否信任？
C7	当发生核事故时，相关场外应急工作将由中央政府指导，由当地政府进行操作。您是否信任中央政府核安全应急能力？
C8	当发生核事故时，相关场外应急工作将由中央政府指导，由当地政府进行操作。您是否信任您所在地政府核安全应急能力？
C9	假如我国发生了一场类似于福岛的核事故，您对事故所在地政府发布的相关公告、解释说明等，是否信任？
C10	假如我国发生了一场类似于福岛的核事故，您对政府相关部门发布的相关公告、解释说明等，是否信任？
C11	假如我国发生了一场类似于福岛的核事故，您对核电运营商发布的相关公告、解释说明等，是否信任？
C12	您是否信任我国的核电站安全水平？
C13	发生核事故时，您是否信任权威媒体（如中央电视台）发布的讯息？
C14	发生核事故时，您是否信任某些非权威媒体（如论坛帖子、微信朋友圈、未认证微博新鲜事等）发布的讯息？
D1	您是否关心核电站的安全问题？
D2	2011 年日本福岛核事故发生时，是否让你心里感到恐慌？
D3	发生核事故时，您是否会采用以下方法： 1. 服用碘片； 2. 多食用某些食物（如西红柿、鱼肝油、海带、大蒜等）； 3. 购买并使用市面上的防辐射衣物，防辐射被褥； 4. 囤积海盐
D4	您同意以下说法吗？——核电站周边的居民具有更高的患病风险
D5	您同意以下说法吗？——安全运行的核电站还是会通过辐射污染环境

续表 2

D6	您同意以下说法吗？——如果我的居住地附件有核电站，我会在家装配一个辐射监测仪，以实时监测辐射水平
D7	您同意以下说法吗？——对于核电站对人体有害的传闻，我宁可信其有，不可信其无
E2	1. 中国就算不发展核电，也能保证电力的供应； 2. 核电站是满足不断增加的电力需求的必要保证。 针对这两种说法，您倾向于哪个？
E3	您同意以下说法吗？——中国面临严峻的能源危机
E4	您同意以下说法吗？——开发其他新能源，提高节能技术，还是无法满足电力需求，必须发展核电
E5	您同意以下说法吗？——我愿意降低生活品质，来减少用电量，以填补弃核造成的电力缺口
E6	您同意以下说法吗？——核电站对中国未来经济发展至关重要
E7	您同意以下说法吗？——核电站发电成本比其他发电成本低
E8	您同意以下说法吗？——建设核电站，能够使我国能源多样化，加强我国能源安全
F1	考虑到气候变化产生的后果，您是否关心控制气候变化所做的措施？
F2	考虑到气候变化产生的后果，您是否支持控制气候变化所做的措施？
F3	您同意以下说法吗？——气候变化已经是我国面临的一个棘手的问题
F4	您同意以下说法吗？——核电站能够为中国减少二氧化碳排放做出重要贡献
F5	您同意以下说法吗？——核电站比其他发电站绿色环保
F6	您同意以下说法吗？——建设核电站能够有效缓解雾霾天气
G1	您如何看待我国核电站建设的必要性？
G2	从个人纯情感角度出发，您对核电的态度是？
G3	您同意以下说法吗？——如果对气候变化有帮助，我接受建设新核电站
G4	您同意以下说法吗？——如果对能源供给安全有帮助，我接受建设新核电站
G5	您同意以下说法吗？——中国需要一个多样的能源供给系统，核电不可缺少
G6	您同意以下说法吗？——核电对控制气候变化、能源安全有重要作用，虽然我不喜欢核电，但我会理性地接受

指标的测量借鉴了 Likert 量表的思想，每个答案的评分都在 1~5 分之间，得分越高说明该指标所对应的潜变量越大。例如对于指标 B1“您认为自己了解核吗？”，答案为“完全不了解、不太了解、一般、比较了解、非常了解”，得分依次为 1~5 分，根据所有样本得分的均值，就可以得到这个指标背后的“熟悉度”这一潜变量的大

小。对于 B4 这类判断题，我们设计了四个问题，答对计 1 分，答错或不了解为 0 分，基础分为 1 分，这样其得分也在 1~5 分之间。

3. 结构方程的构建

本案例中，潜变量直接指向各个指标，所以模型构建的主要内容是结构模型的构建，即各个潜变量之间关系的假设。基于潜变量设计的分析，我们做出结构模型构建的如下假设：

- “信任度”和“熟悉度”分别代表“trust-based”角度和“technology-based”角度，互不影响；
- 对核能认知水平的提高会使公众更理性地看待核能风险，因此公众对核能的“熟悉度”直接反向影响公众对核能的“感知风险”；
- 对核能认知水平的提高会使公众对核能利益的感知提高，因此公众对核能的“熟悉度”直接正向影响公众对核能的“感知能源利益”和“感知环境利益”；
- 信任使公众对风险的感知减少，公众的“信任度”直接反向影响公众对核能的“感知风险性”；
- 公众的“信任度”直接正向影响公众对核能的“接受性”；
- 公众对核能的“感知风险性”直接反向影响公众对核能的“接受性”；
- 公众对核能的“感知能源利益性”直接正向影响公众对核能的“接受性”；
- 公众对核能的“感知环境利益性”直接正向影响公众对核能的“接受性”。

根据以上假设，我国核能公众接受性初步模型如图 4–2 所示：

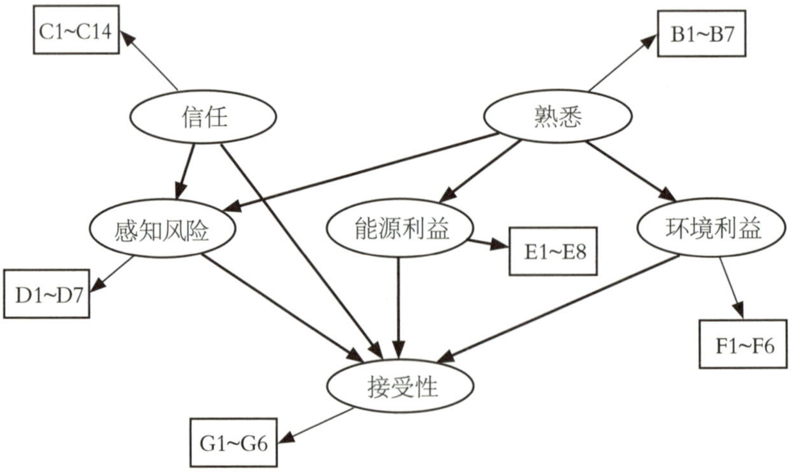

图 4–2　公众接受性结构方程初始关系图

需要强调的是，这里的假设的潜变量之间的关系只是“初值”，在后续实际统计分析和迭代过程中，会根据实际数据发生变化。这种初始关系设定并不会影响我们的结果，当然选取合适的初始关系会使我们的结果更好的收敛到最终的结果。

（二）调查问卷设计

结构方程的测量指标，最终都是要以调查问卷题目的形式展示给被调查对象以获得数据。问卷调查是社会学调查研究的重要方式之一，一次高质量的问卷调查不是简单的发放问题，搜集答案，而是从问题设计、样本确定、发放形式到有效样本筛选都有科学的考量。本节我们将介绍案例所使用的问卷设计过程，包括问卷设计原则、设计步骤和调查样本和方式的确定。具体的问卷内容可见附录。

1. 问卷设计原则

本案例问卷的设计主要遵循了以下 6 个原则：

系统性原则。问卷调查的目的是一个具体问题的答案，问卷设计应该围绕该问题展开。在问卷设计之前，应该就对问题的大类有一个初步的假设，再根据该假设来设计问卷的指标体系和相应的单个问题，最后再根据罗列出来的问题的逻辑性和其他设计原则进行顺序调整。系统性原则指的是问卷要有整体性和一致性，问卷的设计是一个从整体细化到部分，再由部分统一到整体的过程。前面所说的从 B-G 的大类设置，包括每一类下面的子题设置，就是本着这个原则。

方便性原则。问卷调查对于大多数对象来说是一个偶然事件，调查对象很容易对调查产生警戒心理，思考自己的特殊性，因此应该通过合理的问卷设计让他们顺畅、自然地完成答卷，对于一些专业性质强的问题，还要转变方式，尽量容易理解。对于调查对象特征明显的问卷，还应该根据其特点调整调查语言、问卷形式、图文比例和问卷长度等。

科学性原则。首先要得到客观的调查结果，问卷应该是中立的、不带引导性质的且没有价值取向的；问卷中的问题不应犯有基本的科学性错误；问卷设计中应考虑到后续数据统计分析中的需求，例如通过近似问题设计进行信度检验等等。

严谨性原则。严谨的问卷设计能够减少受访者的无所适从，有益于调查的顺利进行。问卷的问题和选项设计需要在前期调研上进行，要做到穷尽所有选项且选项之间又不交叉重叠。另外问卷的排版对受访者的答题感受与答题质量也有极大影响，我们在排版过程中就用了较大行距，使被试阅读起来比较舒服。

趣味性原则。对于一些题量庞大、问题晦涩的问卷，为了使调查对象保持耐心和填写的质量，问卷应该增加一些趣味性。例如设计过程中可以利用“填空题、判断题、图表题、多选题”等丰富的答题形式，或者设置故事情节并结合当下热点等内容设计来提高问卷的趣味性，以提高受访者的调查积极性。趣味性原则是较次要的原则，应在其他原则之后考虑，本案例中没有过多考虑。

隐蔽性原则。在题目的排序设置中，为了不让被试产生惯性思维，我们将不同类的问题打乱展示给被试，让被试无法知道想测量的潜变量是哪个，以求让被试的真实想法尽可能不被影响的展示出来。

2. 问卷设计过程

本问卷的设计过程如下：

（1）选择研究主题。本案例的研究主题即为公众对核能的接受性研究。

（2）制定设计目标，包括研究目的、研究方式和时间地域跨度的设计。本案例的核心目标是确定影响公众接受性的主要因素和定量影响程度，研究方式为网上调研，地域跨度方面为全国性的广域调查。

（3）提出研究假设。研究假设与研究问题有着密切联系，但并不等同。上节对假设结构方程模型的构建即是提出的研究假设。

（4）建立指标体系。问卷问题实际上是为了测量指标，针对本案例，指标设计已在“假设模型构建”一节中完成。

（5）探索性研究。包括对分析调查对象特点的分析和广泛征求有关人员对调查的意见，本案例即参考了一些此前的研究，并询问了有关专家的意见。

（6）设计文件初稿。根据上述几步，设计问卷封面信、指导语、主题部分、其他资料等。

（7）试调查。由于设计者能力及受到主观条件限制，必须进行问卷试调查以提高问卷质量。本研究的试调查分为两部分：第一部分在小范围内（100 人）进行问卷调查，通过受访者的反馈、试调查数据的信度效度检验来优化问卷设计；第二部分是将问卷初稿送给核能领域、社会科学领域的专家学者，请他们直接阅读与分析问卷，根据他们的经验与判断对问卷提出修改意见。

（8）修改定稿。根据试调查的反馈结果，优化问卷设计并定稿。最终的问卷分为 8 个部分，分别是：A. 个人基本情况；B. 核能熟悉情况；C. 信任情况；D. 感知风险情况；E. 感知能源利益情况；F. 感知环境利益情况；G. 核能接受性；H. 开放题。其中 C 至 H 部分所有指标混合，顺序打乱，以免受访者产生思维定势，提高问卷的真实性与准确性，案例的最终文件附在本章末。

3. 调查样本确定

为了使调查有效，调查样本应具有广泛性、代表性以及合适的数量。

广泛性又叫全面性，确保了调查样本能够全面地反映问题所涉及的群体的意见。对于本案例，核能的受众是全国公民，因此，在年龄、地区、教育水平、收入水平、工作岗位上都应该尽量全面。具体而言，本问卷的受访者年龄从 18 岁到 60 岁以上不等；居住地区涵盖了我国绝大部分地区；教育水平涵盖了从小学文化水平到研究生文化水平；职业包括企事业单位、国企、私企、学生、农林渔牧生产人员等。

调查样本还应具有代表性，样本是否能够很好地代表总体，是样本选取的关键。代表性意味着样本的个人情况指标比例应尽可能地能反映研究目标群体特征。例如，由于核电站集中在东部沿海地区，这部分地区公众接触到核能自然最多，因此也是对核能意见最大最多的群体，所以问卷调查对象中应该有更多的东部地区公众。同理，我们在样本年龄分布上，考虑到反核行动中的大部分活跃力量为年轻群体，故而我们的样本选取偏向于年轻化。全面性强调样本的丰富性，而代表性强调在同样的调查资源下，把群体的重点放在最有代表性的群体，两者并不冲突。

调查样本数量越大，就越能反映总体的特征，研究的精度也就越高。但另一方面，当样本达到一定规模后，统计结果已经具备了较高的精度，再进行样本规模的扩张是低效且不经济的。为了平衡样本数理和调研资源，科学选取一个折中的样本数量是十分有必要的。为此，我们参考了 Boomsma、Nunnally 与 Bollen 的理论。Boomsma 建议样本容量至少大于 100，但大于 200 会更好；Nunnally 则从指标数和样本数的比例确定样本大小——本案例的初始模型中设计的指标共 48 个，按照 Nunnally 的“十倍理论”，最小样本量为 480；Bollen 认为样本数应该与待定参数数量相关，他认为样本数量与待定参数数量之比要大于 5，本案例的出示模型中的待定参数数量为 106 个，按照 Bollen 的理论，最小样本量为 530 人。结合三人的理论，本案例在进行样本容量设计时，只要高于 530 皆可。

4. 调查方式确定

问卷调查的主要方式有面访调查、电话调查、信函调查以及网络调查。考虑到下列原因，本案例选择了网络调查的方式，主要基于如下考虑：

我国网络舆论影响力较强。根据中国互联网络信息中心统计，截至 2014 年 12 月，我国网民规模达 6.49 亿，互联网普及率为 47.9%。许多核能有关事件都是在网络发源和发酵的，涉核谣言的传播也多是经由网络的途径。

调查范围广泛。互联网覆盖全国，本案例是全国性调研，才有互联网最为合适。

调查效率高。与面访调查、信函调查、电话调查相比，网络调查发放形式简单，填写方便，可以多线程进行，对于广范围、多样本数的本案例来说调查效率最高。

成本低廉。与其他调查形式相比，网络调查需要的人力资源大大减少，在成本上具有极大优势。

问卷真实性高。由于网络匿名性较强和虚拟世界的距离感，在问及一些敏感问题时，网络调查受访者能够更加真实地表达其想法，能够有效减少受访者故意编造的虚假信息。

人为误差小。网络调查的数据录入工作全由计算机完成，避免了人工录入数据过程中带来的人为误差。

形式丰富。网络调查能够便捷地加入彩图、视频等多媒体材料，并且回答页面的设计也可形式多样，可增加问卷的趣味性与可读性，提高受访者的受调查积极性。

本案例还通过网络技术手段，对受访者进行筛选，通过答题时间、内在逻辑判断等手段剔除不合格问卷，并且根据受访者信息统计来把控样本质量，以满足研究对样本人群性别、地域、年龄、学历等方面的要求。

（三）统计学基本分析

本小节的统计学基本分析包括人口统计指标分析、信度检验、效度检验和潜变量基本情况评价。

1. 人口统计指标分析

案例最终收到 2328 份有效问卷，其人口统计学指标如表 4–2 所示。

表 4–2　人口统计指标

项 目	比 例 /%
性别	
男	55.6
女	44.4
年龄	
18~30	46.3
31~40	32.9
41~50	16.3
51~60	4.0
>60	0.5
地区	
东部[1)]	66.0
中部	24.1
西部	9.8
居住地	
中心城区	71.0
城市郊区	19.5
小城镇	8.4
农村	1.1

续表

项 目	比 例 /%
涉核行业人员	10.6
党政机关	8.1
企事业单位 [2]	14.6
国家企业 **	13.1
非国有企业 **	19.5
学生	25.4
农林渔牧生产人员	6.5
其他	2.3
学历	
研究生及以上	19.1
大学本科	57.6
大学专科	16.9
高中 / 中专 / 职高	5.5
初中及以下	0.9
家庭 2013 年人均月收入	
20 000 元以上	11.0
10 001~20 000 元	23.8
5001~10 000 元	29.8
3001~5000 元	22.2
1001~3000 元	10.0
1000 及以下	2.1
无收入	1.0

注：[1] 包括地理上的中国东部，外加广西壮族自治区；

[2] 不包含涉核相关企业组织。

从表 4-2 可以看出，问卷的样本覆盖了不同性别、年龄、地区、收入水平、文化水平、工作性质的群体，满足了调查样本的全面性。

样本中年龄指标占比最大的群体为 18~30 岁，占 46.3%，其次为 31~40 岁，占 32.9%，符合我国网民年轻化的特征，也符合对样本年轻化的要求。地区方面，样本中 66.0% 的人居住在东部地区，符合对样本的地区要求。学历方面，大学专科以上学历占 93.6%，考虑到高知识群体是在核能公众接受性这个议题上较为活跃的一个群体，代表了这个社会的中坚力量，也是对核能发展社会舆论起着关键作用的群体，所以也符合代表性的要求。

案例还将调查结果和 2002 年与 2010 年的两次核能公众接受性调查结果进行了对比。如表 4–3 所示，三次调查在地域分布、男女比例上都极为接近；在年龄结构上案例和 2002 年的调查结果相似；在学历上，考虑到随着我国发展学历水涨船高的因素，案例的学历较高也是符合规律的。因此三次调查具有较好的可比性，我们也将在后面进行一些规律性的比较。

表 4–3　三次调查人口统计学指标对比

调查时间	中东部比例 /%	男女比例	<50 岁比例 /%	学历高于大专比例 /%
2014 年	90.1	1 ∶ 0.80	95.5	92.8
2010 年	100.0	1 ∶ 0.89	68.7	20.8
2002 年	82.0	1 ∶ 0.67	87.9	50.6

2. 信度检验

顾名思义，信度（reliability）检验就是测量的可信程度检验，它是指采用同样的方法对同一对象重复测量时所得结果的一致性程度。对于某一调查对象，如果对于类似问题的回答也是相似的，那么他在回答问卷时是一致的，而如果他对于类似问题的回答有冲突，那么就说明他可能并没有认真作答，或者没有理解题意。这对于研究潜变量十分重要，毕竟如果同一个潜变量下的不同的指标问题答案偏差较大，那这样的问卷对于统计来说是无效的。当然这个现象也可能说明问题设置的不好，那么就需要修改指标问题。无论哪种情况，信度检验对于我们结构方程的研究都是十分必要的。

信度指标多以相关系数来表示，相关系数分为三类：稳定性、等值性和内部一致性。稳定性指的是不同时间测量的一致性；等值性指的是两个等值或等效的不同问题测量结果的一致性；而内部一致性则是指构成测验的所有题目之间的同质性——若各测题得分呈正相关，该测验是同质性的，若测试问题间的相关系数为零或为负，该测验是异质性的。

信度分析的方法主要包括重测信度法、复本信度法、折半信度法和 α 信度系数法。重测信度法直接用同样的测量工具对同一群被试在不同时间进行两次测量，能够很好地反映稳定性，但对于本案例，互联网流动性较大，重测信度法适用性不强；复本信度法就是对等值性的评估，通过探讨特定时间内，不同受试者或测量项目所造成的误差来实施；折半信度法和 α 信度系数法都是内部一致性的评估方法，折半信度法是将调查项目分为两半，计算两半得分的相关系数，进而估计整个量表的信度。折半信度法建立在两半题项得分的方差相等的假定上，由于实际数据并不一定满足这个假定，案例采用了在折半信度法基础上改良的 α 信度系数法。

α 信度系数法是 Cronbach 提出的方法，α 信度系数是通过量表所有可能的项目划分方法得到的折半信度系数的平均值。α 系数表达式如（4–20）：

$$\alpha=\frac{q}{q-1}\left[1-\frac{\sum_{i=1}^{q}\mathrm{Var}(x_i)}{\mathrm{Var}(H)}\right] \tag{4–20}$$

式中：q 为问卷量表中指标的数量；$\mathrm{Var}(x_i)$ 为第 i 个指标得分的方差；$\mathrm{Var}(H)$ 是总得分的方差。

α 系数越接近于 1，问卷的信度越高。一般而言，当 α 系数大于等于 0.7 时，其内部一致性较高；在 α 系数在 0.35~0.7 之间时，认为其内部一致性处于普通水平；当 α 系数小于 0.35 时，则认为信度较低，不太易被接受。此外 α 系数还可以用于问卷修正的过程：当删除某变量后，如果 α 系数提高较多，那么说明这个变量并不能很好地反映潜变量，应该把它删除。

α 系数分为 α 原始系数（来源于原始数据）和 α 标准化系数（来源于统一单位后数据），为统一标准，本案例以 α 标准化系数作为评估依据，结果如表 4–4 所示：

表 4–4　调查数据原始信度

潜变量	α 原始系数	α 标准化系数
熟悉度（B）	0.833	0.838
信任度（C）	0.949	0.950
感知风险（D）	0.753	0.739
感知能源利益（E）	0.735	0.740
感知环境利益（F）	0.815	0.815
接受度（G）	0.911	0.912

由表 4–4 可知，所有潜变量的 α 标准化系数均大于 0.7，说明问卷有较高的信度。但是，感知风险和感知能源利益两项 α 的标准化系数明显低于其他项，为了进一步优化模型，案例针对 α 标准化系数小于 0.800 的潜变量进行优化，删除了 D1（您是否关心核电站的安全问题）、D3（发生核事故时，您是否会采用以下方法：1. 服用碘丸；2. 多食用某些食物，如西红柿、鱼肝油、海带、大蒜等；3. 购买并使用市面上的防辐射衣物，防辐射被褥；4. 囤积海盐、E1（如果放弃核电导致电费上涨，目前电价约为 0.5 元 / 千瓦时，你能接受上涨后每千瓦时的电价为？）、E5（您同

意以下说法吗？——我愿意降低生活品质，来减少用电量，以填补弃核造成的电力缺口）四个指标，使所有潜变量的 α 标准化系数大于 0.800，达到更高的信度水平。从实际的题目设定和相应得分上判断，删除这四个指标也是合理的，具体分析将在后文中说明。经过指标优化，最终的潜变量信度如表 4-5 所示。

表 4-5　调查数据优化信度

潜变量	α 原始系数	α 标准化系数
熟悉度（B）	0.833	0.838
信任度（C）	0.949	0.950
感知风险性（D）	0.840	0.835
感知能源利益性（E）	0.845	0.845
感知环境利益性（F）	0.815	0.815
接受度（G）	0.911	0.912

3. 效度检验

效度（Validity）即有效性，指测量工具或手段能够正确测量出所要测量问题的程度。效度的评估是建立在信度之上的，没有信度的测量工具谈不上有效度——这很容易理解，例如对于一杆秤，对同一物体的多次测量结果都不相同，我们又怎能选取一个合适的读数来和标准结果对比呢？另一方面，效度也是测量工具不可或缺的重要指标，还是对一杆秤，尽管它的信度很好，即每次读数都相同，但是和物体的真实重量一直存在偏差，那么它也是不合用的工具。由此可见，效度高的测量工具信度一定高，而信度高的测量工具效度不一定高。

效度的检验一般分为四类，分别是内容效度、标准效度、共轭效度和构造效度。内容效度评估的是问卷能否涵盖所研究问题的各个方面，是定性判断，一般采用专家评估的方法，本案例的问卷在设计过程中已经通过内容效度的评估；标准效度是指测验分数与反映测量问题的指标之间的相关程度，即所确定的测量标准是有效的，然而标准效度需要以往测验的平均值或者社会公认的得分作为标准，对于潜变量来说较难取得，因此案例未采用；共轭效度是对聚合效度和区别效度的测度，聚合效度是对运用不同测量方法测定同一特征时测量结果的相似程度的评估，即不同测量方式应在相同特征的测定中聚合在一起，如果这些方法有高相似性，则有高的聚合效度；区别效度则是与潜变量不存在相关性的指标与该潜变量的不相关程度，如果确实不相关，那么这项测验便具有区分效度；构造效度是本案例采用的效度评估手段，指测量工具的内容能够推论或衡量抽象概念的能力，构造效度又称为结构效度，它的评估主要通过利用现有的理论或命题来考察当前测量工具或手段的效度，因此往往涉及一个理论的关系结构中其他概念（或变量）的测量。

本案例中我们用主成分分析法（Principal Component Analysis，PCA）来进行构造效度评估。PCA 方法得到的第一主成分的方差贡献率大小可以反映指标对潜变量的贡献，贡献率越大说明与所研究的问题越密切，一般认为大于 40% 较好。在信度优化的基础上，问卷效度如表 4–6 所示。

表 4–6　调查数据效度

潜变量	第一主成分方差贡献率 /%
熟悉度（B）	51
信任度（C）	62
感知风险性（D）	62
感知能源利益性（E）	57
感知环境利益性（F）	52
接受度（G）	70

由此，每个潜变量的第一主成分方差贡献率均大于 50%，满足大于 40% 的要求，说明问卷调查结果是有效的。

4. 调查结果的单因素分析

我们首先进行单因素分析，通过一系列折线图，可以直观的了解不同群组的差异与特点。

图 4-3 是从性别角度分析的结果，从中可以发现男性与女性存在明显差异：男性对核能的熟悉程度（3.44）显著大于女性对核能的熟悉程度（3.04），这种现象可能主要源于男性与女性思维方式差异，一般而言男性更多偏向于逻辑思维，女性更多偏向于形象思维，故而针对核能这一偏物理的知识，男性对其兴趣与掌握能力都高于女性；对核能的感知风险上，男性（3.16）小于女性（3.44），这种现象可能主要源自男性与女性性格差异，一般而言男性偏于热爱冒险，女性偏于追求安稳，故而在面对同一件新事物时，男性从中感受到的风险小于女性；在感知能源利益与感知环境利益上，男性（3.72、3.78）均大于女性（3.54、3.62），我们很容易想到对核能熟悉程度越高，感知利益越高，这也是男性感知核能利益大于女性的原因（一般男性更关心核能知识）；男性（3.75）对核能的接受程度高于女性（3.50），更低的感知风险性与更高的感知利益性，决定了男性更高的核能接受性。

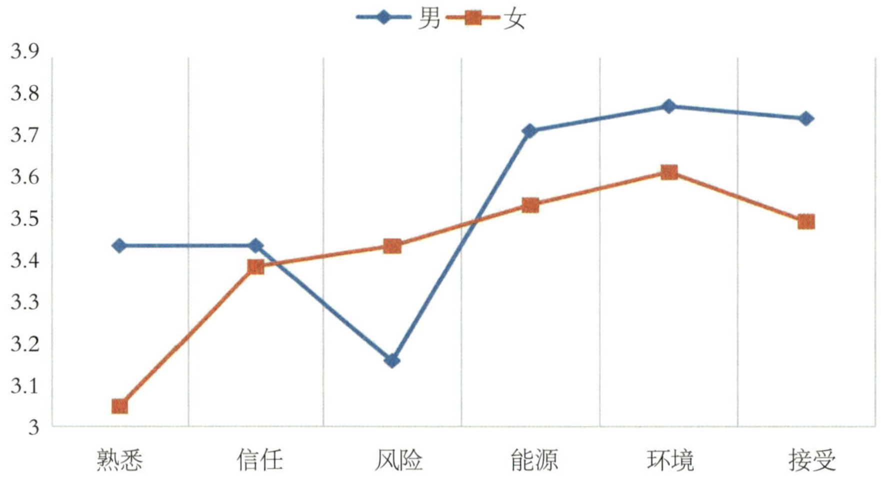

图 4–3　分性别统计分析

图 4–4 是从年龄角度分析各潜变量的情况。感知风险性随着年龄的增大而减小，我们认为造成这种现象的原因是随着人们阅历的增长，看待事物的态度越发淡定与平和，古语有云"三十而立，四十而不惑，五十而知天命，六十耳顺，七十从心所欲"说的也是这个道理；本研究中 50 岁是一个对待核能态度的分水岭，大于 50 岁的群体普遍更易于接受核能，但这种现象是否代表了全国的普遍现象，需要进一步论证，因为大于 50 岁并且能够上网的人们普遍拥有较高文化水平，或许并不能代表普遍情况。

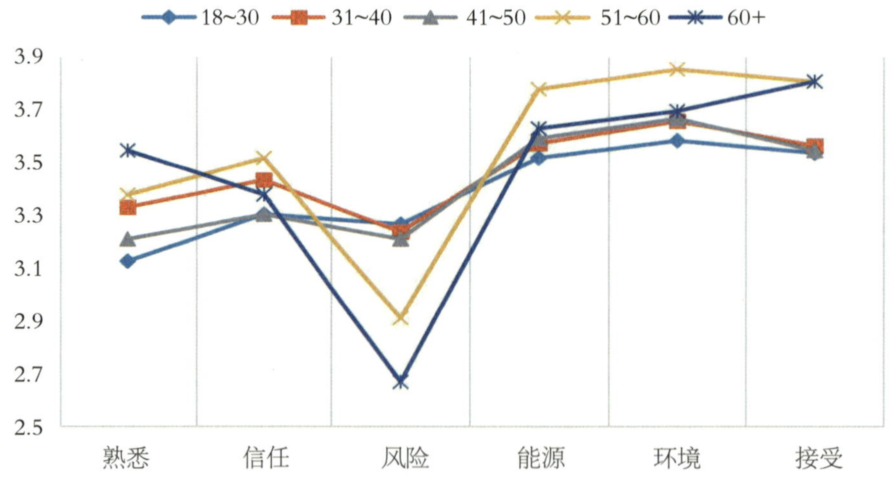

图 4–4　分年龄统计分析

图 4–5 是分居住地的分析结果。从居住地角度分析，可以发现：居住在中心城区的人，认为核电是"高风险、较高收益"的事物，而居住在小城镇的人，认为核

电是“低风险、高收益”的事物，而农村居民认为核电是“较高风险、较低收益”的事物。中心城区与小城镇的居民认为核电具有较高收益的特点，源于其对电力改善生活的深刻切身体会，而小城镇中对电力的需求较之于中心城区更大，故而感知收益更高，而农村居民尚未完全感受到核电对生活质量的全面改善效果，故而认为核电的效益一般。

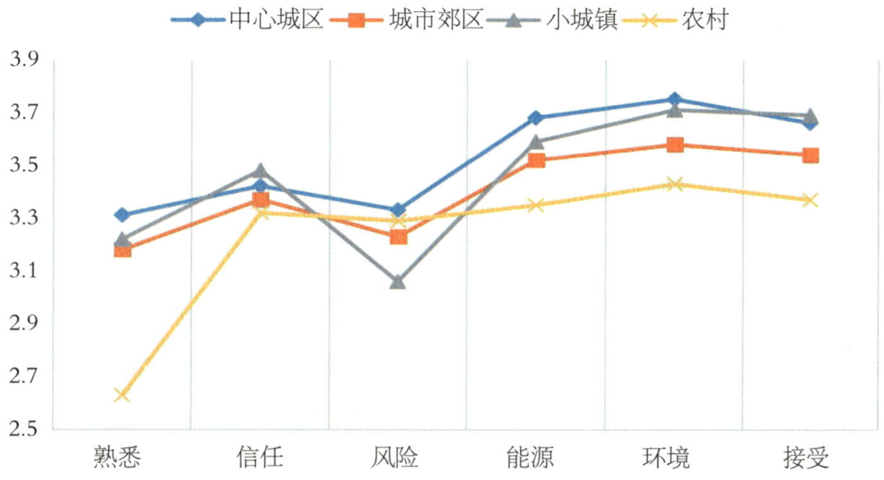

图 4–5　分居住地统计分析

图 4–6 是分地区统计的结果，从中可以发现：东部地区（含广西）作为我国核电机组的所在地区，公众的熟悉度、感知利益性与接受度都比其他两个地区高、感知风险最低；感知风险最高、感知利益性最低、核能接受性最低的是中部地区，中部地区作为我国内陆核电开发的前线，民众对于即将建设的核电站抱有较大抵触情绪，另外由于经常有关于中部地区核能发展的谣言和不科学论断出现，影响了该地区公众对正确核能知识的吸收，因此他们对核能的熟悉程度反而最低，这种情况对于我们后续内陆核电开展工作是巨大挑战；西部地区（不含广西）处于中间状态，由于我国中短期内并没有在西部建设核电站的计划，当地民众能够以一种更客观理性的态度认识核能并获得相关知识。

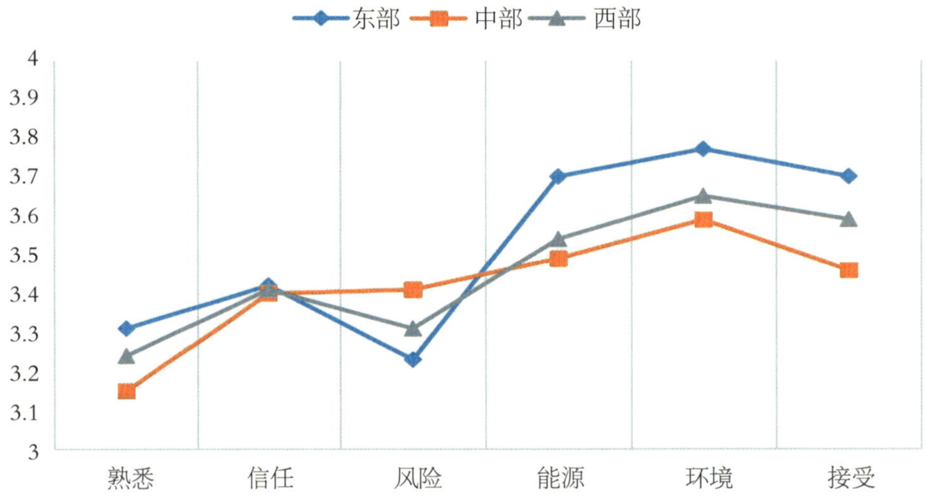

图 4–6　分地区统计分析

图 4–7 是分职业的统计结果，从中明显看出：涉核人员对核能的熟悉程度最高，感知风险最低、感知利益最高、核能接受性最高；学生群体与非国有企业人员的信任感最低、感知风险性较高；对于感知利益性与核能接受性，除了涉核人员以外，其他不同职业人员之间的差异不大。

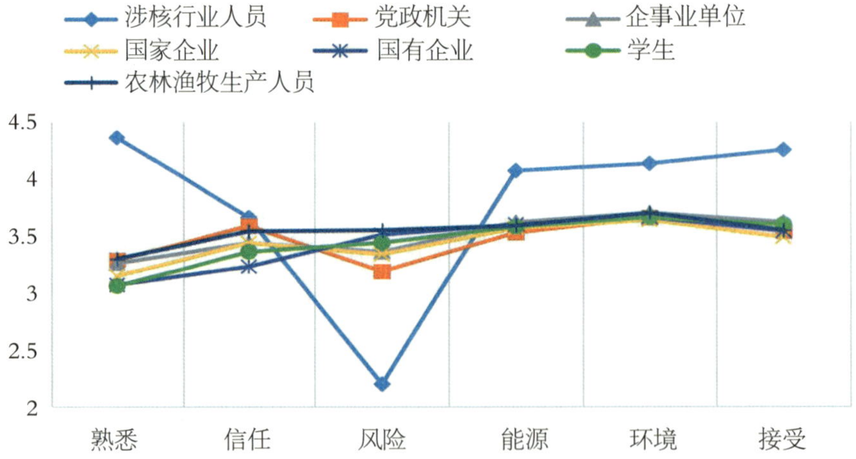

图 4–7　分职业统计分析

图 4–8 是分学历的统计结果，从中可以发现：在核能熟悉程度、感知利益、核能接受性上，随着学历增长相应感知程度同步增长；高学历（研究生及以上）的信任感反而不是最高，这与我们之前关于知识水平与信任程度呈非线性的论断是类似的；在感知风险性上，呈现倒 U 形式，研究生及以上群体与初中及以下群体的感

知风险性较低，中间学历的群体感知风险较高——这从一定程度上印证了我们之前提到的熟悉程度与感知风险呈非线性关系的猜想。

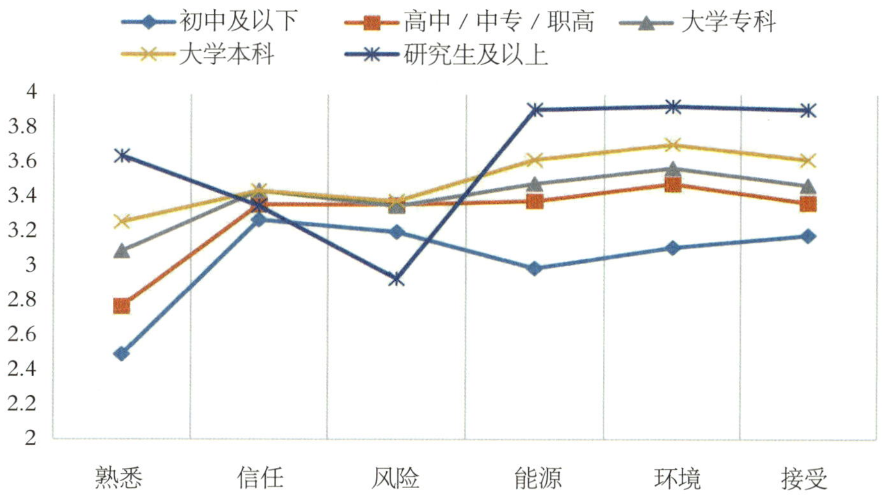

图 4–8　分学历统计分析

图 4–9 是按照收入水平的分析结果，从中可以看出：在人月均收入低于 20 000 元时，核能接受性随着收入增加而提高，当收入进一步提高时，核能接受性反而下降；同样是 20 000 元这个分水岭，低于 20 000 元时，人们的信任感随着收入提高而提高，但当人月均收入高于 20 000 元时，信任感反而急剧下降，处于最低水平；收入水平越高，感知风险性越高，这种现象主要是因为随着收入水平的提高，人们更加在意一些有潜在风险的事物；随着收入水平的提高，人们对核能的熟悉程度也提高，这是因为收入越高，一般而言能够收到更好的教育，故而知识水平更高。

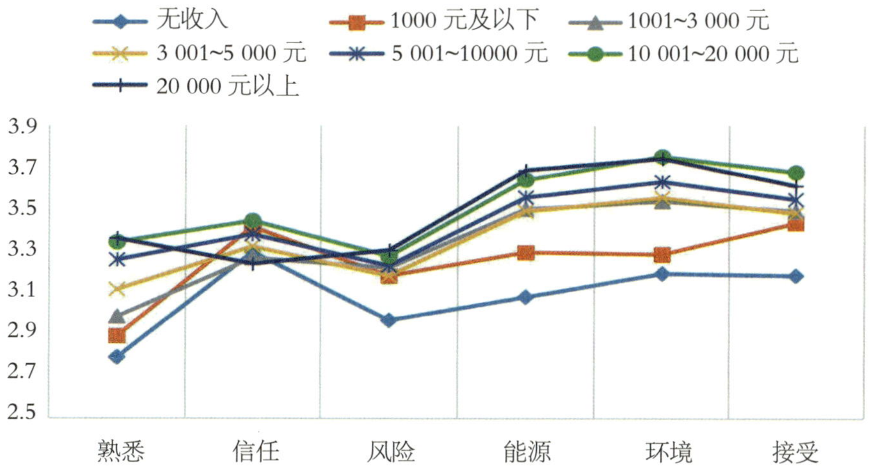

图 4—9　分收入统计分析

5. 结构方程变量基本情况评价

利用调查结果将各潜变量相应指标评分，可以得到各潜变量的基本情况评估。

（1）核能熟悉程度

核能熟悉程度所对应的指标为B1-B7，各项得分如表4-7所示，其中，得1分为“完全不了解”，得2分为“不太了解”，得3分为“一般”，得4分为“比较了解”，得5分为“非常了解”。如果得分高于3分，说明熟悉程度较高，低于3分则说明熟悉程度较低。

表 4–7　核能熟悉程度指标得分情况

指标	完全不了解	不太了解	一般	比较了解	非常了解	均值（1~5分）
B1	5.4	8.8	40.7	29.5	15.6	3.41
B2	10.5	13.1	34.8	25.9	15.5	3.23
B3	27.2	15.1	24.1	17.7	15.9	2.80
B4	12.2	18.6	29.5	30.5	9.4	3.06
B5	15.2	13.3	19.6	19.1	32.7	3.41
B6	11.0	15.2	29.4	21.6	22.9	3.30
B7	7.9	10.9	20.7	28.0	32.5	3.66

从表4–7可以看出，除B3外其余指标得分均超高3分，说明公众对核能是有一定的了解程度的。

在2002年的调查中，主观认为自己“比较了解”或“非常了解”的人群比例为23.8%，而本次调查，此比例上升至45.1%，说明民众主观上认为自己对核能的认知水平在提高；本次调查和2002年的调查中，都有判断“存在天然本底辐射”这一说法正确性的题目，2002年该题的正确率为61%，本次调查正确率为80%。说明在一些科普性的认识上，公众的知识水平有较大提升。而认为政府核能相关科普工作欠缺的受访者比例从71.3%（2002年）降至37.3%（2014年），认为政府应该加大核能宣传力度的受访者比例从91.1%（2002年）降至55.4%（2014年）。

与2010年调查相比，针对核电站最担心的问题的调查结果如图4-10所示。从中可以看出，对于“正常运行核电站对周围居民健康产生影响”“核电站像原子弹一样爆炸”的科学性错误问题选择比例下降，而对于“发生事故导致放射性物质大量释放”“核废料处置”等更加具有科学深度的问题选择比例上升。据此也可以推断出，经过科普宣传努力，公众对于核电的认识处于稳步提升的趋势。

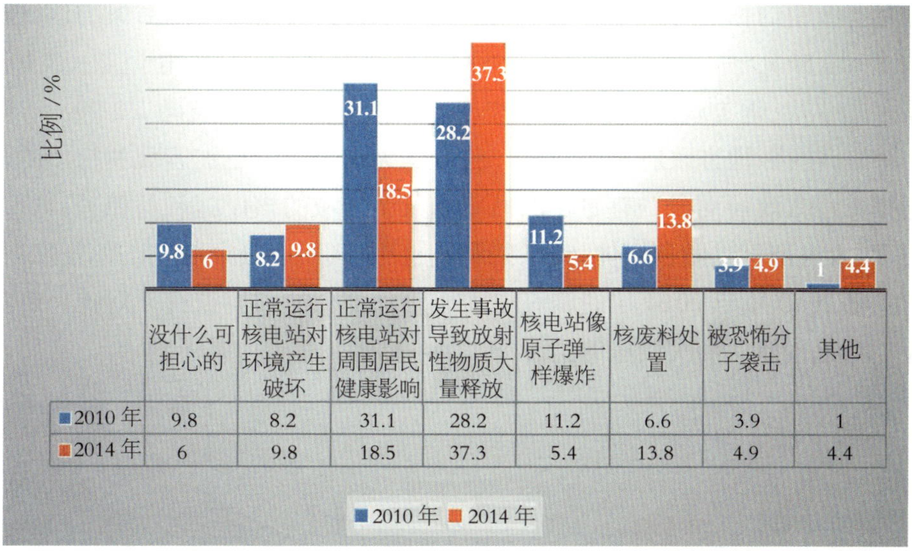

图 4-10　公众最担心的问题（2010 年、2014 年）

（2）信任度

信任度所对应的指标为 C1-C14，包括对企业、技术、专家、中央政府、地方政府、官媒和非官媒的信任程度。

表 4-8　信任度指标得分情况

对象	指标	完全不信任	不太信任	一般	比较信任	完全信任	均值（1~5 分）
企业	C1	3.1	5.4	36.2	40.4	14.8	3.58
	C2	3.4	7.0	43.7	34.2	11.7	3.44
	C11	8.5	15.4	36.3	30.2	9.6	3.17
技术	C12	2.2	6.4	37.7	37.5	16.2	3.59
专家	C3	3.4	7.9	40.5	35.0	13.3	3.47
中央政府	C4	4.9	7.7	38.5	35.5	13.4	3.45
	C5	5.9	7.6	36.9	36.1	13.5	3.44
	C6	3.8	5.6	39.2	37.9	13.5	3.52
	C7	3.0	8.4	29.0	39.6	20.1	3.65
	C10	4.0	10.1	32.8	37.9	15.2	3.50
地方政府	C8	5.8	11.5	31.9	36.3	14.5	3.42
	C9	7.3	14.0	36.7	31.5	10.6	3.24
官媒	C13	6.2	11.3	34.5	36.4	11.6	3.36
非官媒	C14	7.7	20.1	43.9	22.8	5.6	2.99

对表 4–8 中的相同对象指标求平均值，可以得到公众对不同对象的信任程度排序：技术（3.59）> 中央政府（3.51）> 核能专家（3.47）> 核电企业（3.40）> 官方媒体（3.36）> 地方政府（3.33）> 非权威媒体（论坛、朋友圈，2.99）。有意思的是，中央政府和地方政府相比而言，公众认为中央政府更加客观和权威的机构，因为它相比地方政府而言，有更小的概率和某个区域的核设施利益相关，所以更值得信任；而人人都可以做自媒体，夹杂的利益也更多，所以公众对它的信任度就较低。

我们将 2010 年与 2014 年的调查中关于信任部分的内容进行了对比，针对民众最信任的对象选择，两次调查的情况如图 4–11 所示。

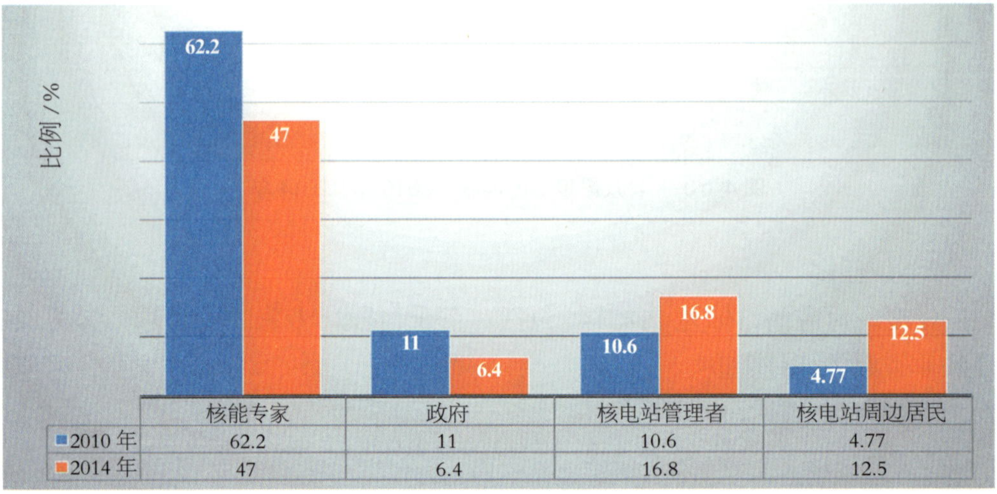

图 4–11　公众最信任的对象（2010 年、2014 年）

通过以上数据统计分析不难发现：公众对于我国目前在运的核电站安全水平是有充足信心的：这种信任是几十年来核电行业依靠严格的作业规范、过硬的质量控制、毫不懈怠的安全意识换来的；公众最信任核能专家，但信任程度在下降，2010 年、2014 年两次调查中，公众最信任的对象都是核能专家，但是比例下降较大，造成这种现象的原因来自近年来民众对“砖家”的调侃、部分专家学者发表不当言论、部分媒体歪曲专家学者本意导致；针对政府的信任度在下降：2014 年，最相信政府的比例降至 6.4%，甚至排在外国媒体（7.0%）之后。这种现象是值得我们重视的，随着公民意识的觉醒，如何维护政府形象，提高公众对政府的信任感，亟待解决。

从信任部分的数据统计来看，我国公众针对我国核电技术、中央政府、核能专家、核电企业、官方媒体的信任度较高；而针对地方政府、非权威媒体的信任度较低。

（3）感知风险

公众对风险的感知如表 4–9 所示。

表 4-9　感知风险指标得分情况

指标	完全不恐慌	不太恐慌	一般	比较恐慌	非常恐慌	均值(1~5分)
D1	0.9	3.0	21.0	31.3	43.9	4.14
D2	6.6	7.6	36.4	34.9	14.5	3.43
D3	22.2	29.0	24.7	15.4	8.7	2.59
D4	12.0	16.0	25.8	33.8	12.3	3.18
D5	12.4	17.7	28.7	30.8	10.4	3.09
D6	9.0	11.0	29.3	32.0	18.8	3.41
D7	10.5	12.9	28.0	32.2	16.5	3.31

可以看出，对于大多数指标公众的风险感知都在 3.18~3.43 之间，说明公众对风险的感知是较敏感的。而 D1 和 D3 是两个与其他指标相比偏离较远的指标。D1 为“您是否关心核电站的安全问题？”，关心核电安全不一定意味着感知风险高，所以 D1 作为感知风险的指标似乎不太合适，因此在优化时我们就删除 D1 以达到更好信度。同样，D3 询问的是核事故发生后是否会采用一些“偏方”，与感知风险的联系也并不紧密，不能很好地反映感知风险，所以我们最终也删除了 D3。

公众希望了解的信息比例如图 4-12 所示。可见公众对“核电站附近居民健康监测数据”“核电站对周围环境的监测数据”与“核电站的安全防护措施”最为关心，对核电的组织结构与运行记录等不直接影响公众安全的关心程度稍低。

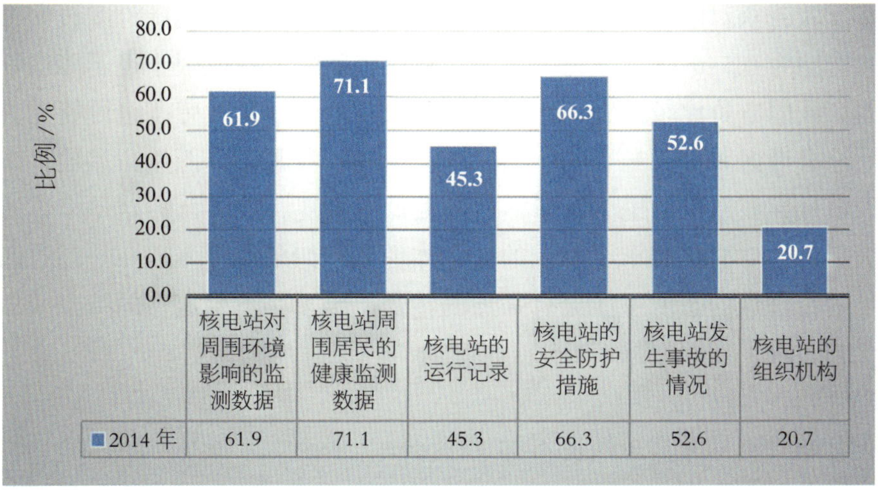

图 4-12　公众希望了解到的信息

不难看出，公众对于核能安全与否（核能的风险大小）这件事是关心的，但是公众真切感受到的风险大小并没有很高，处于一般水平（3 分）略高。造成这种现象的原因在于我国目前尚未发生严重核事故，但是公众通过媒体获知其他国家发生的严重核事故，故而其非常关心这类事件，但真正感受的风险性却不高。

（4）感知能源利益

公众对能源利益的感知如表 4–10 所示。

表 4–10　感知能源利益指标得分情况

指标	毫无利益	较小利益	一般	较大利益	巨大利益	均值（1~5 分）
E1	1.3	1.8	14.0	29.2	53.6	4.32
E2	3.7	5.2	32.7	34.5	23.9	3.70
E3	4.6	9.6	24.7	39.4	21.7	3.64
E4	3.7	10.7	33.8	35.2	16.5	3.50
E5	12.0	28.5	32.7	17.6	9.3	2.84
E6	3.0	6.2	29.6	38.7	22.6	3.72
E7	3.0	9.8	34.5	36.0	16.6	3.53
E8	3.1	7.3	27.2	39.6	22.8	3.72

可以看出，除 E1 和 E5 两个指标外，其余指标均在 3.53~3.72 之间，比风险更大，说明公众对能源利益的感知更高。对于 E1“如果放弃核电导致电费上涨，目前电价约为 0.5 元 /kW·h，你能接受上涨后每千瓦时的电价为：1. 0.5 元 ~0.75 元；2. 0.76 元 ~1.00 元；3. 1.01 元 ~1.25 元；4. 1.26 元 ~1.50 元；5. 1.51 元以上”。它本身是个能很好反映公众对能源利益的态度的问题，但是由于选项设计跨度过大，导致过半样本的选项为 0.5~0.75 元。另一方面，将这个间隔设置成很小也不能很好地解决问题，因为我国电价比较便宜，绝大多数公众对电价不太敏感，也可能无法很好作答，因此综合考虑我们删掉了 E1 指标。对于 E5“我愿意降低生活品质，来减少用电量，以填补弃核造成的电力缺口”得分偏低的情况，我们认为这是个体低级需求长期被满足后，对高级需求更看重的一个体现，但如果低级需求在一段时间不被很好地满足后，公众的态度可能会有强烈的转变，出于其不稳定性的特点并加之对更高的信度的追求，我们删除了 E5。

（5）感知环境利益

公众对能源利益的感知如表 4–11 所示。

表 4–11　感知环境利益指标得分情况

指标	毫无利益	较小利益	一般	较大利益	巨大利益	均值（1~5 分）
F1	1.3	3.4	29.9	39.4	26.0	3.85
F2	2.2	3.8	27.7	32.9	33.4	3.91
F3	4.2	7.0	21.4	38.6	28.8	3.81
F4	2.4	7.6	31.3	35.4	23.4	3.70
F5	4.0	10.1	38.2	31.1	16.6	3.46
F6	4.0	8.2	35.8	35.1	16.9	3.53

环境利益指标的得分均在 3.46 以上，比感知风险得分较高，可以看出公众对于核电的环境利益具有较高的认同感。

（6）核能公众接受性

核能公众接受性是案例的核心潜变量，其对应的指标得分如表 4–12 所示。

表 4–12　核能公众接受性指标得分情况

指标	强烈反对	比较反对	一般	比较支持	强烈支持	均值（1~5 分）
G1	2.4	4.4	33.6	34.9	24.8	3.75
G2	5.9	7.5	41.4	30.4	14.8	3.41
G3	4.2	10.3	30.2	37.5	17.8	3.54
G4	3.3	7.9	27.7	39.4	21.7	3.68
G5	3.0	7.0	31.0	37.1	21.9	3.68
G6	2.4	6.0	27.8	43.9	19.9	3.73

六个指标得分均高于 3.4，可以看出公众对核电的态度整体是偏积极的。这说明至少在广域上，核能具备一定的接受度，营造核能友好的社会氛围是有相当基础的。然而必须强调的是，这个测量结果会将某些“定域”的反对声音“平均掉”，进而使核能业内人士产生“虚假的安全感”。实际上，“邻避效应”恰恰是这种“平均”后“虚假安全感”隐患的爆发——邻避的主体其实并没有反对核能，甚至是支持核能的，只是要求“不要建在我的旁边”。可以做一个假设推论，如果全体公众都认为核能是可以接受的，但同时又要求不许建在自己的旁边，那与“全体公众都不能接受核能”是等价的——这显然不是核能从业者想看到的结果。因此，我们必须清醒的认识这种“平均化”的结果，并深刻地认识到它的适用范围。

（四）定量化结构方程模型

在对潜变量进行基本分析后，本案例将所有样本随机分为了两部分，一部分为

1 522 份，占总样本的 65%，用于初始模型构建，另一部分为 806 份，占 35%，用于模型修正后的确认。将调查数据与初始模型进行拟合，得到的模型如图 4–13 所示。之后针对初始模型，用前述的方法进行参数检验和拟合程度的检验，对模型进行评价。

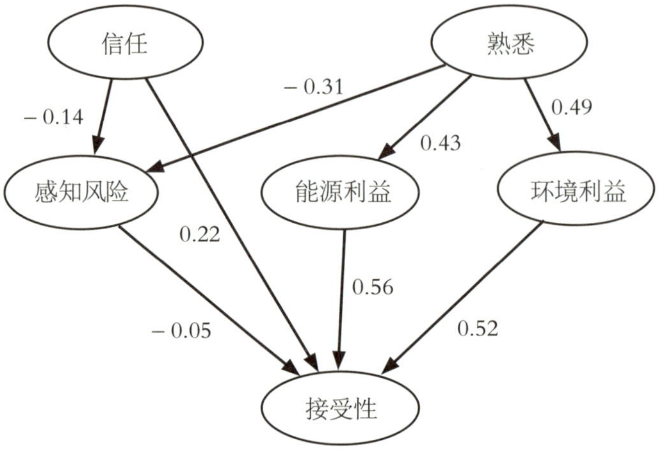

图 4–13　初始结构方程模型拟合结果

1. 模型评价

一般情况下，拟合指数会随着样本数据大小、数据特点有所偏差，需要根据模型特点选择最优代表性的拟合指数。考虑到案例中数据量较大、正态性不明显等特点，最后选择了 RMSEA，NNFI 和 CFI 三个拟合指数作为模型的评价指标。

一般情况下 RMSEA 值越低，模型与数据的契合度越高，当 RMSEA 低于 0.05 时，认为模型和数据契合度很高，当 RMSEA 处于 0.05~0.08 时，模型也可以接受，大于 0.08 时小于 0.10 时，模型拟合结果尚可，但大于 0.10 时，模型一般不可接受。对于非标准化拟合指数 NNFI 和比较拟合指数 CFI，它们的判断标准相同，即其值大于 0.90 时，模型与数据拟合较好，但考虑到实际数据调研时的干扰与大样本等因素，有时候也以 0.85 作为参考值。初始模型的三个拟合指数的结果如表 4–13 所示。

表 4–13　初始模型拟合指数

拟合指数名称	指数值	参考指标	拟合效果
RMSEA	0.081	＜ 0.08	拟合一般
NNFI	0.793	＞ 0.85	拟合一般
CFI	0.805	＞ 0.85	拟合一般

可以看出，初始模型与调查数据的拟合情况一般，模型不能接受，需要对初始模型进行修正优化。

2. 模型修正

从参数检验上来看，初始模型的每条路径都具有显著性和合理性，因此不应该删除，所以模型的优化方向应该是复杂化。根据系统 MI 值的提示，在感知能源利益性与感知环境利益性之间增加一条相关关系，能够提高模型与数据的拟合程度。添加该路径后，得到的新的拟合指标如表 4–14 所示。

表 4–14　修正模型拟合指数

拟合指数名称	指数值	参考指标	拟合效果
RMSEA	0.063	< 0.08	拟合很好
NNFI	0.873	> 0.85	拟合很好
CFI	0.882	> 0.85	拟合很好

可以看到，三项拟合指标都有明显改善，说明模型和数据的拟合度较高，因此，我们用修正过的模型作为我国核能公众接受性结构方程模型，如图 4-14 所示。

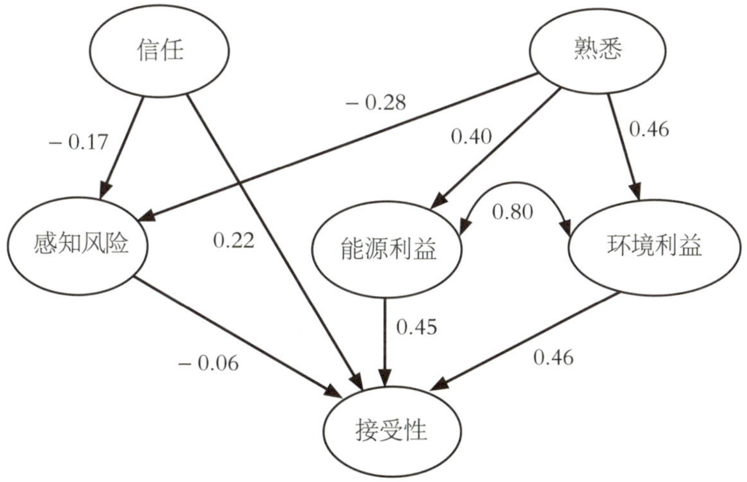

图 4–14　我国核能公众接受性结构方程模型

为进一步验证模型，将第二部分样本带入模型，得到其拟合指标，如表 4–15 所示。

表 4–15　验证模型拟合指数

拟合指数名称	指数值	参考指标	拟合效果
RMSEA	0.066	< 0.08	拟合很好
NNFI	0.865	> 0.85	拟合很好
CFI	0.874	> 0.85	拟合很好

三项指标均达到了拟合要求，模型具有通用性，验证通过。

3. **模型解释及分析**

模型涉及六个潜变量，中心是核能公众接受性。本案例的模型解释及分析也以其为中心展开，研究了感知风险、感知能源利益、感知环境利益、信任度和熟悉度对核能公众接受性的影响。其中感知风险、感知能源利益、感知环境利益是直接影响因素，信任度和熟悉度是底层的间接影响因素。

（1）感知风险对核能公众接受性有较弱的负面影响。

感知风险对核能公众接受性有负面影响是显而易见的，但是与国外的研究（一般在－0.1～－0.2，例如 Visschers 的研究中该系数为－0.19）相比，案例给出的路径系数－0.06 是一个极低的值。这种差异是有内在原因的。由于国土面积、核电厂数量和发展时间差异的原因，西方国家尤其是欧洲国家的居民对核电的感知是更具体的。在被测试时，他们往往会将问卷中的核电站具象化和代表化，感知体验更高；而我国居民对核能的了解还比较少，看法也比较抽象，感知体验较弱，所以也会使其对核能公众接受性的影响变弱。换句话说，对于我国广域的调查，公众对于核能的感知风险与核能真正的风险差异较大，这种感知程度使得这个测试具有很强的空间尺度特点，如果放在核设施周边的“定域”做类似研究，那么结果可能是完全不同的。这种感知程度其实是和“心理距离”相关的，它描述的是一种人感知到的自身和其他事物之间的距离，我们在下一节会具体描述其内涵和外延。

在本案例中，感知风险与公众接受性之间的路径系数绝对值低，表明在广域范围内感知风险对核能公众接受性影响并不大，因此在广域范围内做提高公众接受性工作时，风险并不是一个重要因素。既然它不是一个重要因素，我们认为可以不必要过分强调它。换句话说，就算努力使公众消除了对核能风险的担忧，也不会有效的提升核能公众接受性。

（2）感知能源利益与感知环境利益对核能接受性影响为正且强度相当。

感知能源利益和感知环境利益对核能公众接受性的影响分别为 0.45 和 0.46，基本相当且远高于感知风险，说明了感知利益是提高核能公众接受性的重要因素。

感知环境利益对核能公众接受性的影响比感知能源利益还稍高，是一个有趣的现象。一方面，这说明我国公民已经愈发具备环保意识，重视生态环境，在这方面做文章是大有可为的；另一方面，这个结果可能和两种利益所满足的需求层次不同有关。一般来讲，能源利益或者说经济利益，是直接满足公众低级需求的，例如用电、用热的成本降低可以使公众获得更好的生活体验，公众在这个过程中是单纯的获利方；而环境利益的影响是广域的、间接的，在长期的宣传中，环境利益背后往往有“功在当代、利在千秋”的思想，被认为是高尚的，使公众的尊重需求和自我实现需求在一定程度上得到了满足。对于我国大部分公众，低级需求是处于长期被满足的状态，会更渴望于满足高级需求，于是调查对象就更看重满足自己高级需求的环境利益。当然，近年来雾霾等环境问题越发严重，已经影响了公众的正常生活，环境利益也逐渐被理解为一种必须满足的低级需求。

这与我们在第三章中提出的“保障低级需求，利用高级需求”相符合，在核能接受性工作中，只要公众的低级需求保持在高水平，利用高级需求就能够产生良好的效果，从这个意义上说，对核能环境利益的宣传和利用是十分重要的。

（3）信任对核能公众接受性的影响

信任对接受性的直接效应系数为 0.22，间接效应系数为 $(-0.17)\times(-0.06)=0.01$，信任对接受性的整体效应为 0.23，因此信任对核能公众接受性的影响是很直接的。

信任的间接影响低，是其对感知风险的影响较小和感知风险对核能公众接受性的影响极低共同导致的。而其对核能公众接受性的直接影响正如我们在潜变量设计中的分析：信任会直接影响公众对核能的看法，把对核能产业有关决策机构、组织单位和相关人员的态度转移到核能上。一方面，这使得核设施在政府公信力不高的地区难以落地，另一方面，涉核的机构、组织与个人同公众打好“感情牌”是有效且必要的。

（4）熟悉度对核能公众接受性的影响

熟悉度对核能公众接受性的影响全通过感知风险和感知利益间接产生，其路径系数为 0.41，显著地比信任的影响高，说明两条路径中 technology-based 这一路径更为重要，这也和我们一直强调地“提高公众对核能的认知水平”相符合。

熟悉度能够提高公众对核能利益的感知，减少对核能风险的感知，自然能够使核能更易被接受。结合上一章的心理学分析，熟悉度的提高，意味着对核事故的理性认知、对核能偏见的减少以及对群体低智化的预防，能够极好地提高核能公众接受性。同时，由于感知风险对核能公众接受性的影响显著比感知利益低，在提高熟悉度，也就是进行科普宣传时，应该把精力集中在利益的科普上，而对安全性和风险的提及应该不要过于主动，这与上一章的分析结果也是一致的。

（五）小结

本节通过“2014 年我国核能公众接受性定量化研究”这一案例，展示了利用问卷调查和结构方程模型对核能公众接受性进行统计学分析的方法。研究表明：在广域上我国核能具备一定的接受度；提高公众对利益的感知比降低公众对风险的感知能更有效地提高公众接受性；熟悉度对公众接受性的影响比信任高。因此，在广域性质的核能公众接受性工作中，要以提高公众对核能的认知水平为主要路线，并减少对安全性和风险的过分宣传，提高对核能利益的宣传。另外需要注意的是，以上研究的结论不可直接移植到“定域”情形上，关于定域的讨论，我们将在下一节详述。

三．统计学的补充：基于心理距离的定域接受性研究

从上一节的案例分析结果来看，我国公民对核能的看法是积极的，但当核设施落地时，却往往会出现“邻避效应”。表面上看，“邻避效应”里的许多现象似乎与结构方程模型的结果不符，特别是在风险和利益方面。例如一些极小的风险的传播就会引发“邻避”行为、核设施附近公众对能源利益的关心远比环境利益高等等。这些现象恰恰说明了我们在上一节反复强调的结论：广域的情况往往与定域有差异，因为接受采访的广域公众往往不是居住在核设施的紧密利益相关方（或者说是紧密利益相关方的概率较低），而核设施附近的群众，特别是会产生“邻避”问题的公众样本，很难在广域的调查中得到覆盖。

上节案例中结构方程的结果告诉我们：从路径系数上看感知风险对核能公众接受性影响很小，感知能源利益和感知环境利益对核能公众接受性的影响基本相同。**但需要强调的是，路径系数是公众“感知到的因素”对于接受度的影响，而并非这个因素“客观实际”对于接受度的影响，而针对不同对象的调查，即使针对客观风险相同的事件，公众感受到的风险也有所差异**。我们都有体会：感知到的情况往往和真实的情况有所差异，一个事情感知的严重程度可能大于或小于事情的实际严重程度，但很少等于实际严重程度。从这个意义上讲，结构方程的路径系数指的是“因素被感知到的程度”对于研究对象的影响。在构建结构方程模型潜变量时，我们特别强调了“感知性”，也就是说公众对利益和风险的认识不是客观、理性的，而是主观、感性的，这意味着公众的“感知”将极大影响潜变量的大小。因此，在考虑风险和利益对核能公众接受性的影响时，我们必须要同时考虑：1. 某因素的实际利益和风险；2. 公众对该因素利益和风险的感知程度；3. 感知到的利益和风险对接受性影响。

基于技术分析和客观评价，我们可以明确上面的问题 1，而结构方程可以明确上述问题 3，而本节中我们需要去研究问题 2。为了研究这个问题，我们引入心理距离和解释水平理论，分析广域调查结果为何与定域有所差异，并研究公众感知的情况究竟是如何与真实情况形成偏差的。

（一）心理距离和解释水平理论

心理距离（Psychological Distance）是人感知到的自身和其他事物之间的距离，它是关于某事接近或远离自我、此地、此时的主观经验，其原点是自我、此地、此时，而客体以不同的方式远离原点构成了不同维度。如表 4–16 所示，心理距离有多个维度，主要包括时间距离、位置距离、概率距离和社会距离。

表 4–16　心理距离的四个维度

心理距离维度	具体含义
时间距离	距离现在的远近。“现在”为心理距离原点，对“过去”或“未来”情况感知的时间距离逐渐变远
位置距离	位置的客观距离。当事人所在的位置为原点，物理上无限远离当事人的位置点为无穷远点
概率距离	事件是否确定发生。确定发生为心理距离原点，物理上不可能发生的为无穷远点
社会距离	作为社会人的相似度（经验、性格、信息等）。社会经验完全一致是心理距离原点，社会经验差异越大心理距离越远

与心理距离密切相关的一个概念是解释水平（Construal Level Theory）。解释水平是一个社会心理学理论，是用于描述心理距离的远近和人们的想法或表述是抽象还是具体的关系的理论。高解释水平发生在心理距离远的情况下，是抽象的、去背景化的、核心的、本质的、上位的；而低解释水平发生在心理距离近的情况下，是具体的、背景化的、表面的、下位的。例如，人们对于发生时间在一天前的事件的描述，会比发生在一年前的事件描述得更具体，对本地的景点的描述会比对他地景点的描述更具体——这除去记忆因素外，很多时候是人们针对不同的事情从心理上选择不同的解释水平去描述。

解释水平与心理距离之间的相关是双向的：随着心理距离增加，解释水平变得更高，更抽象；另一方面，随着解释抽象水平的增加，人们感知到的心理距离也增加。例如人们交谈时，往往更倾向于交流相似的经历，而与此同时交谈双方的心理距离也在被拉进。解释水平应与心理距离相匹配，过高的解释水平会拉远心理距离，而过低的解释水平又可能无法表达中心思想。不断采取最合适的解释水平拉近心理距离，可以达到收缩心理距离的目的。

针对时间距离和位置距离而言，人们习惯于用更抽象的、反应事件一般内涵的高水平解释来描述远未来与远位置的事件；习惯于用具体的、背景化的低水平解释来描述近未来和近位置的事件。这种习惯符合自己的心理距离，但是同时也会使被解释人的心理距离保持在相应的水平。因此，可以降低解释水平（具体化、背景化），对于被解释者有很好的效果，但这对于解释者的要求就更高，需要设想合适的场景来描述。举例而言，在美国著名社会活动家马丁路德金的演讲“我有一个梦”（1963）中，有如下的话：

“……

我梦想有一天，在佐治亚的红山上，昔日奴隶的儿子将能够和昔日奴隶主的儿子坐在一起，共叙兄弟情谊。

……

我梦想有一天，我的四个孩子将在一个不是以他们的肤色，而是以他们的品格优劣来评价他们的国度里生活。”

他没有单纯强调“我希望人人平等，不被歧视，民族共荣的一天终于会到来”这些看起来遥遥无期的话，而是用大家觉得“指日可待”与“就在身边”的事项作为愿景，其目的就是降低解释水平，拉近公众的时间心理距离与位置心理距离。

针对概率距离而言，当一个事件应会发生但是实际上还没有发生时或是当这个事件是可能的但是还不确定时，这个事件是远离个人直接经验的。一个不太可能的事件因此显得比一个很可能的事件更远，它的心理距离更大。随着解释水平的下降，听众会觉得事情发生的概率增加，概率距离也会缩短，其逆命题与否命题也成立。例如我们经常看到一些励志故事，里面往往非常具体的描述主人公的贫寒出身与奋斗历程。其实世界上自我奋斗成功的案例少之又少，抑或说那些成功人士本身也不太可能记得住如此的细节，但作者这样描写，就是通过降低解释水平，让读者感受到自己和主人公经历的相似性，从而拉近读者的概率心理距离，更好的相信书中的内容。

针对社会距离而言，它不同于时间、位置与概率等距离维度，没有一个客观的指标用来衡量社会距离的远近，个体可以根据推断他人经验的难易程度来间接知觉他人的社会距离。解释水平理论认为，社会距离越远，人们越倾向于用高解释水平表征他人行为。沟通者在与沟通对象没有很深的社交关系下，需要针对对方的特点，做出低水平的解释拉近距离，才能使对方更加相信沟通者。举例而言，在一个社交场合，两个初次见面的销售业务员 A 和 B 聊天，当 A 得知 B 刚刚换了新工作，A 有两种回复的方法：1. 祝贺！趁年轻尊重自己的选择，要不以后老了会后悔的；2. 祝贺！我上次跳槽也是，正好有个适合我的房产中介职位，而且离家也比较近，虽然待遇和原来差不多，但发展空间明显更大了，我现在觉得把握住机会太重要了。显而易见 2 的回答方式更加具体，A 透漏的信息让 B 非常易懂且能形成一定程度的共鸣，有效地拉近了两人的社会距离。

心理距离的各个维度会互相影响，当一个维度较远时，个体感受到的其他维度也会被拉远。常见的相互影响有：距离上的距离（distance-on-distance），即一个远距离维度使随后的所有其他维度感觉遥远，启动一个远距离维度，使其他距离维度以同样的方式被感觉更远；距离促进效应（distance boosting effect），同时体验两个距离维度将提高个体的解释水平。Bar 等人研究证实了心理距离四个维度的互相联结，他们使用的是写上了表达不同心理维度单词的风景图片（例如“明天、年”，“近、远”等），以四张图片为一组，分别是：1. 表达近的词汇放在图片的近景处；2. 表达远的词汇放在图片的近景处；3. 表达近的词汇放在图片的远景处；4. 表达远的词汇放在图片的远景处。被试被要求做两种分类实验，第一种是对单词在近景还是远景进行分类；第二种是对单词表达的意思是远还是近进行分类。两种实验结果均显示，被试对单词意义和放置位置距离一致的图片分类更快，对不一致的则会慢上一些——这种斯特鲁普效应（Stroop Effect）验证了心理距离不同维度之间存在相互影响——可见在设法拉近与公众的心理距离时，应该要兼顾到各个维度。

（二）广域与定域的差异

介绍完心理距离和解释水平的基本概念，我们结合决策的视角阐述本节开头提到的广域结果和定域结果之间的差异。在决策研究中，人们被分为两类群体，一类是实际决策者，与自己的心理距离最近，解释水平最低；一类是建议者，与决策者有较远的心理距离，解释水平高。解释水平理论指出，决策者们优先关心的是活动实施的可行性，而建议者们关注的是活动的价值。这个现象在广域和定域上有明显的体现。本章中的案例是一个广域性的调查，由于不针对任何一个核电站，被试和核能的心理距离远，和核设施周围公众的社会距离远，是“建议者”；而对于定域的邻避群体，绝大多数都是紧密的利益相关群体，或者说是对核设施落地有话语权的“决策者”，心理距离近。

由于建议者关注的是利益，所以结构方程模型中被试对利益的感知比较强，而决策者关注的是可行性，所以邻避群体会更看重实施过程中细节产生的风险。基于此，我们可以推测，如果仅对核设施周围公众进行调查，得到的结构方程模型中，由风险指向接受性的路径系数会有所变化。这一推论在很多国外发达国家的相似研究结果中已经得到了验证。由于法国、德国、英国等国家的核设施一般情况下需要大范围公众投票决定是否建设，这些核设施与公众的心理距离更近，被试的身份会向“决策者”倾斜，使得他们更能感受到风险。对于这些公众，虽然依然地理上是“广域”的，但心理上是“定域”的，因此我们得到的广域研究结果，对他们就不一定适用。

毋庸置疑，“定域”的居民由于与核设施的物理距离更近，对核能更加的熟悉（可能不是知识上的丰富，而仅仅是心理上认为熟悉），一般来说同时具有更近的心理距离，需要的解释水平也更低。协商常常发生在公众和政府及核能公司之间，由于对核能的认知水平不同（体现为“社会距离”），政府和核能公司在协商中往往具有高解释水平，关注的是宏观问题，而公众往往具有低解释水平，关注的是一些细节的问题。这就导致了公众对核能质疑的角度很多，而且难以预料。所以在和公众协商的过程中，不能“以己度人”，而是要“以人正己”，从公众的角度出发来思考问题和准备答案，这样才能和公众达成共识。

（三）邻避群体的核能感知风险和利益

核设施周边“定域”的公众更容易有更近的心理距离，需要的解释水平也低，当这些不能被满足的时候，他们就会变为邻避群体。由于个体遭受的核事故影响严重程度和距离有着直接关系，核能所带来的风险的确是随着物理距离缩短而增加的，这自然会造成公众对于核能风险的位置心理距离同时缩短，因此核设施周边“定域”的公众对核能风险的感知更强是非常好理解的。需要说明的是，核设施周边的公众对核能的风险感知并不一定与核能真正的风险相符合，甚至可能是放大了很多倍的，但至少有一点是肯定正确的，公众感受到的核能风险和与核设施的距离成反比。

另一方面，公众感知核能的利益的变化是非常复杂的。

从时间维度上分析，首先，由于对安全性的要求越来越高，核设施的设计、建设需要更多时间，一个核能项目从前期工作开始到最终建成，往往需要10年的时间，如果算上厂址相关工作，还需要更久。虽然核设施一旦投入运行能源源不断地为地区创造经济价值，但是在前期公众除了短期直接补贴和就业岗位有限的增加，并不能直接感知核能所带来的长期经济利益，心理距离是较大的。其次，环境改善是一个长时间过程，核能也是长期投资项目，其带来的环境利益更需要时间才能达到显著水平。此外核电的规划也是以五年乃至十年为单位的，与人的寿命相比也依然不是个近未来的事情。利益与公众心理之间巨大的时间距离导致政府与业主无法将核能的环境利益用较为具体的语言告诉利益相关方（表现为高解释水平），必然使公众无法很好理解核能的环境利益。

从概率维度上分析，核能带来的能源利益在已有核设施的地区可能广为人知，但是在没有核设施的地区，人们对核能能源利益知之甚少，过小的能源占比并不能证明核能广泛利用就能带来预期的能源利益。而环境利益则也容易受到公众质疑，核能的环境利益没有真实的发生在公众乃至地方政府身上，我们也并没有某地区因为建设了核电站使环境得到了显著改善的证据，因此利益相关方会觉得核能能带来的环境利益发生在自己身上的概率较小。另一方面，长期消费化石燃料的人群也从未有“传统能源带来的环境污染问题必须通过核能解决”这种经验（客观上确实没有这种案例），因此核能的环境利益对于公众来讲是一种虚无缥缈的概念，无法落地，也就代表着一种高解释水平。

从社会距离维度上分析，涉核企业、地方政府和邻避主体所处位置不同，对核能的关注点和认知水平不一致：涉核企业的关注点在于项目落地、安全生产，认知水平最高，地方政府的关注点是地区经济水平和环境水平的提高，认知水平一般，邻避群体的关注点是个人安全，一般来说认知水平最低。同时，企业和政府与公众的沟通方式也主要以通告，听证为主，解释水平高，社会距离大。而根据解释水平理论，大的心理距离与高的解释水平，不利于人们了解核能利益的细节，最终导致人们感知的核能利益降低。

众所周知，核设施与“定域”公众之间的物理距离减少，会使公众的感知风险增加，而由上述分析，我们也知道公众对核设施的感知利益与公众的心理距离客观就是很大。综合以上这两点就意味着，核能具有天然的“邻避属性”——好处公众感受不到，但物理距离越近风险越大，所以公众当然认为核电站越远越好。公众感知到的利益和风险不匹配，正是“邻避效应”发生的根本原因。因此对于邻避问题，从心理距离的角度而言，我们应该降低利益方面的解释水平以缩短心理距离，增强公众的切身利益感受，才可能抵消掉公众对风险的感知。

（四）提高定域公众接受性的建议

1. 细分群体，利益平民化、直接化

有切实的利益在，才有提升感知利益的空间。普通民众对于“提升国家能源安全”“保障电力供应”等高解释水平的核能利益无法产生强烈共鸣，因此，需要细分核设施周边群体，使核能利益平民化与直接化，直接提高核能感知利益。

让利益平民化与直接化，要和群体细分结合起来。例如，对于应急计划区内的所有居民，根据距离分类，提供梯级的用电或供暖优惠（但这种优惠应该是可持续性的且核电业主也可以接受的，否则效果不明显），二是可以提供优先就业机会，但实际上按照已有的经验，核电站能够提供的一般性就业岗位非常有限，而核电站建设周期很长，因此需要考虑多种经营，不断开发配套的岗位供应能力；对于供应商，可以优先考虑本地供应商；对于房地产商，尽量做到合理布局不对当地房价造成负面影响；对于媒体记者，保持密切联系，提供充足的正面信息，使记者有话可说。特别的，现在小型堆建设热情高，小堆的规划限制区较小，应急简化，靠近用户，公众多样性降低，应努力实现“精准宣传”，小堆项目所在地市、县级政府和

核电企业联合实施公众宣传工作要更加细致，绝对不能照搬原来大型反应堆的公众沟通方案。

另外一点，从利益的角度出发时，一定要努力满足公众利益需求的“台阶”，不满足“台阶”的利益是不能让公众的内心得到满足的。然而随着我国经济的快速发展，目前公众的需求呈多样化及复杂化的发展趋势，因此核能从业者必须要认真系统的研究公众需求，切实地找到满足需求的有效途径。

2. 降低对公众沟通的解释水平

如前文所述，由于核能利益自身的特性和沟通方式的局限，核能利益对于公众来说是远心理距离，高解释水平的。高解释水平的交流沟通不利于拉近核能和公众的心理距离，也不利于提升公众对核能各方面的认知水平，因此可以通过降低对公众沟通的解释水平，缩短与群众的心理距离，宣传核能利益。

在科普宣传方面，要尽量用能拉近公众心理距离的低解释水平语言去介绍核能相关内容，真正做到让公众听懂（注意，这里的低解释水平并非指事无巨细的介绍，而是强调用公众可接受的语言）。在公众参与方面，要多让公众提问，采集共性问题，总结关键问题。共性问题和关键问题一方面反映了公众最关心的内容，另一方面揭示了已有工作的不足。近年来，公众关心的问题回答难度也有所上升，特别是一些“有备而来”或可以获得内部消息的高知识水平公众，问题往往十分刁钻。更具体准确地解决这些问题，实际地降低了解释水平，有利于提升公众对核设施和核能利益的了解。在信息公开方面，不仅要公开信息，还要让群众有效地接受信息。除了项目信息、环评报告等官方文件的公示外，还应主动对公众关心的公共性问题和关键性问题的解答。在这个过程中，一次公开信息太多容易造成群众接受信息时产生遗漏，太少则又容易导致不信任，因此要掌握好节奏，把握好时间节点。

需要强调的是，针对不同的对象，信息的呈现方式一定要有所差异。这里有一个非常有趣的例子。在一次作者亲身经历的公众沟通项目专家评审会上，会议方的汇报材料中有一段话是“我们这里公众沟通的重点对象之一是少部分不明真相的群众，他们文化水平较低，也容易被错误信息引导”，这句话本身无可厚非，但其中一位评审专家来自某国内知名自媒体，他当即表示了不满，质疑为什么要给群众扣帽子，这些话侮辱了群众，等等。这个报告的目的是汇报工作情况的，用词并无褒贬——从这个角度讲这位自媒体人有点不分青红皂白，但这也从另一个角度反映了这位自媒体专家的特质：他的服务对象是公众，习惯性地认为公众的需要都是正确的，不应质疑公众的知识水平。这个例子告诉我们面对不同的人，哪怕是专家，展示的材料一定不要相同，因为毕竟每个人的社会背景不同，同样的材料给不同社会背景的人的社会距离感是不同的。

3. 具象化核能利益，拉近与公众的心理距离

核能利益本身就是抽象的概念，与公众自然的有一定的心理距离。而如果把抽象的核能利益具象化，就可以有效地降低解释水平，拉近与公众的心理距离。

首先，在解释核能环境利益时，不仅可以把核能和公众熟知的能源进行对比，还可以通过图片、影视作品等将其具象化为森林、绿地等形象来降低解释水平。目前，如“核电那些事”等国内比较知名的核能相关公众号已经有文章和微视频采用了多种宣传手段，很好地拉近了核能利益和公众的心理距离，但传播方式还是比较单一，后面还需要通过一些基于人工智能等新技术进行融媒体投放，做到信息传播的多元融通与跨媒体无缝衔接，对公众起到“润物细无声”的作用，真正地做到拉近心理距离。

其次，可以通过拉近工作人员和公众的心理距离，拉近核能环境利益与公众的心理距离。当公众对工作人员的信任度提高时，公众对工作人员所代表的对核能和核设施的信任度也提高了，抽象的核能利益就得以借助工作人员具象化，拉近了和公众的心理距离。核设施或施工单位工作人员可以通过趣味活动、党组织共建、联谊等多种多样的方式拉近与公众的社会距离，然后再进行潜移默化地宣传和科普，使公众把和核能利益的心理距离同化为工作人员的心理距离，达到破除“邻避效应”的目的。

四 . 总结

统计学分析是研究核能公众接受性不可或缺的工具，基本的统计学分析可以得到一些定性的结果，但不能很好地分析出影响核能公众接受性的关键因素及其对核能公众接受性定量的影响水平。因此，我们在基本统计学分析之上引入了结构方程模型。结构方程模型的路径和路径系数能够定量地分析潜变量之间的关系，通过这种方法，我们就能揭示核能公众性背后的秘密。

为了说明结构方程模型的有效性，本章花了较大的篇幅详细介绍了一个利用结构方程模型分析核能公众接受性影响因素的案例。案例一方面证明了结构方程模型在分析核能公众接受性上的有效性，另一方面也得出了很多有意义的定量结果。案例的结果显示，影响核能公众接受性的主要因素信任、熟悉、感知风险、感知能源利益和感知环境利益中，信任和熟悉可以看成是底层的影响因素，对接受性的影响以间接影响为主，而风险和利益则是直接影响因素且利益的影响系数（路径系数）

大得多。由模型可以看出，提高公众对核能的感知利益，是效率最高地提高公众接受性的路径，而提高对核能的认知水平，是提高公众接受性最基本的路径。

本章中的案例是一个广域调查，对定域的情况不一定完全适用。我们在案例中最关注的是路径系数这一定量反映潜变量之间相互影响程度的量，但是没有考量潜变量本身大小与被感受大小的差异，因此本案例研究的结论有其适用范围。通过引入解释水平理论和心理距离，我们解释了涉核“邻避问题”的根源：由于核设施离公众距离很近，风险是实际增加的，加上公众的感性认识，感知到的风险甚至有可能是放大的；另一方面，由于利益的心理距离没有被拉近，感知利益却并没有显著的增加。

通过本章的分析，我们能归纳出一个解决不同时间和地域核能公众接受性问题的思路：对于短期的、定域的公众接受性问题，利益是一剂快速的良药，而对于长期、广域的公众接受性提高，熟悉程度是“提高免疫力”的妙方。下一章中，我们将再次利用本章的方法，并以传播学的视角去研究核能公众接受性，给出更多提升核能公众接受性的思路与方法。

参考文献：

[1] 易丹辉 . 结构方程模型方法与应用 [M]. 中国人民大学出版社 , 2008.

[2] Goldberger J A S . Estimation of a Model with Multiple Indicators and Multiple Causes of a Single Latent Variable [J]. Journal of the American Statistical Association, 1975, 70(351):631-639.

[3] Golay Michael W. On Social Acceptance of Nuclear Power [Z]. Institute for public policy of Rice University, 2001.

[4] Starr C. Social benefit versus technological risk. what is our society willing to pay for safety?. Science. [J]. Science, 1969:1232-1238.

[5] Slovic P, Fischhoff B, Lichtenstein S. Facts and Fears: Understanding Perceived Risk [M]. Societal Risk Assessment. 1980.

[6] 李锦彬 , 房超 , 曹建主 . 核能公众接受性研究进展及发展趋势 [J]. 核安全 , 2014, 13(4):17-22.

[7] Li, J. B., Liu, Y., Yang, Y., & Fang, C. The Study of Public Acceptance of Nuclear Power in China with Quantitative Model [C]. In 5th International Conference on

Risk Analysis and Crisis Response, 2015, 369-376.
[8] 时振刚 . 核能的公众接受性研究 [D]. 北京：清华大学，2002.
[9] 雷翠萍 . 核与辐射认知和风险沟通研究 [D]. 北京：中国疾病预防控制中心，2010.
[10] Greenberg M, Truelove H B. Energy Choices and Risk Beliefs: Is It Just Global Warming and Fear of a Nuclear Power Plant Accident? [J]. Risk analysis: an official publication of the Society for Risk Analysis, 2011, 31(5):819-831.
[11] Choi Y S, Kim J S, Lee B W. Public' s perception and judgment on nuclear power [J]. Annals of Nuclear Energy, 2000, 27(4):295-309.
[12] 李俊 . 如何更好地解读社会 ?——论问卷设计的原则与程序 [J]. 调研世界 , 2009, (3):46-48.
[13] Nisbett R. The Geography of Thought: How Asians and Westerners Think Differently and Why [J]. Brock Education a Journal of Educational Research & Practice, 2004, 13(2):156-156.
[14] Trope Y, Liberman N. Construal-level theory of psychological distance[J]. Psychological Review, 2010, 117(2):440-463.
[15] Trope Y, Liberman N, Wakslak C. Construal Levels and Psychological Distance: Effects on Representation, Prediction, Evaluation, and Behavior[J]. Journal of Consumer Psychology, 2007, 17(2):83-95.
[16] Bar-Anan Y, Liberman N, Trope Y, et al. Automatic processing of psychological distance: Evidence from a Stroop task[J]. Journal of Experimental Psychology: General, 2007, 136(4):610-622.
[17] 黄俊 , 李晔 , 张宏伟 . 解释水平理论的应用及发展 [J]. 心理科学进展 , 2015, 23(1):110-119.
[18] 徐惊蛰 , 谢晓非 . 解释水平视角下的自己 - 他人决策差异 [J]. 心理学报 , 2011, 43(1):11-20.
[19] Kray L, Gonzalez R . Differential weighting in choice versus advice: I' ll do this, you do that [J]. Journal of Behavioral Decision Making, 1999, 12(3):207-218.
[20] Abhishek Tiwari. The Politics of Space and NIMBY: The Construction of the Poor and Local Resistance to Affordable Housing:[D]Irvine:univ. of California, 2009.

[21] Marks G, Von Winterfeldt D.Not in my back yard: Influence of motivational concerns on judgements about arisky technology[J]. Journal of Applied Psychology,1984,69(3):408-415.
[22] O’Hare M. Not on My Back, You Don’t: Facility Sitting and the Strategic Important of Compensation[J] Public Policy,1977, 25(4):407-458.
[23] Corianne Payton Scally. The Nuances of NIMBY: Context and Perceptions of Affordable Rental Housing Development. [J] Urban Affairs Review, 2013,49: 718-747.
[24] Lois M. Takahashi.Information and Attitudes Toward Mental Health Care Facilities: Implications for Addressing the NIMBY Syndrome. [J] Journal of Planning Education and Research, 1997,17: 119-130.
[25] 谭爽，胡象明．邻避型社会稳定风险中风险认知的预测作用及其调控——以核电站为例 [J]. 武汉大学学报：哲学社会科学版，2013,5:77-83.
[26] 谭爽，胡象明．我国邻避项目社会风险防控现状与对策 [J]. 中国应急管理，2013,7:56-60.

附录：我国核能公众接受性定量化研究调查问卷

您好！

我们是清华大学的研究人员，目前正在进行一项关于核能公众接受性的研究课题，经过严格的科学抽样，我们选中您作为我们的调查对象，您的合作对我们的研究具有重要的帮助。

问卷中问题的回答，请根据您实际情况回答，填写过程大约占用您 10~15 分钟。对于您的回答，我们将严格保密，并且只用于不记名统计分析，请您不要有所顾虑。最后，感谢您对本次调查的配合。

填表说明 1. 请在符合您情况的答案选项上打钩； 2. 如无特殊说明，每个问题只能选择一个答案； 3. 请独立完成问卷，不与他人商量。

A 个人基本情况

1. 您的性别：

（1）男　（2）女

2. 您的年龄：

（1）18 岁 ~30 岁　（2）31 岁 ~40 岁　（3）41 岁 ~50 岁

（4）51 岁 ~60 岁　（5）60 岁以上

3. 您目前的居住地为：

（1）中心城区　（2）城市郊区　（3）小城镇　（4）农村

4. 您的居住地位于：

__________省／直辖市__________（地级）市__________县／区／县级市

5. 您目前的职业为：

（1）涉核企业、涉核研究院所技术人员或管理人员

(2) 党政机关人员
(3) 企事业单位人员
(4) 国企、央企（非涉核）人员
(5) 合资企业、外资企业、民营企业（非涉核）人员
(6) 学生
(7) 农林牧渔业生产人员
(8) 其他

6. 您的最高学历（包含在读）：
(1) 初中及以下　(2) 高中 / 中专 / 职高　(4) 大学专科
(5) 大学本科　(6) 研究生及以上

7. 请问您家庭人均2013年的平均月收入（包含工资、各种奖金、补贴、分红、股息、经营性纯收入、银行利息、馈赠等）为：
(0) 无收入　(1) 1000元及以下　(2) 1001~3000元　(3) 3 001~5000元
(4) 5001~10 000元　(5) 10 001~20 000元　(6) 20 000元以上

B 核能熟悉情况

8. 您认为自己了解核吗？
(1) 完全不了解　(2) 不太了解　(3) 一般　(4) 比较了解　(5) 非常了解

9. 您了解核电站的发电过程吗？
(1) 完全不了解　(2) 不太了解　(3) 一般　(4) 比较了解　(5) 非常了解

10. 您日常生活工作与核关系大吗？
(1) 没有关系　(2) 较少关系　(3) 一般　(4) 较多关系　(5) 密切关系

11. 请对以下说法判断正误，请不要蒙答案：

观点	正确	错误	不知道
例：摄入过多盐分对身体有害	√		
当受到小剂量放射性照射时，且未造成健康伤害，人体会产生类似蚊虫叮咬的感觉			
我们平时食用的粮、蔬、果、肉、调味品等食物中，部分经过了人工辐射照射			
核电站反应堆内，医院X光照射产生的辐射属于电离辐射；			
手机基站，磁悬浮列车，变电站产生的辐射属于非电离辐射			
乘坐飞机，会受到比地面更强的辐射照射，所以应该避免频繁、长时间乘飞机，特别是孕妇和儿童			

12. 请对以下说法判断正误，请不要蒙答案：

观 点	正 确	错 误	不知道
例：摄入过多盐分对身体有害	√		
目前，我国在建商业核电站为第二代改进型与第三代核电站			
我国大部分核电站为压水堆			
目前，我国商业核电站反应堆内部的核反应类型为核裂变			
目前，我国商业核电站的核燃料的主要成分是铀			

13. 请对以下说法判断正误，请不要蒙答案：

观 点	正 确	错 误	不知道
例：摄入过多盐分对身体有害	√		
正常运行情况下，核电站是 24 小时运行，不间断的			
核电站就像火电站一样，发电时，需要持续不断地向反应堆内加核燃料			
一旦核电站关闭了，反应堆立即停止释放热量			
我国核电发电量占总发电量比例不到 5%			

14. 请对以下说法判断正误，请不要蒙答案：

观 点	正 确	错 误	不知道
例：摄入过多盐分对身体有害	√		
 这张图是核辐射的标志			
自然界中放射性是到处存在的，我们一直在接受天然本底（宇宙射线，岩石、土壤中的少量放射性元素等）的辐照			
安全存放且未引爆的核弹，对附近的人辐照极小，对人体健康无害			
在核电运营公司官网、国家核安全局官网、中国核能行业协会官网上，会定期发布相关辐射监测数据			

为了使问卷调查结果更具有客观性，避免您主观思维的影响，我们将剩余问题进行了乱序排列，请您耐心回答，非常感谢！

15. 下表是媒体、公众传播的一些防辐射方法，您是否会采用？

方 法	采 用	不采用	不知道
服用碘丸			
多食用某些食物（如西红柿、鱼肝油、海带、大蒜等）			
购买并使用市面上的防辐射衣物，防辐射被褥			
囤积海盐			

16. 当发生核事故时，相关场外应急工作将由中央政府指导，由当地政府进行操作。您是否信任**中央政府核安全应急能力**？

（1）完全不信任 （2）不太信任 （3）一般 （4）比较信任 （5）完全信任

17. 当发生核事故时，相关场外应急工作将由中央政府指导，由当地政府进行操作。您是否信任**您所在地政府核安全应急能力**？

（1）完全不信任 （2）不太信任 （3）一般 （4）比较信任 （5）完全信任

18. 针对以下说法，您的态度是？

观点	完全反对	基本反对	中立	基本同意	完全同意
例：摄入过多盐分对身体有害	√				
核电站周边的居民具有更高的患病风险					
安全运行的核电站还是会通过辐射污染环境					
如果我的居住地附近有核电站，我会在家装配一个辐射监测仪，以实时监测辐射水平					
对于核电站对人体有害的传闻，我宁可信其有，不可信其无					

19. A 说法：中国就算不发展核电，也能保证电力的供应；

B 说法：核电站是满足不断增加的电力需求的必要保证。

针对这两种说法，您的态度是：

（1）完全同意 A （2）更同意 A （3）中立

（4）更同意 B （5）完全同意 B

20. 对核电站，您担心什么（可以多选）_____？其中您最担心的是_____？

（1）没什么可担心的

（2）正常运行的核电站对周围环境产生破坏

（3）正常运行的核电站会影响周围居民的身体健康

（4）核电站发生事故导致放射性物质大量释放（核泄漏）

（5）核电站像原子弹一样爆炸

（6）核废料的处置

（7）核电站被恐怖分子袭击并发生放射性物质大量释放

（8）核电站到达使用寿命后的退役问题

（9）其他（请注明）________________

21. 考虑到气候变化产生的后果，您是否支持控制气候变化所做的措施？

（1）完全不支持 （2）不太支持 （3）一般 （4）比较支持 （5）非常支持

22. 您是否信任核科学专家的言论与观点？

(1) 完全不信任 (2) 不太信任 (3) 一般 (4) 比较信任 (5) 完全信任

23. 您是否信任我国的核电站安全水平？

(1) 完全不信任 (2) 不太信任 (3) 一般 (4) 比较信任 (5) 完全信任

24. 请您对以下说法进行评价

观点	完全反对	基本反对	中立	基本同意	完全同意
例：摄入过多盐分对身体有害	√				
中国面临严峻的能源危机					
开发其他新能源，提高节能技术，还是无法满足电力需求，必须发展核电					
我愿意降低生活品质，来减少用电量，以填补弃核造成的电力缺口					
核电站对中国未来经济发展至关重要					
核电站发电成本比其他发电成本低					
建设核电站，能够使我国能源多样化，加强我国能源安全					

25. 中国目前主要的核电运营商有中国核工业集团（中核）、中国广东核电集团（中广核）等，您是否信任这些运营商的安全管理能力？

(1) 完全不信任 (2) 不太信任 (3) 一般 (4) 比较信任 (5) 完全信任

26. 2011 年日本福岛核事故发生时，是否让你心里感到恐慌？

(1) 完全不恐慌 (2) 不太恐慌 (3) 一般 (4) 比较恐慌 (5) 极度恐慌

27. 在目前我国能源现状条件下，为保证我国电力供应，考虑到各种类型电站的利益和风险，您最支持发展______，其次支持发展______，最不支持发展______？

(1) 火力发电站

(2) 水力发电站

(3) 核电站

(4) 风力发电站

(5) 太阳能发电站

(6) 不知道

28. 对于核电站，您希望政府加强哪些工作（可以多选）_____？最希望加强的工作是_____

(1) 科普宣传

(2) 组织参观核电站

(3) 公开核电站信息

(4) 政府加强监督管理

（5）提高核电站工作人员素质
（6）提高应急防范能力
（7）其他（请注明）______________________

29. 请您对以下说法进行评价

观点	完全反对	基本反对	中立	基本同意	完全同意
例：摄入过多盐分对身体有害	√				
气候变化已经是我国面临的一个棘手的问题					
核电站能够为中国减少二氧化碳排放做出重要贡献					
核电站比其他发电站绿色环保					
建设核电站能够有效缓解雾霾天气					

30. 核电项目上马之前，需要通过国家环保部的环境影响评价（简称“环评”），相关通知可在环保部官方网站“环评项目审批信息”栏查询，请问您对**环保部的环评审批过程**是否信任？

（1）完全不信任　（2）不太信任　（3）一般　（4）比较信任　（5）完全信任

31. 假如我国发生了一场类似于福岛的核事故，您对**中央政府相关部门**发布的相关公告、解释说明等，是否信任？

（1）完全不信任　（2）不太信任　（3）一般　（4）比较信任　（5）完全信任

32. 假如我国发生了一场类似于福岛的核事故，您对**事故所在地政府**发布的相关公告、解释说明等，是否信任？

（1）完全不信任　（2）不太信任　（3）一般　（4）比较信任　（5）完全信任

33. 假如我国发生了一场类似于福岛的核事故，您对**事发核电运营商**发布的相关公告、解释说明等，是否信任？

（1）完全不信任　（2）不太信任　（3）一般　（4）比较信任　（5）完全信任

34. 发生核事故时，您是否信任**权威媒体（如中央电视台）**发布的讯息？

（1）完全不信任　（2）不太信任　（3）一般　（4）比较信任　（5）完全信任

35. 发生核事故时，您是否信任某些**非权威媒体**（如论坛帖子、微信朋友圈、未认证微博新鲜事等）发布的讯息？

（1）完全不信任　（2）不太信任　（3）一般　（4）比较信任　（5）完全信任

36. 考虑到气候变化产生的后果，您是否关心控制气候变化所做的措施？

（1）完全不关心　（2）不太关心　（3）一般　（4）比较关心　（5）非常关心

37. 您觉得我国关于核能 / 核电站的科普宣传充分吗？

（1）非常少　（2）比较少　（3）一般　（4）比较多　（5）非常多

38. 请您对以下说法进行评价

观点	完全反对	基本反对	中立	基本同意	完全同意
例：摄入过多盐分对身体有害	√				
如果对气候变化有帮助，我接受建设新核电站					
如果对能源供给安全有帮助，我接受建设新核电站					
中国需要一个多样的能源供给系统，核电不可缺少					
核电对控制气候变化、能源安全有重要作用，虽然我不喜欢核电，但我会理性地接受					

39. 您认为选择能源的时候，考虑最重要的是____，其次是____，第三是____

(1) 经济效益

(2) 公众的态度

(3) 是否会影响周围居民的健康

(4) 是否安全

(5) 是否利于环保

(6) 是否有足够的资源储备

(7) 技术水平

(8) 发电的效率

(9) 其他（请注明）____________________

40. 您希望了解核电站的相关信息吗？

(1) 希望　(2) 不希望

41. 下面这些人中，关于核电站相关的信息，您最相信_____的说法；其次是_____的说法；最不相信____的说法。

(1) 大学和研究机构的核安全专家

(2) 核电站管理人员

(3) 政府官员

(4) 离核电站近的居民

(5) 报纸上的报道

(6) 网络上的报道

(7) 国外新闻广播

(8) 亲朋好友

(9) 其他（请注明）____________________

42. 中国核电监管部门为环保部下属的国家核安全局，其主要负责核电站安全运行监管工作。其官方网站定时公布各大核电厂作业申请、全国辐射环境自动监测站空气吸收剂量率（反映当地受辐射照射水平高低）、以及相关核安全事故通报等。您对**国家核安全局的监管能力**是否信任？

（1）完全不信任　（2）不太信任　（3）一般　（4）比较信任　（5）完全信任

43. 如果放弃核电导致电费上涨，目前电价约为 0.5 元 / 度，你能接受上涨后每度的电价为：

（1）0.5 ~ 0.75 元　（2）0.76 ~ 1.00 元　（3）1.01 ~ 1.25 元

（4）1.26 ~ 1.50 元　（5）1.51 元以上

44. 从个人纯情感角度出发，您对核电的态度是？

（1）强烈反对　（2）比较反对　（3）中立　（4）比较支持　（2）强烈支持

45. 您平时能了解到核能 / 核电站相关的知识吗？

（1）能，并且很容易了解到　（2）能，但是很难了解到　（3）不能

46. 中国目前的**核电运营商**在其官方网站上，都有公布其核电运营数据，例如大亚湾核电站的官方网站公布有近八年（2007—2014）其核电机组的能力因子、运行事件、一级火险次数、周围环境监测数据等。对于这些**公布的数据**，您是否信任？

（1）完全不信任　（2）不太信任　（3）一般　（4）比较信任　（5）完全信任

47. 您希望了解核电站哪些方面的信息？(可以多选)______

（1）核电站对周围环境影响的监测数据

（2）核电站周围居民的健康监测数据

（3）核电站的运行记录

（4）核电站的安全防护措施

（5）核电站发生事故的情况

（6）核电站的组织机构

（7）其他（请注明）________________

48. 您是否关心核电站的安全问题？

（1）完全不关心　（2）不太关心　（3）一般　（4）比较关心　（5）非常关心

49. 您如何看待我国核电站建设的必要性？

（1）完全不需要　（2）不太需要　（3）中立　（4）比较需要　（5）非常必要

50. 目前中国核电主管部门为国家能源局，其主要负责核电审批工作。相关审批意见将在国家能源局官方网站的“信息公开”栏目中公示，您对**国家能源局的审批过程**是否信任？

（1）完全不信任　（2）不太信任　（3）一般　（4）比较信任　（5）完全信任

51. 核电站对设计、建造、运行、管理等各方面都有很高的要求，在您看来，现在的

核电站可能出问题的是哪个环节 ?(可以多选) ______

(1) 设计不合理

(2) 操作失误

(3) 人为故意破坏

(4) 工程质量不合格

(5) 管理混乱

(6) 其他（请注明）______________________________

52. 环保部核与辐射安全中心等机构为国家核安全局的监管工作提供了专业技术支持，对此您是否了解?

(1) 了解　(2) 不了解

感谢您的配合，问卷已经完成!

第五章

核能公众接受性与传播学

爱因斯坦可谓是人们心中科学家的代名词，除了相对论和光电效应，还有许多有关这位传奇的故事流传至今。其中最被大家津津乐道的，大概就是爱因斯坦从一个学习垫底的笨小孩变成了举世闻名的物理学家：爱因斯坦小时候不仅说话慢，数学、物理成绩还只能拿个位数，最后却大器晚成获得了诺贝尔奖。

实际上，爱因斯坦的成绩单已经被公开出来，他中学时物理和三门数学确实都只拿了 6 分，但是在他就读的瑞士阿劳州立中学，成绩采用的正是 6 分制，而 6 分代表的是 excellent 的最高水平。

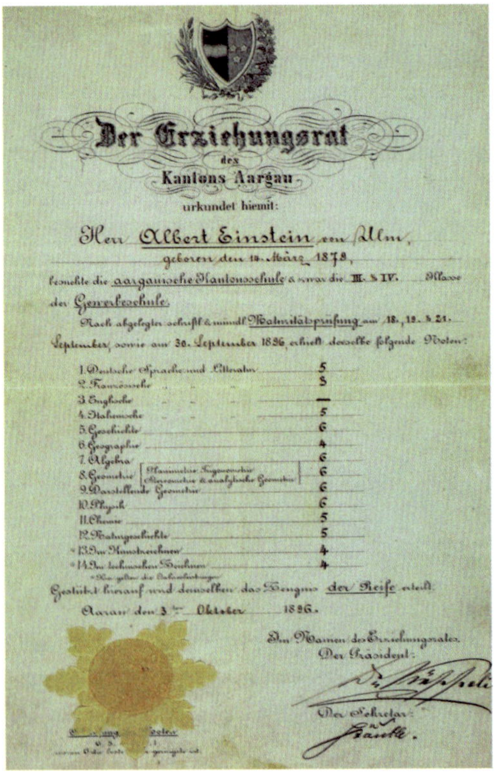
Der Erziehungsrat
des
Kantons Aargau
urkundet hiemit:

Herr Albert Einstein von Ulm,
geboren den 14. März 1879,

1. Deutsche Sprache und Litteratur	5
2. Französische	5
3. Englische	—
4. Italienische	5
5. Geschichte	6
6. Geographie	4
7. Algebra	6
8. Geometrie	6
9. Darstellende Geometrie	6
10. Physik	6
11. Chemie	5
12. Naturgeschichte	5
13. Im Kunstzeichnen	4
14. Im technischen Zeichnen	4

Aarau den 3. Oktober 1896.

Der Präsident:

Der Sekretar:

图 5–1　爱因斯坦的中学成绩单

有趣的是，德国的评分也是 6 分制，但 6 分代表的确是最差的一级，由于爱因斯坦出生于德国，于是又有人在看过这份成绩单后信誓旦旦地说，没错，他就是一个垫底的差生。除此之外，还有人知道了德国的 6 分制，为了“维护”少年爱因斯坦的蠢笨形象，又言之凿凿地反向造出了“辟谣的谣言”：爱因斯坦数学物理其实是拿了 1 分，但是这不是大家以为的 1 分，因为德国的评分是 6 分制，所以 1 分的他其实早就聪明绝顶。但无论哪种说法，其实都是不符合历史事实的。这些谣言对爱因斯坦都没有恶意，甚至是通过反差、夸张等手法更加神话了他，其背后的用意也很容易猜测：对于“爱因斯坦”年轻时并不聪明的谣言，出发点可能是为了给一些平庸的孩子信心。

诸如此类似是而非的谣言还有很多，

例如“鲶鱼效应”里的主角鲶鱼确实很凶猛，但是作为淡水鱼根本就不会和沙丁鱼生活在一起；“矮个子科西嘉人”拿破仑确实只有五尺二寸，但是这个数据的单位是法制而非英制，所以他实际上达到了法国人的平均身高而不是不足一米六的侏儒；“温水煮青蛙”确实发生过，但是青蛙跳不跳是由它的大脑有没有被摘除和水加热的速度决定的。

由此可见，谣言广泛存在于生活当中，其产生或是直接来源于有心人的编造，或是来源于消息传播过程中的遗失和失真。涉核谣言亦是如此，作为对核能公众接受性造成广域影响的最典型行为，对涉核谣言的传播特点和各种辟谣方式的有效性进行研究十分有必要。另一方面，“好事不出门，坏事传千里”“酒香也怕巷子深”。在涉核谣言甚嚣尘上的同时，核科普信息的传播却不尽如人意——尽管在一些核设施所在地区，核科普稳步推进，卓有成效，但从全国的层面上来看，核科普并没有取得预期的公众的注意力。如何让核科普信息传播得更加有效，也是一个亟待解决的问题。

本章研究了两种不同涉核信息的传播及其影响，具体而言，针对具有负面影响的涉核谣言，对其传播特点和辟谣方式进行了框架研究和定量化研究；对具有正面影响的涉核信息，以 HBO 的短剧《切尔诺贝利》为案例，探讨了核能影视作品对核能公众接受性的影响。我们将在以下篇幅中详述。

一 . 框架分析视角下的涉核谣言传播效果研究

（一）框架分析的基本概念

框架分析是一种多用于新闻报道分析的研究方法，“框架”（Frame）源于戈夫曼的专著《框架分析》，其定义是“个人组织事件的心理原则与主观过程”。这一概念并不十分直观，经过长时间的概念推演与修正，“框架”这一概念已经更加具体化，并被广泛地用于传播学领域。本书所采用的框架的定义则来自 Entman，即“人们在传播的文本中突出一些经过选择的事物的特定方面，以此来实现对特定话题的问题定义、原因分析、道德评价和对策建议”。Entman 认为框架的凸显作用可以使得碎片的信息更易被关注、更有意义，同时也更容易被观众记住，但是并不能保证该信息最终是否被接受；而通过一个框架刻意选择或忽略部分信息，可以影响大部分受众如何关注、理解并记住一个问题，并最终影响他们应对该问题的方式。Entman 对框架的定义方式反映了他对信息传播的一个基本假设：受众并不会记住所有信息——在纷繁复杂的现代社会中，这个假设是不证而明的。

尽管第三章我们已经提及了一些谣言是如何利用心理学技巧蛊惑人心的，但并没有对谣言做出一个比较具体的定义。因此本章在介绍框架分析之前，我们首先要对“谣言”的概念做一些简单的界定。根据 Allport 和 Postman 的定义，谣言是传播中未经证实的信息，同时谣言也是人们理解未知事物的一种方式。卡普费雷认为谣言是一个中性的概念，在未证实之前可能为真也可能为假，有时起负面作用，但也可能会起到正面作用，是世界上最古老的媒介。一些谣言在产生后，经历一定的人际传播，最终会慢慢被淡忘，但是在风险社会的当下，谣言的传播一般有着极大的破坏力。因此在传播学领域，有许多关于谣言与风险、风险传播的研究：例如谣言在风险社会中通过歪曲放大事件，增加社会不稳定风险，破坏政府权威，并通过一些添加和改造，使得不实信息转化为社会风险，在风险社会不断扩散，瓦解专家权威，以及在复杂的网络环境中，谣言可以通过情感动员进行大范围传播，在社会转型期将风险放大，形成负面的集体记忆等。在本章中，我们偏向将谣言定义为能广泛传播且能造成集体负面印象的不实信息，这也与读者日常认为的谣言定义类似。

近十年来，我国多次出现民众抗议涉核项目的群体性事件。除了公众对于核能接受性低的原因之外，一些涉核谣言的大范围快速传播，也为群体性事件的发生起到了推波助澜的作用。一方面，涉核谣言的传播激发了群体性情绪，诱发了群体性事件，从而使得公众接受性降低；另一方面，涉核谣言能够大范围传播也正体现了核能公众接受性低的特点，以及对涉核企业、政府部门信任低的情况。我们在此列举一些涉核的谣言如表 5–1 所示。

表 5–1　重大涉核谣言经过及社会影响

涉核谣言	事件经过	社会影响
2009 年河南杞县发生钴 -60 卡源“核泄漏”谣言	2009 年 6 月 7 日杞县利民辐照厂员工在对辐照源降源的过程中发现放射源无法降入井内，出现卡源故障。6 月 14 日，由于卡源后存放货物经放射源长时间照射、温度升高发生自燃，出现火情。后被消防部门及时扑灭。7 月 10 日左右，《开封杞县钴 60 泄漏》的谣言在网络上快速流传，不明真相的群众听信谣言所说“利民辐照厂的辐射源要爆炸了”，“杞县不能待了”，连夜出逃	大批群众乘坐各种交通工具连夜出逃至周边县市，造成了极大的社会不稳定。事件发生后，尽管经过政府辟谣解释，谣言仍然多次传播，直至 8 月份仍有人在当地论坛询问核泄漏
2011 年日本发生福岛核电站事故后，“抢盐”谣言	2011 年 3 月 11 日，东日本海域发生里氏 9.0 级强烈地震，并引发海啸，福岛第一核电站受地震影响出现了部分放射性物质泄漏，引发日本及亚洲周边国家的大范围恐慌情绪。大约在 3 月 15 日左右，浙江率先出现不要购买海产品、海盐等说法，之后多种版本的谣言相继传播开来，例如“碘盐可以防辐射”或者“由于大家放弃海盐，井盐会相应提价”等。该谣言自 16 日传至沿海省份，17 日在全国范围内大面积传播，随即出现了民众疯狂抢盐的事件	引发一定范围内的“抢盐”风潮，造成短时食用盐脱销。在抢盐过程中，还发生过拥挤踩踏事件，带来极大的社会不稳定隐患。根据网络舆情指数测评体系评价，“抢盐风波”的舆情指数达到了 94.2 分，足见其社会轰动极大

续表 5-1　重大涉核谣言经过及社会影响

涉核谣言	事件经过	社会影响
2016 年连云港核燃料循环项目谣言	2016 年 7 月 26 日国防科工局副局长在中核集团陪同下赴连云港调研中法合作核循环项目拟选厂址。该新闻在 8 月 6 日经自媒体转发，变成了“核废料后处理大厂”，事件迅速发酵，微信阅读量超 10 万。开始出现“全国辐射最强的地方”，“处理全世界的核污染废料”等谣言，最终导致连云港大规模抗议集会	8 月 6 日晚连云港市发生了大规模反核集会，场面十分混乱，群体情绪激动。8 月 7 日连云港市政府召开发布会，暂停项目的调研选址工作
2017 年日本核泄漏区出现巨型生蚝谣言	2017 年 1 月，一则“日本宫城县惊现巨型生蚝”的消息被多家网络媒体转载，图中的生蚝接近成年男子的手掌大小，引起众多网友关注。1 月 10 日日本驻华大使馆回应称，该图是宫城县一家水产养殖公司养殖了两年的牡蛎	引发大量网友转发，造成恐慌。同“切尔诺贝利巨鼠”谣言一样，对核事故后的后果进行错误和夸张化地展现，诱发公众的恐惧和对核能的反对
2017 年河南四地开建内陆核电站谣言	2017 年 2 月，河南两会后，微博、微信有多则消息称河南南阳、信阳、洛阳、平顶山四市将建核电站，引发网上热议。“建四座核电站欺负河南人老实”，“河南环境最好的地方全不能待了”等谣言大量传播	政府及时进行辟谣，称“十三五”期间重点是保护厂址，不会开工建设，避免了舆论进一步发酵形成连云港类似的群体性事件。在缺乏前期公众沟通的情况下出现此次舆情，使得政府部门陷入被动局面，也为今后可能的内陆核电建设埋下隐患

核能业内人士不难看出，上述谣言对核能产业的发展有着非常致命的影响，甚至影响社会稳定，但最令核能从业者好奇的，是这些看起来很可笑的不实信息究竟为什么会让公众相信并得到传播。我们在此不去系统地分析涉核谣言的各种特点与社会影响（因为这个话题过于宏大，也并非我们本书的主题），而是将研究焦点放在框架分析上，即讨论问题定义、原因分析、道德评价与对策建议这四种框架在传播涉核谣言中的作用，来解答上面提出的疑问。

问题定义是对谣言主体事件的概述，即谣言“是什么”；原因分析是谣言主体事件发生的逻辑是什么，也就是“为什么”；道德评价是对谣言主体事件的评价，也就是“怎么看”；对策建议则是应对该事件的对策，也就是“怎么办”。以第三章提及的“切尔诺贝利巨鼠”谣言为例，其框架如表 5-2 所示。

表 5-2　“切尔诺贝利巨鼠”谣言框架

框架	谣言内容
问题定义	切尔诺贝利出现了超大型巨鼠并袭击了科考队
原因分析	切尔诺贝利核事故产生的放射性使当地老鼠变异
道德评价	政府隐瞒真相，切尔诺核事故后果远比官方报道严重，核辐射危及人类存亡
对策建议	要求政府公开事实，反对核能，远离核设施

利用框架理论将谣言分析后，就可以直接得到受众对谣言的哪一部分关注最高、反应最强、传播意愿最强等重要信息。框架分析提供了对谣言进行内部分析的思路，有助于了解是谣言信息中具体哪个部分唤起了公众最大的情绪共鸣和认同，进一步有利于采取有针对性的辟谣措施。

本节以多个涉核谣言作为案例，通过统计学分析和眼动实验进行了框架影响效果分析。统计学分析中，我们也利用了上一章结构方程模型的方法，对问卷调查的结果进行了定量化分析。

（二）基于结构方程的涉核谣言框架影响效果研究

本实验选用了“核雾染”作为谣言材料。“核雾染”是 2013 年底一位自称现居美国西海岸的华裔物理学家马可安撰写的，并发表于各大论坛。文章认为北方地区的雾霾经久不散的原因是由于雾霾中含有放射性铀，并由于威尔逊云室效应，造成雾霾经久不散的局面。该文章经过一段时间的传播，得到了极大发酵。在 2014 年初，各大主流媒体和环保专家均发文辟谣，认为“核污染”的论断毫无根据。而马可安本人也被发现并非物理学家，而是一个主要从事证券行业分析工作的人士。这是一个引起非常大轰动的涉核谣言，我们将谣言进行框架化重整化梳理，并进行了问卷调查实证研究，进行了统计学基本分析和结构方程模型分析。为便于表述，下文称本实验为实验 A。

1. 实验材料

（1）谣言材料

原有“核雾染”谣言全文如下：

雾霾另一个真相——核雾染（马可安 物理博士）

现在该谈到内蒙古鄂尔多斯的煤矿资源，以及当局讳莫如深的三个噤若寒蝉的字眼，中国的核雾染。若干年前，因为偶然的原因，有人发现北方一些热电厂的周围存在惊人的高辐射区域。其辐射量超过核电站周围核辐射量的几百倍。一开始怀疑核材料失窃。追查的结果发现高辐射来自发电厂的燃煤。进一步发现这些高辐射煤来自内蒙古煤矿。于是由此追踪发现了世界第一大的内蒙古大营区域超大型铀矿。一举摘掉了中国贫铀国的帽子。这为发展中国的核武器和核电工业奠定了优越的资源基础。

不幸这件中国来之不易的国宝，尚未得到利用，已经被摧毁。内蒙古铀矿并非独立矿。科学家研究其成矿机理，是和远古煤炭一起形成的。是煤和铀矿石混在一起，难以分开。更有许多铀的成分渗透到煤之中。随煤产出而运销至各个煤炭消耗点。

这就引致两个巨大问题。一个是铀矿资源未经开采，就因煤矿的无序开采而被糟蹋了。第二是严重的核辐射污染随煤炭的燃烧而播撒到中国各大城市，造成无法收拾的环境破坏和生态危机。先讲讲第一个问题。该铀矿品位极高，含铀千分之二到百分之一。公开报道说估计可开采的铀金属含量为五十多万吨。若按照千分之二的品位计算，意味着铀矿石的量为 2.5 亿吨。

这个 2.5 亿吨铀矿石的数量看起来很大，实则并不大。内蒙古煤矿这些年处于疯狂的无序开采状态。年产量已经达到十亿吨。相比之下统共仅 2.5 亿吨的铀矿石数量，仅仅是每年挖出煤炭的一个零头。假若挖煤的过程作为杂质携带了 10% 的铀矿石，一年十亿吨煤的产量就意味着有一亿吨的铀矿石被糟蹋掉。那么仅需二到三年，大自然给我们的这份丰厚礼物，就糟蹋殆尽了。

更严重的是，铀是放射性元素。一年一亿吨铀矿石被煤炭携带出来，里面就是二十万吨的放射性铀。而二十万吨铀经燃煤发电厂的燃烧，不但丝毫得不到利用，反而散发到城市各个角落，造成严重的环境生态核放射雾染。这是非常严重的贻害亿万年的生态灾难。

一年二十万吨放射性铀以尘埃形式散射到环境中是什么概念呢？美国八年的伊拉克战争，据称使用了大量的贫铀穿甲武器。贫铀也就是天然铀去掉少量高放射性的铀 235 做核武器和核燃料后，剩下大量放射性较低的铀 -238 没有什么大作用。因为它特别重，特别坚硬，因此用来做穿甲武器的弹头。美国在伊拉克战场使用了不到一千吨的贫铀武器。其中的大部分以大块固体材料的形式残留在战场，危害上不大。其危害是这些残留物的少部分因为雨水和风化作用，变成粉尘之类物质扩散，这些放射性有毒有害粉尘严重危害环境。

根据上述描述，伊拉克战场散失不到一千吨铀 -238，其中仅不到几吨变成放射性粉尘颗粒危害环境。十来年各种国际环保组织不依不饶，做各种调查研究，认为这些残余物严重危害了伊拉克儿童的生命健康，造成各种出生缺陷和癌症等。可见放射性粉尘污染严重性。

回头看看中国，令人不寒而栗。伊拉克战场的区区几吨贫铀放射性粉尘，竟造成如此危害。中国燃烧高辐射的内蒙古煤炭，每年直接从烟囱放出几十万吨的放射性铀粉尘，广泛散布在城市乡村，其危害将有多严重！为什么核雾染三个字成为禁词？有人想掩盖什么灾难呢？

铀的放射性半衰期为几亿年。放射性是无法用化学作用消除的。一旦造成核雾染，便是永久性的，亿万年永难消退。

中国核雾染问题有多严重，当局讳莫如深，难以知晓。但是有一个事实可以给我们提供一个线索。近年来，华北广大地区发生了世界空前的雾霾现象。严重时蔓延几百万平方公里。历经一两星期雾霾不散。这是一件非常奇怪的事情。这和内蒙古煤炭的核辐射有关。

形成雾霾要有两个条件，要有尘埃，要有水汽，但是有这两个条件还不够。中国空气污染严重，PM2.5 值经常爆表。但是这还不足以构成雾霾历经数周不散的原因。通常情况下，雾乃早晨气温低于露点时，空气中的水汽凝聚在粉尘颗粒上，形成微小的水珠而致。日出后，气温升高，粉尘上的水随之蒸发，雾也就消退了。因此，终日不散的雾霾，世界上闻所未闻。

粉尘 PM2.5 值严重超标，不构成雾霾终日不散的理由。我们见过尘土飞扬的建筑工地以及其他一些局部粉尘特别高的地方，可是也没有见到整日雾蒙蒙的情形啊，那些飞扬的粉尘都是干的，没有水汽附在上面，因为白日气温高于水汽的露点。

终日不散的雾霾，并非仅仅因为粉尘含量高。其中必另有原因，使得白日气温高时，水汽仍然附在粉尘上，蒸发不掉！但这怎么可能呢？

这在物理上是可能的。学过核物理的人都知道威尔逊云室。带电的高能粒子从空气中穿过，电离空气分子。于是这些带电的空气分子便吸附周围的水汽，形成雾滴，雾滴的轨迹可以拍照下来，告诉我们高能粒子的运动轨迹。同样的物理原理能在几百万平方公里的空间重现。终日不散的雾霾，说明空气中漂浮大量带电的粉尘颗粒。

可是空气中的粉尘通常是不带电的，因为带电的粉尘会互相吸引，形成大颗粒而沉淀下来。如果空气中有大量带电粉尘，说明有一种机制在源源不断给粉尘颗粒充电。这便是空气和地面无处不在的放射性铀粉尘。其放射性是可以电离大量的空气分子和粉尘颗粒。形成威尔逊云室效应的。因此，这就形成了终日经久不散的华北雾霾现象。这也就是为什么我使用核雾染这个字样的原因之一，之二就不言而喻了。

如果我的物理解释正确，中国的核雾染已经相当严重，危害千秋万代了。必须马上悬崖勒马，严厉规范内蒙古的煤炭生产，保护铀矿资源，严格清洗煤炭，不使煤炭携带放射性铀污染环境。此事事关重大，关系中华这片土地的存亡，和千秋万代的福祉。希望大家多多地传播，力促当权者重视，展开全面调查，让百姓知情，采取政策制止这场灾难的继续恶化，而不是一味隐瞒误事。

为了使结果更加准确且有针对性，实验采用的涉核谣言是在已有的“核雾染”谣言上进行改编和重组的。改编和重组的目的是让谣言内容根据框架组织，方便被试加深对不同框架的印象。改编后的谣言请心理专家和核能专家进行了阅读，并根据其意见进行了修改。最终，按照问题定义、原因分析、道德评价和对策建议的顺序重新组织后的“核雾染”谣言如下：

这是一篇在网络上点击率很高、并且被疯狂转载的文章，作者署名是留美物理学博士马可安。

去年冬季以来雾霾严重程度进一步加重，波及大半个中国，且往往一两个星期经久不散。原来只是华北地区雾霾严重，现在连南方地区也不能幸免。雾霾如此难以解决，早已不是简单的环境污染，而是一场中华大地上悄然上演的生存灾难，其严重程度远超我们的想象，已到了灭族灭国的地步。

几年前我国内蒙古地区发现了世界上最大的铀矿，然而这个超大型铀矿是和煤矿一起形成的，且铀的成分已深深渗透入煤中。铀是放射性元素，一年一亿吨铀矿石被煤炭携带出来运往全国各地，就是二十万吨放射性铀的散失。这些含铀煤炭一经燃烧，放射性铀就会进入空气中，飘散到城市的各个角落。也正是因为这些放射性铀粉尘，造成了大气中形成威尔逊云室效应，使大团尘埃能够聚集且终日不散，导致现在的雾霾如此难以消散。江西也是铀矿的重要产区，2013 年赣州就因为当地铀矿开采造成的粉尘污染发生过抗议，原因是铀矿导致当地的肺癌死亡率陡增。

美军在伊拉克战争中使用的贫铀武器只留下了不到几吨的放射性粉尘，都被国际环保组织谴责多年，指责其危害当地儿童健康造成各种出生缺陷和癌症。而我国每年从烟囱中排放几十万吨放射性铀粉尘，其危害是无法用化学作用消除的，几亿年难以消退。当今中国的核雾染已经相当严重，到了危及千秋万代的程度，但是政府为了隐瞒真相掩盖灾难，已经将“核雾染”列为互联网和微博上无法搜索的禁词，不让老百姓得知真相，企图捂住雾霾问题，这太危险了。

为了让政府悬崖勒马，停止放射性铀对环境的继续污染，希望大家多多传播，让更多人了解真相，让政府采取行动，展开全面调查，规范煤炭生产，阻止灾难恶化。

细心的读者可以发现，经过整理后的谣言文本，将 4 种框架展示的更加清晰，也使被试更加便于阅读，同时突出了实验中要测量的问题。需要说明的是，为了使被试知道这是谣言，不会引起不必要的误会，在实验结束后，我们都通过书面以及口头告知被试这是一个已经被辟谣的谣言，该文本仅用于实验，被试不得二次传播。本实验中的谣言框架如表 5–3 所示。

表 5–3　“核雾染”谣言框架

框架	谣言内容
问题定义	雾霾围城，中国的灭族灭国之灾
原因分析	雾霾经久不散是燃煤中的放射性铀粉尘造成的，这些粉尘几亿年难以消退，可能会致癌
道德评价	雾霾危机空前，核雾染被列为禁词，当局隐藏真相
对策建议	传播核雾染原理，让大家知道雾霾真相，迫使政府悬崖勒马

（2）自编心理测量问卷

实验量表的设计包含情绪、认同程度和传播意愿（见附加实验 A 材料中的 g1~g3 测量）。情绪量表的制定主要依照积极情绪消极情绪量表（Positive and Negative Affect Schedule, PANAS）将情绪分为积极和消极两类，同时参考个体情绪评价词条，情绪自评量表将情绪分为愉快、紧张、感兴趣、焦虑、希望、不安、平静、愤怒 10 种，按照程度选择 1~5（1—完全没有，3—中等，5—非常强烈）；认同程度和传播意愿的测量则按照 Likter 量表让被试从 1~5（1—完全没有，3—不确定，5—非常有）中选取。根据在清华大学心理测量课堂上进行的预实验结果，涉核谣言没有唤醒积极情绪，因此在正式实验时对情绪量表进行了修正，主要测量三种消极情绪的水平即担忧、愤怒和害怕，之后测量被试针对每个框架的认同程度和传播意愿。

2. 结构方程假设模型构建

（1）潜变量设计

本实验设计的潜变量包括环境意识、风险感知、心理距离、熟悉度、权威度、对谣言的认同程度和谣言的传播意愿。其中，环境意识、风险感知、心理距离、熟悉度在第三章已有论述，以下主要介绍权威度、对谣言的认同程度与谣言的传播意愿。

权威度是谣言编造者的话语权。不同的社会个体在不同社会网络中会扮演不同的角色，谣言在传播的过程中也会形成自身的传播网络，而在这个传播过程中，就产生了个体间的差异。有的人只是普通的个体，而有些特殊的个体则可以在这个过程中更多地影响他人。这类特殊个体主要是指一些意见领袖，专家学者等。他们由于拥有更多的信息、知识，或者公信力、公权力，会对普通个体的思维和行为产生较大影响。而这类特殊个体的权威度，不同于类似发表影响因子或学界地位等较为客观的权威评价体系，是一种大众基于自身认识的权威认同评价，更加主观。公众对接收到的谣言信息真实性的判断，恰恰来自对于谣言传播者的权威的信任。因此当公众认为谣言的传播者权威很大时，就很有可能会认可其传播的谣言内容，因此权威度也是影响谣言认同程度的重要影响因素。此外，由于许多谣言中本身含有“多多转发”，“告诉别人”的动员或倾向性，因此当公众信任传播者的权威度时，也可能更有意愿进行谣言传播，因此权威度也是直接影响谣言传播的重要因素之一。

对谣言的认同程度是指公众对其内容的相信程度。Buckner 的研究认为谣言有三种传播模式，批判性模式（critical set），非批判性模式（uncritical set）和传递模式（transmission set）。使用批判性模式看待谣言的人有足够能力使用批判性思维看待谣言，并将谣言当中的真与假区分开来；使用非批判模式的人并没有能力区分真相；而使用传递模式的人，他们对谣言的传播和批判性思维没有关系，传播与否是随机的。使用批判性模式的人，多有与谣言相关的经历或背景，会将谣言与他已知的情况相比较，如果不符合其认同，他将保持怀疑，这样的人在传播时会传播他认可的部分，而去掉他不认同的部分；使用非批判性模式的人如果不能判断谣言内容本身的真假，会将其与他已有的其他事物的知识体系相匹配，也会因为认同而传播；而传递模式多是因为被试为了传播而传播，与内容无关。Lewandowsky 的研究认为，接受谣言的人会在认知上对谣言进行四个步骤的加工，即判断谣言中的事实成分，检测谣言中的信息与自己之前的认知是否匹配，谣言所讲述的故事是否完整连贯以及谣言的来源是否可信。可见对谣言的内容认同最终会影响对谣言的传播意愿，因此谣言认同程度是对谣言传播意愿的重要影响因素之一。

谣言的传播意愿是本研究想要利用模型进行评估的潜变量。它仅受其他变量影响，不影响其他变量。根据理性行为理论，意愿并不一定导致行为，意愿在对行为产生作用的过程中还受外界约束、成本收益等的影响。然而行为的产生必然基于意愿的倾向，因此本研究重点讨论影响谣言传播的意愿，及影响意愿的因素，而暂不讨论具体行为的实践。

（2）指标设计

每一条测量指标对应的是测量问卷当中的一道问题，被试需要根据问题，从选项1~5 中，选择最符合自己内心感受的选项。由于每个维度对应的题目较少，因此为了方便起见，在最后的实际问卷中将每个维度的题目按顺序放置在一起，没有采取打破维度、随机穿插题目的设置方式，见表 5-4。

表 5-4　测量指标设计表

题 项	测量指标	维度
a_1	你是否知道江西计划建设核电站	心理距离
a_2	你对核辐射的关注程度	
a_3	你认为核辐射与自己的生活关系大吗	
a_4	你认为核辐射与自己的健康关系大吗	
b_1	你现在是否对自己的健康感到担忧	环境意识
b_2	你现在是否对自己的生活环境感到担忧	
b_3	你现在是否对整个生态环境感到担忧	
b_4	核电站建成后，你是否对自己的健康感到担忧	风险感知
b_5	核电站建成后，你是否对自己周围生活环境感到担忧	
b_6	核电站建成后，你是否对整个生态环境感到担忧	
c_1	你了解核辐射吗	熟悉度
c_2	你了解核电、核能吗	
c_3	对你来说，核电、核能非常神秘	
c_4	通过阅读，现在你对核能、核电和核辐射的了解程度	

续表

题项	测量指标	维度
d_1	你认为这篇文章的权威性	权威度
d_2	你认为马可安博士的权威性	
d_3	留美物理学博士马可安对铀矿危害的评论是否权威	
e_1	你是否支持本文的观点	对谣言的认同程度
e_2	你是否赞同本文的观点	
f_1	你是否愿意将这篇文章转发给你认识的人	对谣言的传播意愿
f_2	你是否愿意将这篇文章的大意转述给你认识的人	

（3）结构构建

基于以上的潜变量设计和指标设计，对于涉核谣言的传播意愿模型做出如下研究假设：

- 受访者的心理距离对风险感知有直接正向影响作用；
- 受访者的心理距离对环境意识有直接正向影响作用；
- 受访者的环境意识对风险感知有直接正向影响作用；
- 受访者对核能的熟悉度对风险感知有直接反向作用；
- 受访者的风险感知对涉核谣言的认同程度有直接正向作用
- 受访者认为谣言传播者的权威度对涉核谣言认同程度有直接正向作用
- 受访者的环境意识对涉核谣言的传播意愿有直接正向作用
- 受访者对谣言的认同程度对涉核谣言的传播意愿有直接正向作用
- 受访者认为谣言传播者的权威度对涉核谣言传播意愿有直接正向作用

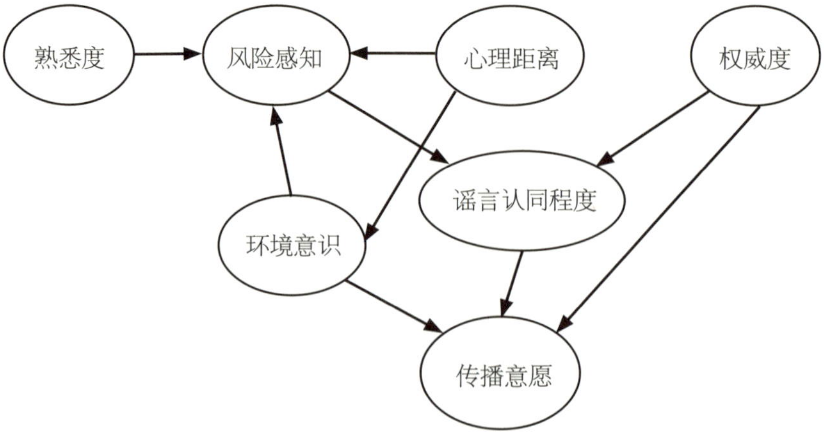

图 5-2　谣言传播意愿的结构方程初始模型

3. **实验操作**

实验中随机选取江西省彭泽市150名被试，男女比例1:1，年龄结构呈正态分布。选取江西省彭泽市的原因一是因为当地地处南方，比起雾霾多发的北方而言，有较小的可能之前就接触过“核雾染”谣言材料；二是因为彭泽作为我国内陆核电站建设的选址之一，因为公众反对而停止了核电建设工作，他们对于谣言的态度更具有反核人士的特色。了解他们对于涉核谣言的态度和传播意愿对于以后妥善处理当地的舆情事件具有很强的参考价值。

实验方法采取街头调研的形式，以环保公益组织的名义向普通市民发放调查问卷。发放问卷前会确认受访者是否听说过“核雾染”的概念，确定受访者并没有接触过这个概念后才开始进行实验。被试在阅读完“核雾染”谣言文章之后，首先完成涉核谣言传播意愿调查问卷，之后完成框架影响的心理测量问卷，整个过程大约耗时15分钟。选取发放纸质问卷的原因主要有两点：一是由于谣言实验的特殊性，如果发放网上问卷的话，谣言材料的传播将会出现失控的可能性；二是现场进行问卷的发放，可以收集到一些不会使用电脑，不常接触到网络的老年人和低学历受访者的数据，使得数据结果更加真实。

4. **调查样本基本情况**

表5–5　被调查者基本信息表

		频数	百分比/%	有效百分比/%	累积百分比/%
性别	男	76	50.7	50.7	50.7
	女	74	49.3	49.3	100.0
年龄	10~20岁	20	13.3	13.3	13.3
	21~30岁	30	20.0	20.0	33.3
	31~40岁	30	20.0	20.0	53.3
	41~50岁	31	20.7	20.7	74.0
	51~60岁	20	13.3	13.3	87.3
	61岁以上	19	12.7	12.7	100.0
居住地	中心城区	28	18.7	18.7	18.7
	城市郊区	46	30.7	30.7	49.3
	小城镇	45	30.0	30.0	79.3
	农村	31	20.7	20.7	100.0
学历	初中及以下	57	38.0	38.0	38.0
	高中/中专/职高	68	45.3	45.3	83.3
	大学专科	22	14.7	14.7	98.0
	大学本科	3	2.0	2.0	100.0

通过描述性统计中的频率可见：从性别来看，男性占比为50.7%，女性占比为49.3%；从年龄来看，10~20岁占比为13.3%，21~30岁占比为20.0%，31~40岁占比为20.0%，41~50岁占比为20.7%，51~60岁占比为13.3%，61岁以上占比为12.7%；从居住地来看，中心城区的占比为18.7%，城市郊区的占比为30.7%，小城镇占比为30.0%，农村占比为20.7%；从学历来看，初中及以下的占比为38.0%，高中/中专/职高占比为45.3%，大学专科占比为14.7%，大学本科占比为2.0%；因此可以看出样本具有代表性和多样性。此次调研特意选取了江西彭泽作为调研地点，作为定域调研，既有利于了解内陆核电规划区域的人对于涉核谣言的态度，同时也使得样本更加接近真实的地方数据，反映了与核能息息相关的利益群体的声音。

与第四章的散点图方法不同，此处我们采取统计量分析调查问卷所得到的结果及其背后内涵。这一用意在于使读者了解多种分析方法在核能公众接受性统计学研究中的具体应用。我们采用独立样本 *T* 检验和单因素方差分析法，分别从性别、年龄、居住地和学历四个人口学因素对涉核谣言传播意愿进行对比。

表5–6　性别对谣言传播意愿的影响分析

维度	性别	*N*	均值	标准差	*T* 值	*P* 值
谣言传播意愿	男	76	2.776 3	0.974 32	−1.423	0.157
	女	74	3.013 5	1.066 2		

对谣言传播意愿与性别进行独立样本 *T* 检验，*T* 统计量为−1.423，对应显著性水平为0.157（<0.5），不具有显著统计意义，说明男女在传播意愿上没有显著差异。

如表5–7所示，对谣言传播意愿从年龄方面进行单因素方差分析，结果显示，*F* 统计量为4.228，对应显著性水平为0.001，小于0.05，具有显著的统计意义，说明年龄对谣言传播意愿具有显著影响，20~40岁的人更愿意传播谣言；从居住地方面对谣言传播意愿进行单因素方差分析，*F* 统计量为1.295，对应显著性水平为0.279，大于0.05，不具有显著的统计意义，说明居住地对谣言传播意愿没有显著影响；从学历方面对谣言传播意愿进行单因素方差分析，*F* 统计量为2.934，对应显著性水平为0.036，小于0.05，具有显著的统计意义，说明学历对谣言传播意愿具有显著影响，大学专科学历较其他学历更有意愿传谣。

5. 谣言框架的影响效果

根据被试对不同框架问题的调查结果，进行组内多水平的方差分析。

（1）不同框架对被试谣言认同程度的影响

问题“当你看到文中下列说法时，你觉得可信程度是？”（1—完全不可信至5—非常可信）的统计结果如图5–3所示。

表 5–7　其他因素对谣言传播意愿的影响分析

因素	分组	*N*	均值	标准差	*F* 值	*P* 值
年龄	10~20 岁	20	2.950 0	1.316 89	4.228	0.001
	21~30 岁	30	3.333 3	1.061 34		
	31~40 岁	30	3.166 7	0.874 28		
	41~50 岁	31	2.677 4	0.701 76		
	51~60 岁	20	2.800 0	0.695 85		
	61 岁以上	19	2.157 9	1.167 29		
居住地	中心城区	28	2.964 3	0.881 17	1.295	0.279
	城市郊区	46	3.000 0	1.03 28		
	小城镇	45	2.644 4	0.908 43		
	农村	31	3.032 3	1.251 24		
学历	初中及以下	57	2.649 1	1.06 05	2.934	0.036
	高中 / 中专 / 职高	68	2.985 3	0.999 89		
	大学专科	22	3.318 2	0.893 70		
	大学本科	3	2.333 3	0.577 35		

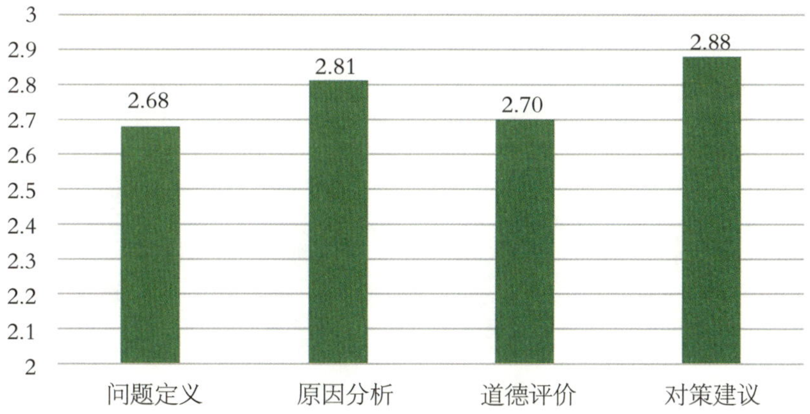

图 5–3　不同框架对被试观点信服程度的影响

经过重复度量分析，四个框架多变量检验的 sig 值均大于 0.05，且未通过 Mauchly 的球形度检验，因此可得四个框架之间的差异并不显著。如图 5–3 所示，四种框架对被试观点信服程度的影响没有显著区别，在 2.68~2.88 之间，表明被试对各框架的都将信将疑。

（2）不同框架对被试情绪的影响

担忧情绪。问题“当你看到文中下列说法时，你的内心感受是？”（1—完全不担忧至5—非常担忧）的统计结果如图5-4所示。

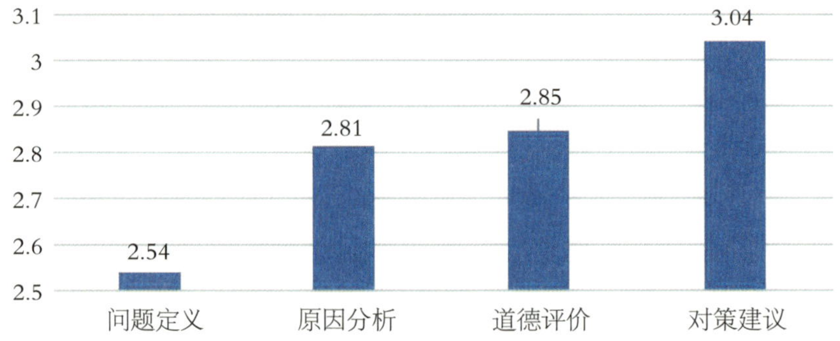

图 5-4　不同框架对被试担忧情绪的影响

如图5-4所示，对策建议框架显著比道德评价、原因分析、问题定义上引起了更高的担忧情绪，而问题定义则显著比其他三者低，说明对谣言主体事件的担忧更多是通过其他描述而非事件本身引起的。此外，担忧情绪的总体均值为2.81，处于不确定的状态，说明公众的担忧情绪总体并不高。

愤怒情绪。问题“当你看到文中下列说法时，你的内心感受是？”（1—完全不愤怒至5—非常愤怒）的统计结果如图5-5所示。

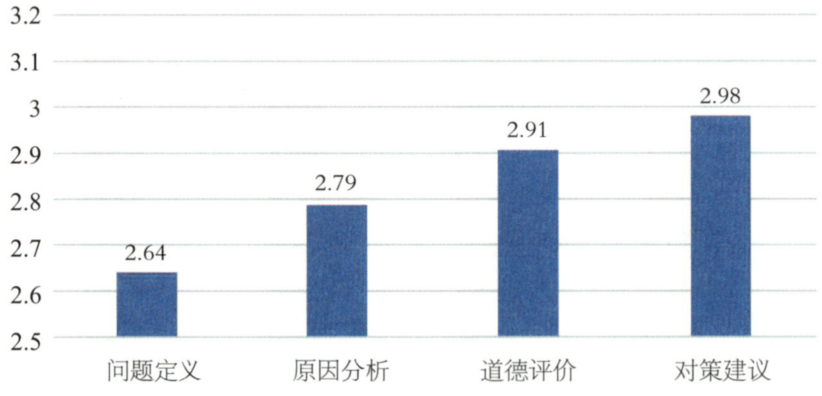

图 5-5　不同框架对被试愤怒情绪的影响

如图5-5所示，不同框架对愤怒情绪的影响和担忧情绪类似，仍说明对策建议是影响最大的框架。

害怕情绪。问题“当你看到文中下列说法时，你的内心感受是？”（1—完全不害怕至5—非常害怕）的统计结果如图5-6。

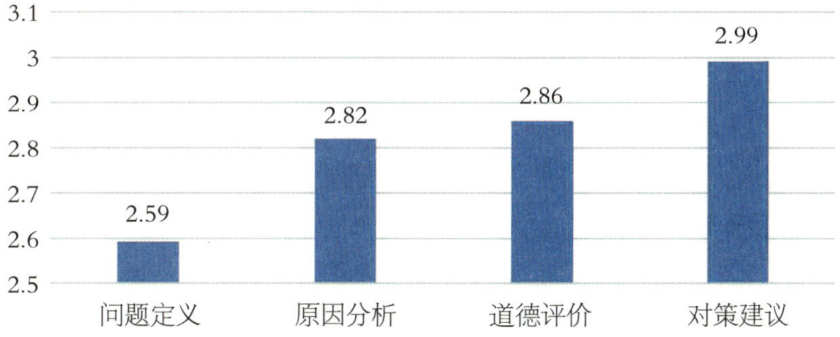

图 5–6 不同框架对被试害怕情绪的影响

如图 5–6 所示，不同框架对害怕情绪的影响和前两种情绪的分布仍然相同，除了说明对策建议的影响最大，还反映了公众的负面情绪具有共通性，可以推测，公众的一种负面情绪被引起时，其他情绪也会产生。

（3）不同框架对被试传播意愿的影响

问题“你会将以下哪种观点传播出去？”（1—完全不愿意至 5—非常愿意）的统计结果如图 5–7。

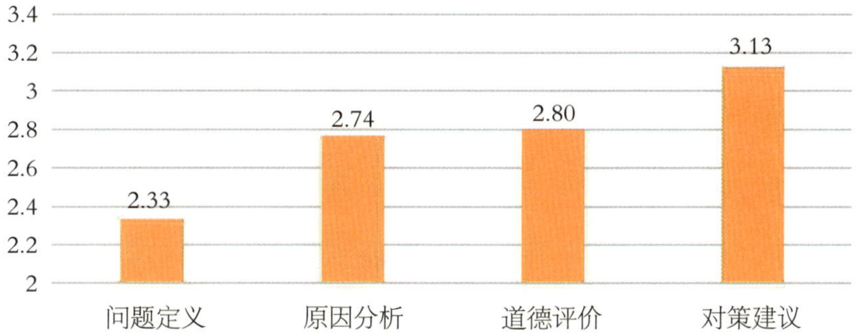

图 5–7 不同框架对传播意愿的影响

如图 5–7 所示，被试对对策建议框架的传播意愿显著高于原因分析、道德评价和问题定义，对策建议框架的传播意愿高于 3，倾向于传播。总体传播意愿为 2.757，介于不太愿意传播和不确定之间。

（4）小结

可以看出总体而言被试对于谣言文本的四个框架持谨慎怀疑的态度，在情绪激发上也较为克制，传播意愿方面也相对保守，同时可以看出谣言受众对谣言中对策建议的框架在情绪和行为倾向上最为敏感，这也与一些之前的研究相吻合。Edworthy 等人对于危机和风险传播的渠道进行了实验，测试了在不同情况下如面对面、书写、打电话、发短信等渠道下，信息的保存程度。在实验当中，无论通过何种渠道最终信息都被保留下来的就包括建议信息（advice），例如在化工厂污水泄漏的信息中，地点、信源、具体原因等在传播过程中逐渐被省去，而“不要喝自来水，购买瓶装水”的建议则一直被保留了下来。

在面对危机和风险时，尽管可能并不确定具体的风险或危机是什么，大家都对于具体可操作的建议保持高度的关注，并热衷传播，虽然很多情况下并不明白原因为何。例如在福岛核事故后会出现了“抢盐”谣言，而参与其中的民众很多并不知道具体原因是什么。这个结果还和第三章的心理分析吻合，对策建议其实就是心理防御机制中的“仪式”。因此，从此次实验中可以得出对策建议在涉核谣言传播的过程中，是更容易激发情绪共鸣并更容易被传播出去的框架，应当重视并加以利用。

6. **涉核谣言传播意愿结构方程模型**

经过信度检验、效度检验、参数检验和模型修正后，得到的涉核谣言传播意愿结构方程模型如图 5–8 所示。

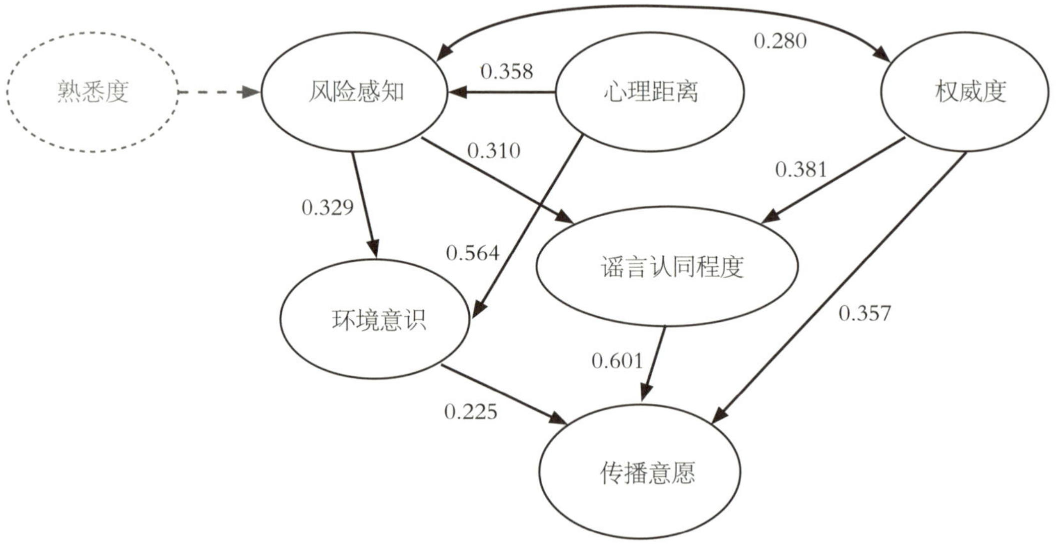

图 5–8　涉核谣言传播意愿结构方程模型

其评价指标均满足拟合要求，如表 5–8（指标涵义同第四章）。

表 5–8　验证模型拟合系数

拟合指数	指数值	参考值
CFI	0.923	＞ 0.85
NNFI	0.904	＞ 0.85
RMSEA	0.079	＜ 0.08

最终模型和假设模型相比，删去了熟悉度这一潜变量，剔除熟悉度指标的原因主要是因为对于熟悉度的测量通常采用自测与客观题测评综合的方式，此次熟悉度的测量只选取了主观自测，即被试自己评估自身对核辐射或核能的了解程度，因此没有很好地测量出该变量。另一方面，与第四章的结构方程模型相比，心理距离代替熟悉度成为影响风险感知和环境意识的底层影响因素，这是因为本实验是定域性研究而非广域性研究，两个结构方程的差别也证明了在定域情况下，心理距离是影响核能公众接受度的重要因素。

从结构方程可以看出对谣言的认同程度、谣言传播者的权威度、环境意识、风险感知和心理距离对谣言的传播意愿有如下结论：

（1）公众对谣言的认同程度对最终的传播意愿起正向影响，且影响能力很强。

谣言的认同程度到涉核谣言的传播意愿的路径系数为 0.601，是一个极高的数值。当一件事物十分复杂，根据个人所掌握的信息并不能够完全地感知到并控制的情况下，个体会倾向于传播信息，在传播的过程中寻求更多的事实，显然当个体完全不认同谣言的信息时并不会向外传播以寻求更多的事实，个体往往是将自己认同，符合自己认知的信息进行传播，以寻求他人的纠正，获得更多信息，所以认同程度会影响传播者基于事实寻求层面的传播意愿。

公众对于谣言的认同程度是如何提升的呢？在这里，我们用关系提升动机和自我提升动机来解释个体的认同程度提升原因。关系提升动机是指在现实生活中进行谣言传播时，会经由传播者的社会网络进行扩散，而这样的社会网络中往往有一个人群“核心”，可以在较短时间内扩散。研究发现无论是积极谣言还是消极谣言都有利于人们提升这样的人际关系。在亲密关系中，分享消极谣言可以共同出谋划策，分享积极谣言可以分享喜悦的情绪，都会拉近人际关系。在亲密关系中，个体不会将自己明明不认同的信息进行分享，这样会影响亲密关系间的信任，因此当个体更认同谣言信息，认为谣言内容为真时，他们更倾向于将这些“真实”的内容与自己熟悉的人分享。具体到涉核谣言来说，涉核谣言的内容往往是消极而令人担忧的，认同谣言的个体将谣言传播给社会网络中关系密切的人，可以在传播和讨论中商讨对策建议（是否买盐，是否外逃）等，这样的过程对于他们而言又拉近了彼此的距离，可见谣言的认同程度在关系提升的动机下会影响传播意愿。

传播谣言的自我提升动机则是指传播有利于自身自尊、地位提高的谣言。具体在涉核谣言的问题上，由于多数人可能并不了解核能等专业知识，传播专业的涉核谣言在他人看来体现了传播者具有更高的知识水平，因此认同涉核谣言的人会将谣言内容作为自己知识的一部分，“普及”给没有听说过的人，以获得一定地位的提高。有趣的是，在眼动实验结束后（后文介绍），一位受访者主动与实验员讨论起“核雾染”的真相。在实验员表示对于雾霾的成因自己也并不是十分清楚的情况下，受访者颇为神秘而自得地告诉实验员“雾霾是由于国家秘密的军事行动，战斗机产生的废气所导致的”。显然这是一条关于雾霾的新谣言，受访者通过传播该谣言展现了他独家的信息来源。综上个体维度的谣言认同对于谣言传播的意愿起正向影响，可以与行为层面上谣言的不同传播动机相契合。

因此，想要降低谣言的传播意愿最重要的任务就是设法降低个体对谣言的认同程度，使民众能够清楚地分辨谣言与事实，从而减少可能的谣言传播。

（2）谣言传播者的权威度对最终的传播意愿起正向影响，且影响能力较强。

权威度对传播意愿的影响系数为 $0.357+0.381\times0.601=0.444$。一般而言，信源在很大程度上影响了信息是否可信。在风险感知领域，当个体不具备进行风险评估的专业知识时，会倾向于相信具有权威的专家代为进行评估。在谣言的传播过程中同样存在这样的情况。当个体无法确定是否认同谣言时，谣言传播者的权威就会成为影响最终传播与否的重要因素。值得一提的是，由于谣言传播者的权威往往与真正该领域的权威具有对抗性，一旦谣言传播者的权威在民众心目中优先得到肯定，真正权威的专家将很难得到公众的信任。因此降低涉核谣言传播意愿的重要环节在于破除掉原谣言传播者的权威度。

（3）公众的环境意识对于涉核谣言的传播意愿起正向影响，影响力一般

环境意识的影响系数为 $0.225+0.329\times0.310\times0.601=0.286$，影响一般。环境意识的影响是由于涉核谣言的特殊性所带来的。如今公众环境意识日益提高，但是环境信息公开才刚刚起步，无论是信息公开的获取渠道、频次、内容丰富程度，都不足以满足公众的环境信息需求。由于政府公信力的问题，公众倾向于相信公开的只是少部分，一定还有没有公开的内容在隐瞒大家。因此在这样的信息鸿沟情境下，这类披着环境信息“外衣”的谣言极易被公众所重视。关心环境，关注大气污染、生存质量的公众，容易将此类谣言当作环境事件信息吸收，不仅自己觉得从中学到了知识，得知了更多信息，也更愿意传播分享给他人，使更多的人了解这一信息，而本实验所用的“核雾染”谣言正是属于环境类谣言。虽然环境意识对于谣言传播意愿的正向影响效应系数仅为 0.225，但作为涉核谣言，或是环境风险类型谣言所特有的影响因素，应当引起重视。从满足公众的环境意识，提供充足、可信的环境信息开始，消解掉谣言生存的土壤，降低涉核谣言的传播意愿。

（4）感知风险对涉核谣言传播意愿的影响较弱

感知风险对涉核谣言传播意愿的影响系数为 $0.310\times0.601=0.186$，可见感知风险也对涉核谣言传播起正向影响，但影响较弱，这和感知风险对核能接受性的影响较低类似，说明从降低公众感知风险的角度发力辟谣效果可能并不好。

（5）心理距离的影响最弱

心理距离的影响系数为 $0.564 \times 0.225 = 0.127$，是五个潜变量中最弱的一个。目前面临棘手的社会环境事件时，政府也多数采用这种方法，增加时间距离（“目前不建”，“暂停项目”，“十三五期间不建”）或是增加概率距离（“不优先考虑”）等以期达到维护社会稳定，舆情稳定的目的。然而，这样增加的心理距离只是一时无奈之举，并没有根本上改变民众的风险认知结构和对环境风险的认知。因此，依靠拉远心理距离来降低涉核谣言的传播意愿可能效果十分有限。

（三）基于眼动实验的涉核谣言框架影响效果研究

1. 眼动实验原理

眼动实验是一种在心理学研究领域被广泛使用的、成熟的实验手段。其实验原理是基于眼脑假设（eye-mind hypothesis），即眼睛对信息的扫描和大脑进行信息的认知加工是完全同步的，眼睛看到的就是大脑正在认知加工的。眼动仪可以通过红外感应，高频率地记录下角膜反射，从而为研究提供丰富的数据信息，如注视点，注视时间，视觉轨迹等。人在阅读过程中基本的眼动现象是眼跳（眼睛自身的运动）和注视（眼睛相对静止，一般持续时间约为 200~300 毫秒）。在运用眼动仪进行阅读研究中，主要涉及的分析指标包括两类，一类是关于眼睛何时移动，以时间维度衡量的眼动指标，如以单个字词为兴趣区的单一注视时间，回视时间，以及对于以短语或句子为兴趣区的第一遍阅读时间，重读时间等；另一类是关于眼睛移动到何处，以空间维度衡量的眼动指标，比如眼跳距离、注视位置、注视次数等。通过眼动实验，可以直观观测到被试对材料各框架的注意程度，在眼动实验后加上对各框架的传播意愿的测量问卷，即可获悉各框架眼动数据和传播意愿的关系。

我们通过被试阅读三则不同谣言的眼动数据分析了不同框架的影响，称为实验B。

2. 实验材料

我们选取了三则涉核谣言作为实验材料，分别为杞县钴–60卡源谣言、连云港乏燃料后处理厂谣言和“核雾染”谣言，并同样对三则谣言材料按照问题定义、原因分析、道德评价和对策建议四个框架进行了改编和整合。此外，为了剔除文字长短导致的注视时间不同，每则谣言的每个框架的长度基本相同，呈现在一页内容上，展现在眼动仪的显示屏幕上。具体内容见本章附录。

3. 实验操作

实验在北京市征集 18~60 岁的 30 名被试参与文章阅读实验，男女比例 1:1，年龄分布接近正态分布，要求裸眼或矫正视力达到 1.0，能够按照指示使用电脑完成眼动实验。实验所用仪器为德国 SMI 公司的遥测式眼动仪（RED5），被试的显示器尺寸为 19 吋方屏显示器，分辨率为 1280 × 1024 像素。

实验开始前首先对系统进行校准，而后令被试坐在屏幕正前方 60~80 厘米处，确保双眼平视屏幕中央，调整距离后确保被试眼睛可以被摄像头清晰、稳定地捕捉。位置调整合适后进行五点追踪校准，被试目光需跟随屏幕上出现的五个点移动，当被试的注视点与五个校准点的左右眼误差均小于 1° 时，校准完成后开始试验。

被试阅读第一页实验说明，说明要求被试以正常的阅读方式阅读完三篇文章，每一页内容阅读完毕后，通过自行敲击空格进入下一页。之后进入第一篇谣言的阅读，阅读完成后自行点击空格进入心理测量问题，分别回答对四个框架的传播意愿，然后以此类推，完成三篇谣言的测试。

实验结束后向被试解释所读材料均为谣言，仅作为实验材料呈现。出示三篇谣言的辟谣说明请被试阅读，要求被试在离开实验室后不向周围人传播谣言内容。

4. 被试基本情况

有效样本共 30 人，男女比例 1:1，平均年龄为 37.97 岁，标准差为 11.871，见表 5–9。

表 5–9　眼动实验被试基本信息

		频数	百分比 /%	累积百分比 /%
性别	男	15	50	50
	女	15	50	100.0
年龄	20~29 岁	8	26.7	26.7
	30~39 岁	8	26.7	53.4
	40~49 岁	8	26.7	80.1
	50~59 岁	5	16.6	96.7
	60 岁	1	3.3	100.0

5. 定性分析：热度图

热度图是眼动仪设备根据被试在页面上的浏览时间，以云状图的形式呈现出来的热区。深色表示注视时间越长，浅色表示注视时间越短。热度图只能帮助我们分析每张图中被试注视时间的分布，不能横向比较三篇谣言文章的共同特征，因此只能进行定性分析，从颜色深浅判断每个框架的停留时间，以及个别停留时间较长的关键词语。

对于杞县卡源谣言，在热度图（图 5–9）中我们可以看到四个框架热度由高到低的排序为：问题定义、原因分析、对策建议和道德评价。四个框架里被试注视时间较长的关键词依次为开封、杞县、辐照厂，钴–60、白血病，领导官员。可见被试关注的信息主要是事件发生的地点、原因，会产生哪些后果，领导官员的做法以及应该怎样应对。

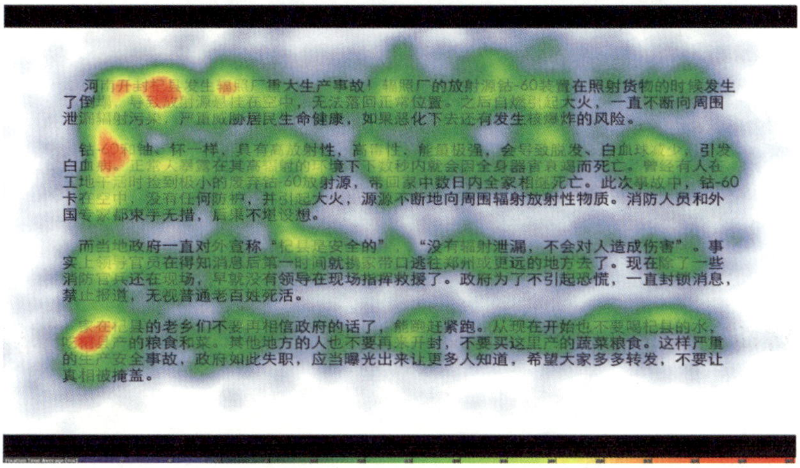

图 5-9　杞县卡源谣言热度图

在连云港后处理厂谣言的热度图（图 5-10）中，框架的热度排序从高到低为：问题定义、原因分析、道德评价和对策建议。四个框架中被试注视时间较长的关键词依次为核废料，超千亿，乏燃料、高放射性，决策者、政绩，受辐射。

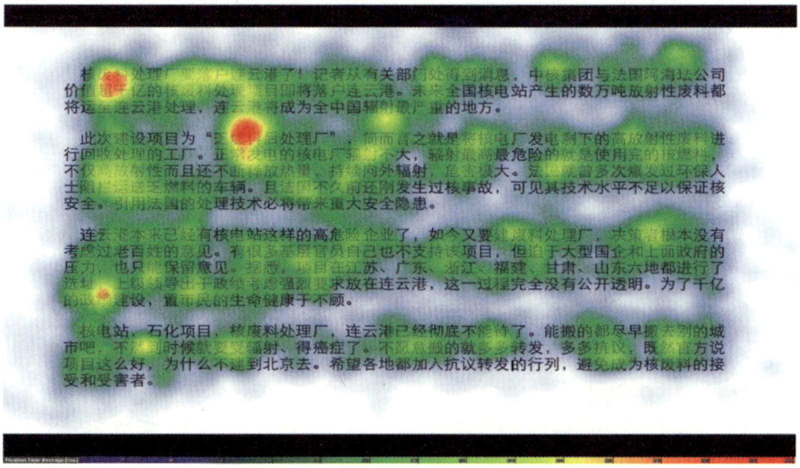

图 5-10　连云港后处理厂谣言热度图

“核雾染”谣言的热度图（图 5-11）中道德评价框架的注视热点颜色最深，原因分析框架的热度图面积最大。环境污染、灭族灭国，铀矿、含铀煤炭、核雾染，捂住雾霾，政府这些关键词的注视时间最长。

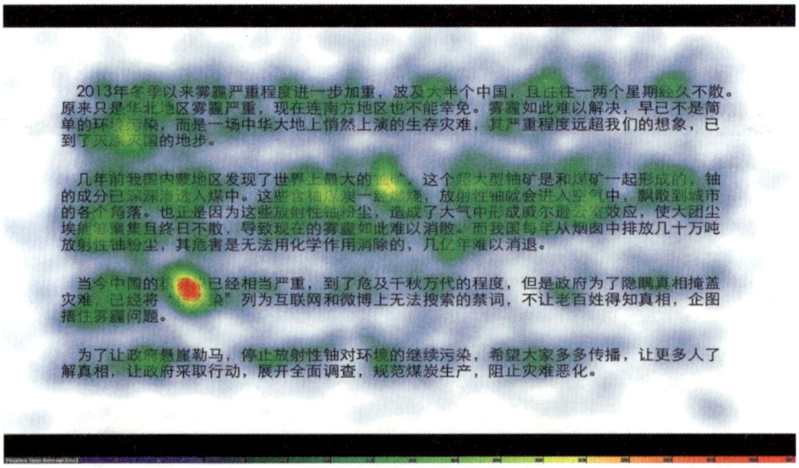

图 5–11　“核雾染”谣言热度图

结合三个实验结果不难发现，注视时间较长的关键词主要有几类：一是以“核雾染”为代表的陌生词，例如杞县、核废料、乏燃料、含铀煤炭等；二是在语境中带有明显感情色彩的词语，如领导官员、政绩、决策者、捂住等；三是体现风险性的词语，如白血病、受辐射、环境污染等；四是一些对策性的关键词，例如转发、跑、不能待、抗议等，虽然这些词的注视时间没有以上三类长，但仍体现了民众在面对风险信息时，对于可操作和实现的对策建议的关注。

6. 定量分析

（1）兴趣区域划分

由于眼动仪在收集数据时是以毫秒为单位，记录下左右眼的注视时间、注视位置、眼跳等多项数据，因此最终的数据结果非常复杂，不利于计算。在进行数据分析前，通常根据研究需要在软件上设计需要分析的目标区域，即兴趣区（Area of Interest，AOI）。根据兴趣区的大小不同，以及想要考察的内容不同，如字词或句法结构等，适用不同的眼动指标进行分析。以杞县卡源谣言为例，可得到根据四个框架划分的兴趣区如图 5–12。

将三次实验中相同的兴趣区数据进行汇总，即可对涉核谣言框架对眼动的影响进行整体分析。由于此次研究所考察的内容是由多个句子组成的框架，因此在眼动数据选取上选择时间维度数据——总注视时间（total fixation duration）和空间维度数据——注视次数（number of fixations）。总注视时间是指落在兴趣区内所有注视点时间相加的总和。注视次数具体指的是兴趣区被注视的总次数，即由眼跳引发的注视次数之和。由于人的视线中心越向外越模糊，因此阅读中需要视线中心不断移动，即为眼跳。同样长度的文章，眼跳次数越多，说明眼跳距离越短，即俗话所说

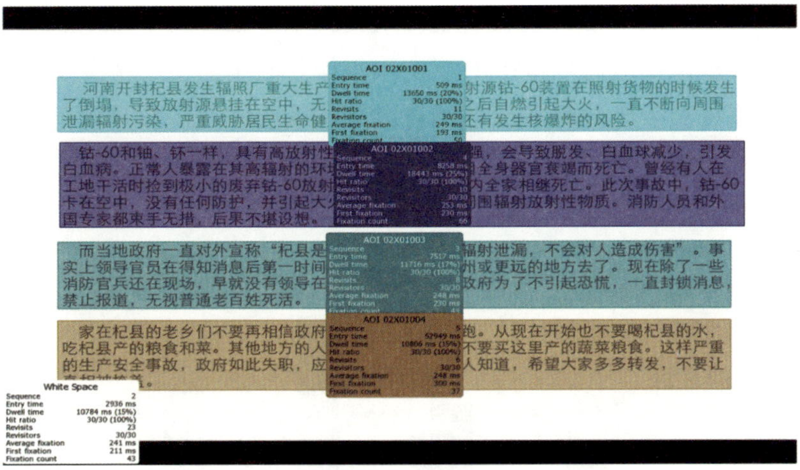

图 5-12　杞县卡源谣言兴趣区划分图

的“逐字逐句”的越多，眼跳引发的注视次数多，就反映了阅读材料的认知加工负荷大。

（2）眼动数据

提取三则涉核谣言中不同框架的注视时间，将每则谣言中相应框架的注视时间加总后平均，得到的平均值作为不同框架的注视时间，如图 5-13。以注视时间为因变量，以谣言的不同框架为自变量，进行重复测量方差分析。结果表明，谣言框架的主效应显著。分析表明，被试在道德评价的注视时间显著高于其他三个框架，即被试对道德评价框架的注视时间显著更长。被试对对策建议的注视时间显著低于道德评价；对策建议的注视时间与原因分析差异不显著；原因分析的注视时间显著高于问题定义。所以被试在阅读道德评价框架时，视线停留的时间最久。

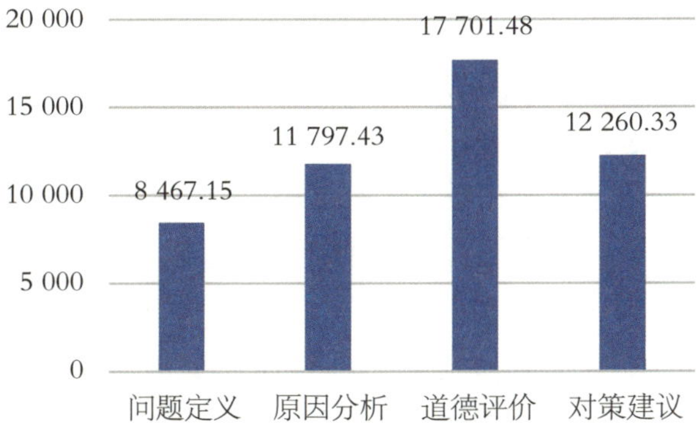

图 5-13　被试对不同框架谣言信息的注视时间（单位：毫秒）

提取三则涉核谣言不同框架的注视次数，将每则谣言中相应框架的注视次数加总后平均，得到的平均值作为不同框架的注视次数，如图 5-14。以注视次数为因变量，以谣言的不同框架为自变量，进行重复测量方差分析。结果表明，谣言框架的主效应显著。被试在道德评价中的注视次数显著高于其他三个框架，即被试对道德评价框架的注视次数显著更多。被试对对策建议的注视次数显著低于道德评价；对策建议的注视次数与原因分析差异不显著；原因分析的注视次数显著高于问题定义。

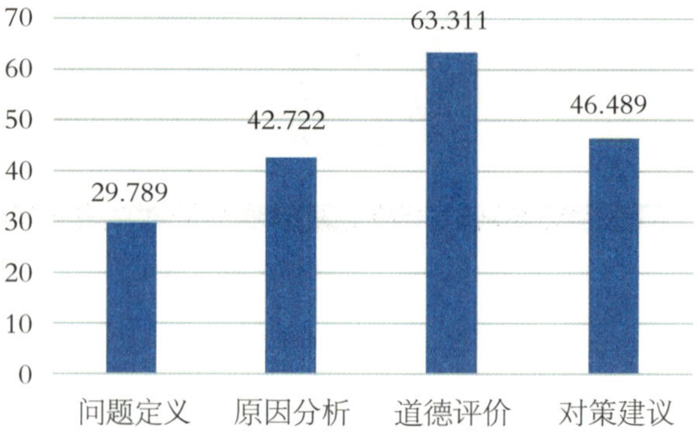

图 5–14　被试对不同框架谣言信息的注视次数

综上，道德评价框架在注视时间和注视次数上都显著高于其他框架，可见被试在阅读谣言时对于道德评价框架花费了更多的认知负荷，读得更认真也更久。

（3）传播意愿

在阅读完每篇谣言后，被试都被要求回答针对每个框架的传播意愿。将被试对每则谣言内不同框架的传播意愿进行加总求平均作为不同框架传播意愿的指标，以其为因变量，以框架为自变量进行重复测量方差分析，结果表明，谣言框架对传播意愿的主效应并不显著。可见，被试对于四个框架的传播意愿并没有显著差别，没有表现出想要传播某一个特定框架内容的倾向。

进一步对眼动数据与传播意愿的关系进行 Pearson 相关分析，得到以下结果：

问题定义的注视时间和注视次数呈显著正相关，$r = 0.938$，$p < 0.01$；原因分析的注视时间和注视次数呈显著正相关，$r = 0.919$，$p < 0.01$；道德评价的注视时间和注视次数呈显著正相关，$r = 0.938$，$p < 0.01$；对策建议的注视时间和注视次数呈显著正相关，$r = 0.937$，$p < 0.01$。

问题定义的注视时间和问题定义的传播意愿相关不显著，$p > 0.05$；原因分析的注视时间和原因分析的传播意愿呈显著正相关，$r = 0.459$，$p < 0.05$；道德评价的注视时间和道德评价的传播意愿相关不显著，$p > 0.05$；对策建议的注视时间和对策建议的传播意愿呈显著正相关，$r = 0.469$，$p < 0.01$。

问题定义的注视次数和问题定义的传播意愿相关不显著，$p > 0.05$；原因分析的注视次数和原因分析的传播意愿呈显著正相关，$r = 0.463$，$p < 0.05$；道德评价的注视次数和道德评价的传播意愿相关不显著，$p > 0.05$；对策建议的注视次数和对策建议的传播意愿呈显著正相关，$r = 0.375$，$p < 0.05$。

综上，四个框架在影响被试传播意愿上并不显著，而四个框架的注视时间和注视次数都显著相关。将认知负荷（注视时间和注视次数）与谣言传播意愿进行相关性检验，可以发现在原因分析和对策建议框架上，二者是显著相关的，即不同程度的认知努力（注视与眼动）会造成谣言的传播意愿不同。虽然原因分析和对策建议框架自身的眼动数据与传播意愿相关，但总体而言四个框架的传播意愿没有显著差异，因此不能做出眼动数据影响传播意愿的结论。也不能推断出在认知负荷上最突出的道德评价框架就会是被试最愿意传播的框架。可见影响框架传播意愿的可能不是框架本身所带来的认知影响，而与被试本身其他心理有关，例如风险感知、对核能知识的熟悉度等。眼动实验更多的是检测出了在谣言当中最“吸引眼球”的部分是对政府的道德评价，而不是看上去内容更难懂的原因分析框架，这一点在辟谣的过程中也应当引起重视。

（4）小结

通过研究发现，热度图显示被试对涉核谣言关注的关键词主要有陌生词、带有感情色彩的词语、风险性词语和对策关键词，且被试对涉核谣言的道德评价的注视次数和注视时间均最高，说明了这部分最令人费解；四个框架的注视次数和注视时间都高度正相关，说明内容认知加工负荷会显著影响注视时间，另一方面结合热度图也可以发现，公众对四部分的关注度差异主要是由关键词而非框架整体引起的。这说明了一个重要的结论，关注与传播并不直接关系，也即公众关注的点并不一定就有更强的传播意愿，结合结构方程的研究，传播意愿还是和对谣言的认同度以及造谣者的权威程度有较大关系。

二．不同辟谣方式的效果研究

辟谣的实质是通过新的信息来纠正或覆盖谣言，辟谣措施多种多样，但是辟谣时所传播的信息内容却只有几类，根据辟谣传播的主要信息内容，可以将辟谣方式分为三类：简单辟谣、逻辑辟谣、动机辟谣，其信息内容如下表所示。另外，考虑到对专业成就的造假实质上也是造谣的一部分，属于行为层面，揭露造谣者的履历造假实际上揭露的是其造谣的动机，因此将揭露造谣者自身漏洞的辟谣方式也归入动机辟谣。在此仍以“切尔诺贝利巨鼠”作为例子说明三种不同辟谣方式的具体做法。

表 5-10 不同辟谣方式的信息内容

辟谣方式	信息内容	例
简单辟谣	谣言是错误的	切尔诺贝利没有巨鼠
逻辑辟谣	谣言内在逻辑的错误	巨鼠需要更多食物，不可能只存在于切尔诺贝利地区
动机辟谣	造谣、传谣的动机	切尔诺贝利巨鼠是小说家为了引人眼球，拉近科幻和现实距离的杜撰

简单辟谣是最广泛、最快速的辟谣方式；逻辑辟谣是在文本分析的基础上，针对谣言的逻辑错误采取的辟谣方式；动机辟谣的目的正是打破造谣者的“金身”，因此，研究这三种辟谣方式，还可以验证辟谣建议是否有效。

为了研究三种辟谣方式的辟谣效果，我们进行了实证研究和基于动力学传播模型的定量研究。

（一）辟谣方式的实证研究

对辟谣方式的实证研究目的在于探索不同形式的辟谣文本对读过谣言的民众的认知、情绪和传播意愿的改变，称实验 C。

1. 实验材料

（1）辟谣材料

针对“核雾染”谣言，编写了简单辟谣、逻辑辟谣、动机辟谣三则不同的辟谣材料，分别为：

甲：简单辟谣

以上您所阅读的材料实为一则 2013 年流传的谣言，所涉及信息均为不实信息。

乙：逻辑辟谣

以上您所阅读的材料实为一则 2013 年流传的网络谣言，所涉及信息均为不实信息。

环保部日前针对 2013 年底网上首次出现的“核雾染”言论，组织业内专家进行分析和讨论，认为雾霾的形成与核辐射没有直接关系，实为一则谣言。

近年来之所以频频出现大面积、持续性雾霾，主要还是人类排放导致的污染物激增所致，也与我国的天气状况有关。中国科学院大气物理研究所等机构研究发现，北京 PM2.5 有 6 个重要来源，分别是土壤尘、燃煤、生物质燃烧、汽车尾气与垃圾焚烧、工业污染和二次无机气溶胶。上文提出的“核雾染”并不在其中。

环保部核与辐射安全中心副总工程师陈晓秋指出铀作为核能的宝贵资源，国家是有相应的勘探开发计划严格控制的。凡是作为燃料煤利用的，其中所含的铀是不具有开采价值的。至于铀和煤共生或伴生的矿产资源的开发，如果能作为燃料煤，已表明其铀含量很低，不具有开采价值。到目前为止，“全国煤矿放射性核素含量数据库”共搜集和整理了来自各省、直辖市和自治区煤矿中的1014个煤样和879个矸石样的天然放射性核素含量测量结果。通过对数据库数据的统计分析，全国煤矿煤样的放射性核素含量都不足以对公众的健康构成威胁。

自古以来人们就生活在天然辐射环境之中，不过除了具有开采价值的铀矿，人们日常生活环境中的铀含量极低，气溶胶中铀的含量对健康的辐射影响是完全可以忽略不计的。国家核安全局官方网站，查阅“辐射环境”发现，2012年9月至今，全国辐射环境自动监测站空气吸收剂量率均低于“正常水平”。

专家呼吁市民不要恐慌，理性看待谣言。

丙：动机辟谣

以上您所阅读的材料实为一则2013年流传的网络谣言，所涉及信息均为不实信息。

2013年底自称物理学博士的马可安(英文名为Mark Anthony)所著关于“核雾染”的博文曾在网上广泛传播，因其传播范围广果壳网将其评为2014年十大科技谣言。近几年每逢雾霾，就会在社交媒体上再度传播。

《中国青年报》在谣言传播之初就曾对马可安的博士身份进行求证，在其微博资料显示的学校毕业生处并没有找到他的入学记录，且该校物理学科也没有颁发过博士学位。他在之后接受媒体采访时承认，他并没有掌握华北雾霾与核辐射直接相关的数据，“核雾染”说法是他凭物理直觉“灵机一动”的结果。经腾讯《较真》栏目记者调查，马可安在美国网站上有两个英文博客，都是专门讨论投资、讨论如何选择股票的，甚至博客名称就叫“Stock Psychology(股票心理学)”，马可安在2013年以前每年都会精心撰写十几篇乃至更多的文章，谈论他的投资心得。他炮制“核雾染”的说法极有可能是为了唱衰中国煤炭行业，动机很可能只是为了抬高自己投资的股票。

《较真》栏目呼吁市民认清炮制者动机，不要被谣言利用。

（2）辟谣效果测量问卷

我们通过辟谣后的认知能力和传播意向进行辟谣效果测量。认知的测量主要是将原有“核雾染”谣言中的内容和正确科普知识混合（如表5–11），请被试在阅读完辟谣材料后对其正误进行判断，得分越高说明被试在阅读过辟谣材料后分辨谣言和正确知识的能力越强，辟谣效果越好；传播意愿的测量则是测量被试对先前所阅读过的谣言的传播意愿，如果在阅读辟谣文章后仍选择传谣，则说明辟谣的效果较差。

表 5-11　知识测量题

观　点	正确	错误	不确定
雾霾围城，中国的灭族灭国之灾			
雾霾对人的身体健康造成影响，长期危害还需进一步跟踪研究			
雾霾经久不散是燃煤中的放射性铀粉尘造成的，这些粉尘几亿年难以消退，可能会致癌			
大面积、持续性雾霾，主要还是人类活动导致的污染物（如汽车尾气等）激增所致，也与我国的天气状况有关			
煤矿中的放射性物质含量极低，其燃烧所产生的粉尘不足以对公众的健康造成辐射			
雾霾的形成与核辐射没有直接关系			
传播核雾染原理，让大家知道雾霾真相，迫使政府悬崖勒马			
民众应理性看待雾霾成因，拒绝散播谣言			

2. 实验操作

在被试结束实验 A 后，将被试平均分为三组甲、乙、丙，分别立刻阅读不同的辟谣材料甲、乙、丙，然后填写相同的辟谣效果测量问卷。在完成辟谣实验后，请被试完成人口统计学的基本信息表，并再次向受访者声明其刚才所看到的第一篇材料实际是则谣言，仅作为实验材料，请其不要进行二次传播，并确认签字。

3. 实验结果及分析

（1）不同辟谣方式对辟谣后核能知识的影响

三组被试在分别阅读不同的辟谣材料后，需要根据已有的知识回答 8 道测试题，每道题答对得 2 分，答错得 0 分，选择不确定得 1 分。在分析数据时，将 8 道题求均值，作为该被试在阅读辟谣文本后的核能知识得分（应在 0~2 分之间），然后计算每组的平均分，即可得到不同方式辟谣后被试核能知识水平统计量，如表 5-12 所示。

表 5-12　不同方式辟谣后被试核能知识水平统计量

知识测试分组	样本量	均值	标准差	标准误
1. 简单辟谣	50	1.200	0.320	0.045
2. 逻辑辟谣	50	1.140	0.306	0.043
3. 动机辟谣	50	0.845	0.328	0.046
总和	150	1.06	0.352	0.029

为对比三组数据是否有显著差异，先对三组数据进行方差分析得出差异显著，再进行事后检验两两比较，可得表 5-13。

表 5-13　不同方式辟谣后被试核能知识水平差异检验

辟谣类型（I）	辟谣类型（J）	均值差异（I-J）	显著检验值 sig.
1. 简单辟谣	2. 逻辑辟谣	0.060	0.347
	3. 动机辟谣	0.355	0.000
2. 逻辑辟谣	1. 简单辟谣	−0.060	0.347
	3. 动机辟谣	0.295	0.000
3. 动机辟谣	1. 简单辟谣	−0.355	0.000
	2. 逻辑辟谣	−0.295	0.000

根据差异性的检验结果，可以发现简单辟谣和逻辑辟谣对辟谣后认知的影响差异不显著，但是动机辟谣组被试的核能知识得分显著低于简单辟谣和逻辑辟谣两组。从整体得分来看被试在阅读完辟谣文本后对于核能知识以及“核雾染”的科学认识还是比较模糊，整体平均数为 1.06，基本处于模棱两可的状态；简单辟谣和逻辑辟谣之后的知识水平都略高于整体水平，但无显著差异；动机辟谣得分则低于 1，且显著低于其他两组。以上结果可以理解为由于动机辟谣只是揭露了辟谣者不怀好意的动机，但没有解释“核雾染”谣言为何不对，没有涉及知识层面，导致被试得分不高，而第一种简单辟谣虽然只是简单的一句话，但可能刺激了被试的批判性思维，对于谣言原有的文本怀疑加深。可见，面对谣言等不实信息时应当首先对其下定义，直截了当地指出该信息为谣言，以提醒民众擦亮双眼。同时，如果想要使得公众更好地在认知层面上了解谣言的错误，能够借由辟谣的机会提升公众对于核能知识的了解，应当邀请专家、权威人士进行详细的科学解释，从科学上否定谣言的不实之处，更好地达到认知上的效果。

（2）不同辟谣方式对辟谣后谣言传播意愿的影响

在被试完成辟谣后的核能知识测试题后，再次询问被试对于“核雾染”文章的传播意愿（1—绝对不会；2—不太可能；3—不确定；4—比较可能；5—一定会），并进行描述性统计后，可得到表 5-14 的信息。其中，意愿减少值为辟谣后的传播意愿均值减去辟谣前的传播意愿均值 2.757 所得的差值，该值为负则说明传播意愿降低，辟谣有效；为零则说明不影响传播意愿；为正则说明辟谣效果增加，适得其反。

表 5-14　不同方式辟谣后被试传谣意愿统计量

传播意愿分组	样本量	均值	标准差	标准误	意愿减少值
1. 简单辟谣	50	2.640	0.776	0.110	−0.117
2. 逻辑辟谣	50	3.220	0.954	0.135	0.463
3. 动机辟谣	50	1.940	0.793	0.112	−0.817
总和	150	2.600	0.990	0.081	−0.157

同前节，也对传播意愿进行三组间的差异性检验，可得表 5–15。

表 5–15　不同方式辟谣后被试传谣意愿差异检验

辟谣类型（I）	辟谣类型（J）	均值差异（I–J）	显著检验值 sig.
1. 简单辟谣	2. 逻辑辟谣	−0.580	0.001
	3. 动机辟谣	0.700	0.000
2. 逻辑辟谣	1. 简单辟谣	0.580	0.001
	3. 动机辟谣	1.280	0.000
3. 动机辟谣	1. 简单辟谣	−0.700	0.000
	2. 逻辑辟谣	−1.280	0.000

从总体上看，传谣意愿从 2.757 下降到 2.600，但是逻辑辟谣后的传谣意愿反而增加了；从差异性检验可以发现三种辟谣方式在被试传谣意愿上的差异性显著，两两之间有显著区别。辟谣方式效果最好的则是动机辟谣，直接指明谣言制造者背后不可告人的动机使得传谣意愿大大降低，简单辟谣也起到了一定的作用，而逻辑辟谣后的传谣意愿不仅显著高于动机辟谣和简单辟谣，甚至于还超过了辟谣文本阅读前的整体传谣意愿，说明采用逻辑辟谣的方式效果最差，不仅没有打消被试对于传播谣言的想法，反倒一定程度上助长了被试传播原先谣言的意愿。

关于逻辑辟谣对降低传播意愿较差的事实，我们进行一些讨论。产生这样结果的原因主要是因为被试并不知道谣言和辟谣材料哪一个是真实信息，因此在阅读过辟谣文章后反倒产生了混乱，选择通过传谣来寻求事实真相。文献研究表明，当信息出现争议时风险也会被放大，专家之间的争辩容易增加民众的不确定感，会增加民众的顾虑，他们会认为风险可能没有被正确的感知，还会降低对官方发言人的信任，特别是当民众已经对风险产生了恐惧时，专家的分歧将更被公众放大化。在本研究中，“核雾染”谣言的作者自称物理学博士，对于普通民众而言，可能并不能区分物理学与核工程的区别，因此物理学博士对于他们而言可能也是“专家”。因而当环保部官方的专家发声时，并不会被看做官方的辟谣，而可能只会被认为是专家间观点不同的争论。因而也并不会降低他们的传播意愿，反倒会使他们觉得雾霾的真相扑朔迷离，专家众说纷纭，而更愿意转发原有的“核雾染”版本，来寻求事实的真相。

（二）辟谣方式的动力学传播模型

动力学传播模型是指通过动力学传播方程模拟谣言传播的数学模型。1965 年，Daley 和 Kendall 构建了首个经典的谣言传播数学模型，此后经过后人的不断发展和改进，形成了多种谣言传播模型。在以往的谣言传播模型中，研究人员大都把人群分为三类，例如 Zanette 等人将人群分为未曾听说谣言的人、传谣的人、不相信谣言的人；Moreno 等人把人群分为 Ignorant（没有听过谣言的人）、Spreader（传谣的人）和 Stifler（听说谣言但不传谣的人）三种；王小初在研究中把人群分为和 Ignorant、Spreader 与 Stifler 类似的无知者、传播者和理性者。上述研究都在一定程度上有效地揭示了谣言传播过程中各个群体的数量变化趋势，但是并没有考虑将辟谣纳入模型，因此本节把辟谣者作为一个新增的人群加入模型，建立相应的动力学传播模型，以期研究不同辟谣方式的辟谣效果。

1. 模型概述

根据群体对谣言的不同态度，模型将群众分为了冷漠者、传播者、辟谣者和中立者四类群体，并假设四类群体之和为一，每个群体的值即代表该群体占总人数的比。冷漠者指对涉核谣言漠不关心或者没有听过谣言的人，不进行任何动作，对谣言传播不产生影响，但可能变成传播者或者辟谣者；传播者指主动传播涉核不实信息的人，有概率影响其他三类人，是模型中的谣言来源；辟谣者是反对涉核谣言进行辟谣的人，有概率影响其他三类人；中立者是关注事件发展，但不表态或持中立态度的人，不会对其他三类人产生影响，但较容易向其他三类人转换。此外，考虑到辟谣者直接成为传播者的情况极其稀少，为反映辟谣者思想转变的过程，认为辟谣者受传播者影响后会变为中立者而非直接变成传播者。根据上述假设，建立的动力学模型如图 5-15 所示。

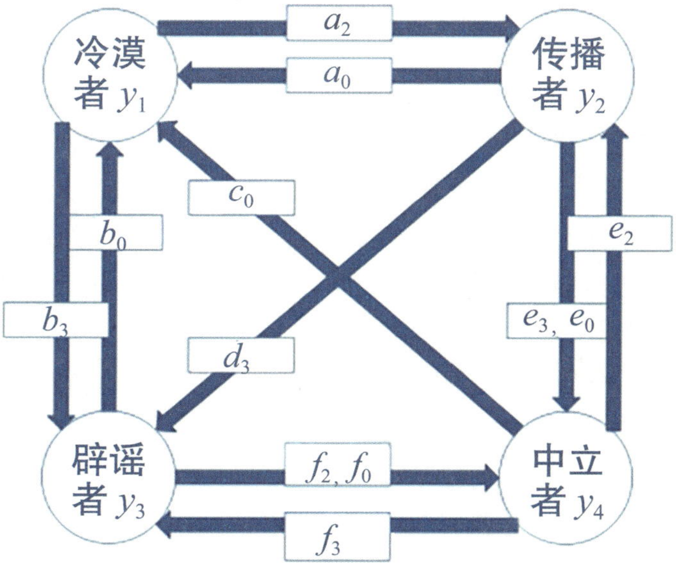

图 5-15　谣言传播动力学模型

其中，y_1 为冷漠者，y_2 为传播者，y_3 为辟谣者，y_4 为中立者，a_i、b_i、c_i、d_i、e_i、f_i（i=0,1,2,3）为转换因子，脚标为 i（$i≠0$）表示遇到 y_i 才会发生，脚标为 0 则表示不需要接触其他群体即可自行转换。模型的对应的动力学方程为：

$$\begin{cases}\dfrac{dy_1}{dt}=\alpha_0y_2-\alpha_2y_2y_1+b_0y_3-b_3y_3y_1+c_0y_4\\ \dfrac{dy_2}{dt}=-\alpha_0y_2-\alpha_2y_2y_1-d_3y_3y_2-e_0y_2e_3y_3y_2+e_2y_2y_4\\ \dfrac{dy_3}{dt}=b_3y_3y_1-b_0y_3+d_3y_3y_2-f_0y_3-f_2y_2y_3+f_3y_3y_4\\ \dfrac{dy_4}{dt}=-c_0y_4-e_2y_2y_4+e_0y_2+e_3y_3y_2-f_3y_3y_4+f_2y_2y_3+f_0y_3\end{cases}$$

模型涉及多个转换因子，转换因子指某群体向另一群体转换的概率，实际反映了各群体互相影响的情况，其值应该由实证研究确定。模型设有阈值 P（$0<P<1$），若传播者或辟谣者百分比小于 P，则视为该群体消失，模型直接将该群体归零且不会再产生，分别意味着辟谣成功和辟谣失败。

2. 仿真实验

通过仿真实验，我们可以研究谣言传播过程中各群体的变化。仿真的内容主要包括：不同转换因子对谣言传播的影响，阈值 P 对谣言传播的影响和三种辟谣方式辟谣效果的比较。

（1）转换因子取值对谣言传播的影响

转换因子决定了各群体互相转化的概率，直接影响了谣言传播的进程和辟谣成功与否。例如，如果辟谣手段十分有效，b_3、d_3、f_3 三个分别代表冷漠者、传播者和中立者向辟谣者转换概率的三个转化因子都极大，那么辟谣者数量会迅速增加，辟谣会迅速成果；而如果辟谣收效甚微，三者极小的同时 b_0、f_0、f_3 三者较大，那么辟谣者数量会迅速下降，导致辟谣失败。

由于转换因子众多，这里仅选取影响较大的 b_3 作为变量进行对比实验。b_3 为冷漠者受辟谣者影响后转化为辟谣者的转换因子，反映的是最直接的辟谣效果。在其他转换因子不变的情况下，取 b_3=0.5 和 b_3=0.1 代表辟谣效果较好和较差，P 值取 0.01，冷漠者初始值为 0.9，传播者和辟谣者均为 0.05，得到图 5-16 所示的仿真结果。

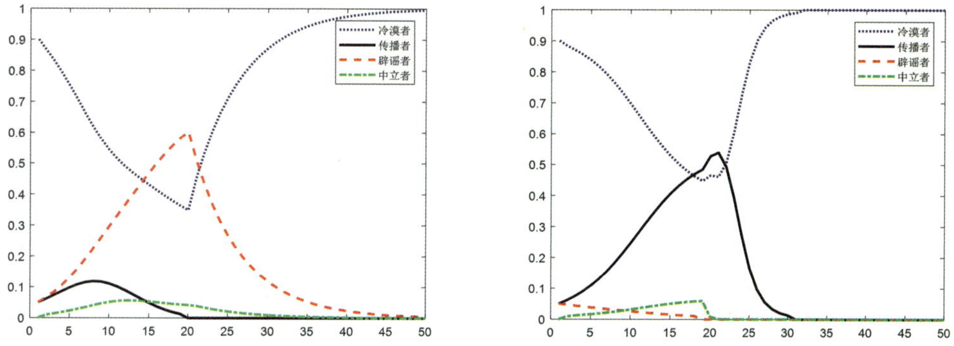

(a) b_3=0.5　　(b) b_3 =0.1

图 5–16　辟谣效果仿真

图 5–16(a) 中，传播者在 20 个时间节点后数量小于阈值 P，根据假设被判定为辟谣成功，而图 5–16(b) 中辟谣者在 20 个时间节点后数量小于阈值 P，被视为辟谣失败。可见 b_3 确实影响了谣言传播过程，且说明辟谣者辟谣的有效与否对辟谣结果至关重要。同时，注意到 b_3=0.5 时，虽然辟谣失败，但是传播者最后还是低于阈值 P，人群全部成为了冷漠者，谣言最终不再传播。这是因为关系提升的作用随时间下降，公众没有了传谣的动机，且由于没有真正产生影响，谣言在传播一段时间后会被其他热点事件替代，绝大部分群众不再关注谣言，成为冷漠者。辟谣成功的情况也类似，由于不再有传谣者，辟谣者也迅速消失，这也与实际情况相符。

尽管谣言终将消失，但是图 5–16(a) 中出现了众多的辟谣者，说明很多公众对谣言方面的知识有了了解，可以预防下次类似谣言的传播，而与之相反的图 5–16(b) 中出现了众多传播者，且谣言消失的时间更长，说明谣言影响了很大的公众，即使谣言最后自然消弭，谣言持续时间长导致的谣言传播过程中产生不良影响的概率也大，所以有效的辟谣仍然是十分必要的——毕竟，如果谣言持续时间很长，对于社会稳定是很不利的。

（2）阈值对辟谣结果的影响

通过对 b_3 取值不同的研究，可以发现不论辟谣成功与否，谣言影响都会消失。从模型上分析，由于 d_3 的存在，在辟谣成功的情况下传播者都会减小为 0，谣言消失是合理的，例如由于知识的普及，现代人再也不会服用汞、镭钍水来治病；但同时一些没有盖棺定论的谣言总是会周期性的出现，只是影响会越来越小，在辟谣失败时，传谣者的消失显然并不彻底，而只是降到了 P 值以下。因此，应当在辟谣失败的情形下研究 P 值对模型的影响。

图 5–17 为 P=0.01 和 P=0.001 时辟谣失败后的仿真结果。可以看出，P=0.01 时，传播者数量会在 32 个时间节点后低于阈值，被视为完全消失，不再有谣言产生；

而 P=0.001 时，辟谣者数量不会低于阈值，并会在一段时间的波动后趋近于一个稳定值。这说明，在没有辟谣成功的情况下，谣言确实没有完全消弭，谣言会出现“二次伤害”的情况。另一方面，对辟谣成功的实际情况，辟谣并不都是彻底的，最常发生的情况往往是当传谣者减少到一个不为零的小值时，辟谣者就选择结束辟谣工作，和中立者一起降为 0，那么各个群体的数量变化趋势将会和图 5-17(b) 中时间节点 50 后的情况相同。

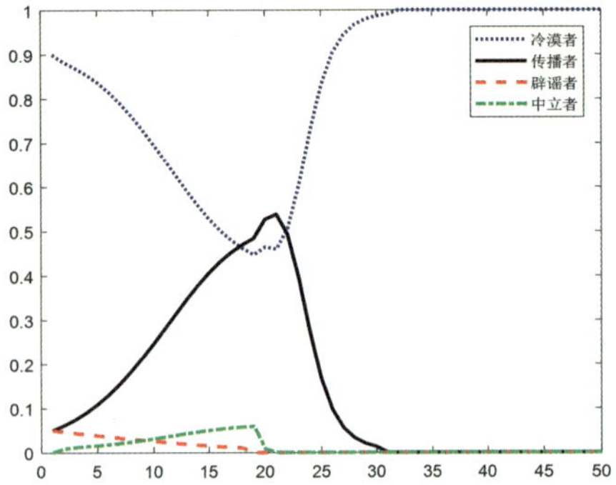

(a) P =0.01

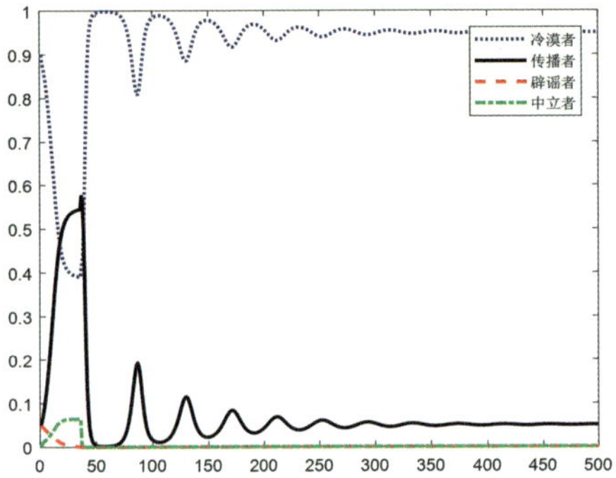

(b) P =0.001

图 5-17　辟谣失败后的仿真

因此，不论是辟谣成功或失败，都很容易留存极少数传谣的顽固分子，但他们对其他群体影响很小且最后趋于稳定，并不需要格外注意。这为辟谣工作提出了一个建议：在实际情况中，存在一些顽固分子是可以接受的，要改变这极少一类人需要花费极大的代价，性价比不高，不如让时间来检验谣言给他们看。

（3）简单辟谣、动机辟谣与逻辑辟谣的效果比较

不同的辟谣方式的辟谣效果不同，反映到动力学方程即是转换因子不同，对三种辟谣方式，分别假设：

- 由于简单辟谣并不知道谣言的动机和逻辑，假设简单辟谣后不会转换为辟谣者，即 b_3、d_3、f_3 均为 0。
- 由于“动机论”使人们不关注谣言本身，假设动机辟谣后中立者、传播者和辟谣者转变为冷漠者的概率更大，即 a_0、b_0、c_0 更大。
- 由于逻辑辟谣对谣言进行了剖析，最具说服力，假设逻辑辟谣中所有被辟谣者影响的人均成为辟谣者而不成为中立者，即 e_3=0。

得到的仿真结果如图 5-18。

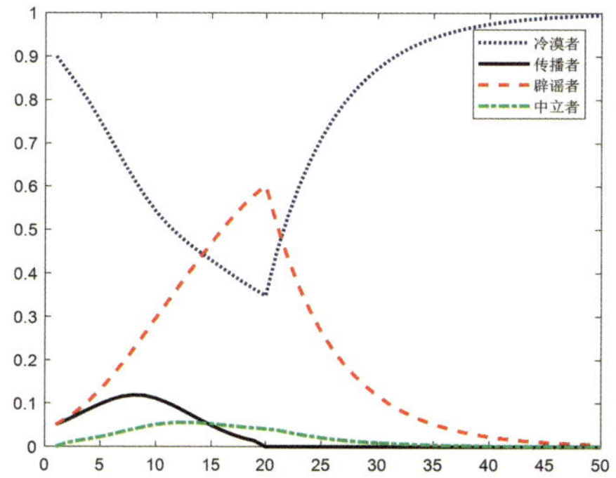

(a) 实际辟谣

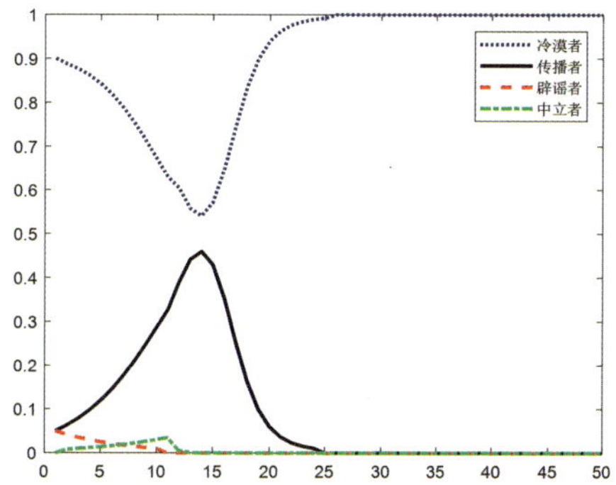

(b) 简单辟谣

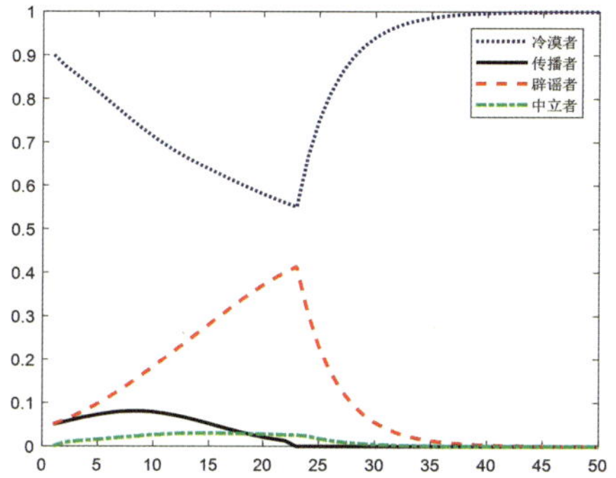

(c) 动机辟谣

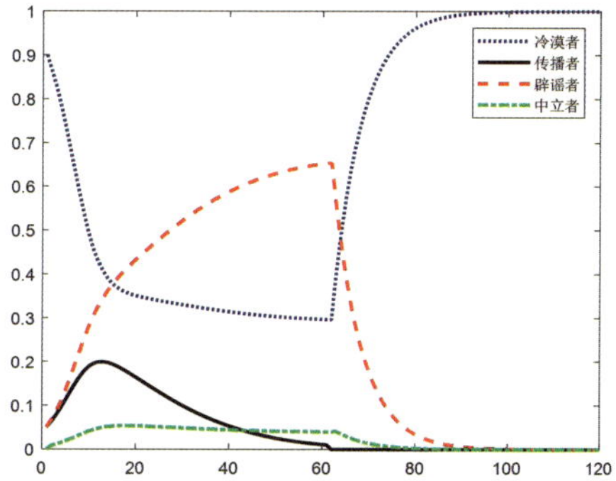

(d) 逻辑辟谣

图 5–18　四种辟谣方式的仿真结果

图 5–18(a) 的实际辟谣为实际采取的三种方式结合的辟谣，是辟谣最快的方式。由图 5–18(b) 可以看出，简单辟谣中谣言的消失完全依靠传播者转变为冷漠者，且会出现大量传播者，因此不能称为“成功”。而图 5–18(c) 的动机辟谣中，传播者平稳下降，数量最少，说明谣言产生的负面影响最小。表示逻辑辟谣的图 5–18（d）的谣言传播时间明显长于简单辟谣与动机辟谣，这与实验 C 中逻辑辟谣后被试者传播意愿最强的现象一致。同时逻辑辟谣会出现最多的辟谣者，有利于公众对该谣言涉及的行业的了解。这些现象说明，辟谣既要果断告知公众谣言的错误，又要让公众“知其然并知其所以然”，让谣言变成科普的阵地。

（三）辟谣方式的建议

涉核谣言在核能发展的过程中不可避免，但只要积极主动、合理科学的应对，涉核谣言不仅可以被辟除，还能成为核能科普的阵地。本节通过统计实验和动力学模型等多种手段对涉核谣言的传播和辟除进行了研究，发现不同的辟谣方式有不同的辟谣效果，结合多种辟谣手段，针对不同群体采取不同辟谣方法才能达到最好的效果。

总的来说，出现谣言后应当尽快发现问题所在，采取适当行动进行辟谣。在辟谣的过程中，针对谣言的文本多下功夫，不同组织通力合作，着重关注群体情绪的改变，如杞县卡源事故之后以恐慌为主，还是如连云港事件时的愤怒为主；在辟谣过程中不仅要告诉公众什么是错的，为什么是错的，还要尽可能地指导公众应该怎么做，以减轻他们在恐慌情绪下的无助感。根据本节的研究，我们针对地方政府、核电企业与新闻媒体应对谣言的具体措施。

由于涉核谣言往往与具体核项目建设或事故有关，因此多为局部地区发生的，在一定时间内，如果及时有效控制，不会造成全国范围内的大范围传播，因此在涉核谣言的辟谣工作中，地方政府扮演着最为重要的角色，如表 5–16 所示。

表 5–16　地方政府应对涉核谣言的措施建议

序号	对策	理论依据
1	做好舆情监控工作，及时发现涉核谣言，早辟谣，早应对	在谣言带来的影响还没有发展成群体性情绪前及时控制，避免群体性事件发生
2	发现舆情事件后，组织相关部门、企业、专家、媒体对谣言进行分析，分工合作进行调查和辟谣	涉核谣言可分为四个框架，在辟谣时应当有针对性地进行回应
3	政府部门应该尽早表态，介绍详细情况，公开决策过程，给出对策建议	根据眼动实验，四个框架中道德评价（批评政府）的框架受到了显著高于其他框架的关注
4	注意辟谣方式、方法，尽可能地提供一些替代性的对策建议	对策建议框架是在传播意愿上最显著的框架
5	注重对情绪的安抚，对担忧、害怕的情绪安抚可以解释原因，提供可行的对策建议；而对愤怒情绪的安抚则应该调查事情真相，如果在核事故或核项目事件中确实存在隐瞒、欺骗等行为，应当及时处罚相关责任人，挽回信任	人们也需要“免于灾难恐惧的自由”，情绪的作用不容忽视
6	对待在编造谣言中刻意抹黑政府形象的造谣者，可依法追究责任，并进行公示	根据眼动实验，四个框架中道德评价（批评政府）的框架受到了显著高于其他框架的关注，而对于造谣者的道德评价辟谣也能达到较好的辟谣效果

核电企业在涉核项目或是事故中属于利益相关方，在参与辟谣时应当注意信息发布的公开透明，接受民众的监督，如表 5–17 所示。

表 5–17　核电企业应对涉核谣言的对策建议

序号	对策	理论依据
1	及时召开新闻发布会，公布真实情况，做到公开透明，特别是牵扯到项目决策过程中的信息要公开，不要有所保留，勇于接受质疑	做到公开透明地公布信息，将与政府的合作决策过程公开，避免在道德评价框架上陷入被动
2	进行详细的科学解释，如有可能提供一些防范风险的措施和建议	对策建议框架是在传播意愿上最显著的框架
3	注重对民众情绪的安抚，如核电企业确实存在失责的地方，应当及时向公众道歉，处罚相关责任人，争取公众谅解，避免愤怒情绪扩散	人们也需要“免于灾难恐惧的自由”，情绪的作用不容忽视

新闻媒体在重大舆情事件或群体性事件发生时，应当保持客观中立，以第三方的视角进行调查报道。在涉核谣言问题上，群众会很自然地认为政府和核电企业是利益一致的，因此他们的辟谣效果可能会大打折扣。媒体此时应当发挥重要的辟谣作用，如表 5–18 所示。

表 5–18　新闻媒体应对涉核谣言的对策建议

序号	对策	理论依据
1	追踪谣言的信源，报道分析其造谣动机，调查其权威度，并进行报道	对造谣者的动机辟谣在传播意愿降低上最为显著
2	邀请第三方专家，高校、科研院所或外国专家针对谣言内容进行科学解释	科学解释的辟谣内容能够在认知上改变被试对谣言的认同

另外，在辟谣过程中还应该注意以下一些方面的问题：

大多数谣言都可以按照问题定义、原因分析、道德评价和对策建议进行内容框架的梳理，将流传的谣言进行文本分析后，才有可能进行下一步有针对性的辟谣，避免眉毛胡子一把抓，导致没有抓到重点，辟谣工作成效甚微。

注重对公众情绪的了解，耐心安抚群众情绪，避免情绪在群体中互相影响，聚合成为群体性情绪，导致群体事件。研究表明，群体愤怒情绪与群体攻击性行为有显著相关性，应当引起格外重视。

综合利用多种辟谣手段，将简单辟谣、逻辑辟谣、动机辟谣结合起来，注重科学解释的同时，也应进行溯源性辟谣，抓住造谣源头，分析其造谣动机，必要时追究其法律责任。

综合利用多种辟谣渠道，政府官方发布，权威专家回应，媒体记者追踪等，从不同信源、不同渠道进行辟谣，各有侧重，分工合作。在辟谣工作中，既要关注缩短传播时间，还要注意控制传播范围，使辟谣过程中出现尽量多的辟谣者和更少的传播者。

主动、公开、坦诚地公布环境信息，注意涉核信息公布的及时性、时效性，避免被造谣者抢占先机，以致处于被动、饱受舆论指责。在谣言的问题上，后发很难制人。

单次舆情事件应对与整体风险沟通相结合，抓住舆情事件时机，进行科普宣传，反复辟谣，巩固辟谣结果，提升公众认知水平。尽管逻辑辟谣时间长，但必不可少，对于突发紧急舆情时间，可利用动机辟谣。

彻底根除谣言难度大，时间长，性价比低，将不实信息控制到一定程度是一种可以接受的选择。

三．影视作品对核能公众接受性的影响

现代社会中，影视作品已经逐渐成为信息传播的主流，对核能公众接受性有着举足轻重的影响。本节将会讨论影视作品中的核形象和电视剧《切尔诺贝利》对核能公众接受性的影响，并提出制作核能科普作品的建议。

（一）影视作品中的核形象

1. 核形象的共性特征

涉核影视作品不胜枚举，按核在其中扮演的不同角色，大概可以分为三类：以“核能事故”为主题的影视作品，例如《切尔诺贝利》《潘多拉》；以“核战后末日”为主题的影视作品，例如《 Threads》《The Day After》；核仅作为剧情铺垫或剧情设定的影视作品，例如《X 战警·第一战》《环太平洋》。不同影视作品中的核形象不尽相同，但是深入挖掘，能够得出一些共性的结论。

对于以“核能事故”为主题的影视作品，核主要以核能、核电站的形式出现，贯穿整个故事，既是重要的生产设施，也是灾难的源头，形象比较复杂（将在下一节通过对《切尔诺贝利》的剖析进一步阐明）；对于以“核战后末日”为主题的影视作品，“核”是核战争，是末日世界产生的原因，这类作品大都创作于冷战时期，有很强的反战和反核意图，核在其中显然是一个负面形象；核仅作为剧情铺垫或剧情设定的影视作品是数量最多的一类，其形象众多：在《哥斯拉》《绿巨人》《钢铁侠》等作品中代表着无穷无尽的高密度能量，在 007 系列电影中经常作为反派的目标，在《环太平洋》《独立日》等作品中又是人类可以依仗的最后武器。

通过对诸多影视作品的研究，我们可以发现其中的核形象有以下两个共性特征：

（1）能量密度巨大、威力巨大、破坏力巨大。一方面，任何事故和战争后果

都难以承受；另一方面，核武器又是正面人物或反派人物的终极武器。

（2）核与辐射的后果难以预计，具有随机性。这种随机性使得核成了很多影视作品交代剧情的惯用手段，不管受到核辐射后是成为超人还是大坏蛋，观众都觉得毫无违和感。

2. 核形象背后的公众接受性

上述两个特征对于我们来说可以说是既幸运又不幸的。幸运的是，很多认知并没有错（或者说并不离谱太多），不幸的是，这些认知大大疏远了人们与核的心理距离。

一方面，核在影视作品中的表现形式实质上反映了公众对核的认识。首先，不论是编剧、导演还是演员，都是普通公众的一员，其编导演绎的作品是他们自身见解的表现。其次，广为认知的影视作品的情节和设定一般都是不违和的，即符合大部分观众的认知和价值观，因此核在银幕上的展现，其实就是观众对核认识的直接体现。所以我们不难发现，公众对核的认识正是：神秘而威力巨大，且非常人所能接近。

另一方面，核在影视作品的表现形式又影响着公众对核的认知。影视作品对核的解读和表现，尤其是类似的、重复性的表现，显然会加深观众对核已有的印象，例如：核爆即是毁灭、核辐射即是变异；对核武器要敬而远之、对核设施要避而远之。

于是，影视作品里的核形象使核的本质与公众的心理距离越来越远，它既是果也是因。

（二）电视剧《切尔诺贝利》的影响

1.《切尔诺贝利》简介

《切尔诺贝利》是乔韩·瑞克执导的电视迷你剧，于 2019 年 5 月 6 日在 HBO 电视网首播。该剧一上映便获得了广泛关注和好评，最终整剧 IMDb 评分高达 9.5，获得 19 项艾美奖提名并最终斩获包括最佳限定剧集奖、最佳导演、最佳编剧在内的六项奖项。

该剧总时长大约 6 个小时，完整地叙述了切尔诺贝利核事故的发生原因、发展过程和处理过程。为了使不了解切尔诺贝利核事故和没有看过该剧的读者也对《切尔诺贝利》有基本的了解，我们不妨用一个“切尔诺贝利马戏团里的狮子”的故事作比喻，来概括这个剧集的剧情：

老板苏联经营了多家马戏团，其中的一家叫“切尔诺贝利”，由团长维克多·布尤卡诺夫、总驯兽师尼古拉·福明和副总驯兽师阿纳托利·迪亚特洛夫管理。由于产业众多且无人监管，老板并不想投入太多资金到马戏团里，所以，资金短缺的马戏团给动物们佩戴的枷锁是塑料的而非金属的。

有一天，团长布尤卡诺夫为了提高业绩、升官发财，要求副总驯兽师迪亚特洛夫安排狮子 RBMK 在晚上加演一场表演。时间紧迫，迪亚特洛夫着急让狮子演出，不等其他驯兽员喂食便将它牵进了舞台，没想到，饿急的狮子释放了野性，挣脱了枷锁，竟要择人而噬！见状，驯兽员匆忙拿起紧急情况下使用的 AZ-5 麻醉枪射击，却发现麻醉枪装的是空包弹，反而让狮子更加愤怒。狮子愈发疯狂，不仅反噬了驯兽员，并且已经在尝试跃出舞台，袭击更多无辜群众。这时，最近的消防员接到通知赶到了，但是由于没有相应工具，仅仅只是把狮子控制在了一个较小的范围内，并且靠前的几名消防员还负了伤，被送往医院。终于，动物学家瓦列里 · 列加索夫和鲍里斯 · 谢尔比纳带领的后援部队赶到，击毙了狮子。

图 5–19　电影《切尔诺贝利》海报

但是故事还没结束，狮子体型巨大，如果不处理其尸骸，将会引起瘟疫，产生更大影响，老板不得不花费更多的钱，请了矿工、生化部队来处理后事，还要为死伤的群众买单。

在事件处理的过程中，马戏团企图阻止事件报道，却还是被正义的乌拉娜 · 霍缪克和列加索夫在法庭上揭露了真相。最终，苏联付出了巨大的代价，三个马戏团的负责人也被判有罪，全地球城的马戏团都开始进行安全检查和整改。

《切尔诺贝利》里的形象和上面这则故事里的形象的对应关系如表 5–19 所示。

表 5–19　“马戏团狮子”的故事和《切尔诺贝利》对应关系

故事角色	老板	团长	（副）总驯兽师	马戏团	枷锁
电影角色	苏联政府	站长	电站（副）总工程师	核电站	安全系统
故事角色	狮子	驯兽员	麻醉枪	动物学家	
电影角色	RBMK 反应堆	操作人员	AZ–5 紧急停堆系统	核物理学家	

看完这个故事，相信大多数人都会认为狮子咬人事件最大的过错在于马戏团的人，不管是老板轻视安全导致马戏团安全设施和麻醉枪有缺陷，还是马戏团三个管理者不按规矩办事，都是“人祸”。实际上，正如第二章所说，切尔诺贝利事故也是“人祸”，是一个紧急停堆系统有缺陷的反应堆在管理人员不按规章操作的情况下反应性急速升高导致的事故。

《切尔诺贝利》普及了众多核知识。例如借由核物理学家瓦列里·列加索夫和乌拉娜·霍缪克之口，向观众生动形象地解释了反应堆运行原理和反应性的概念；借由被混凝土浇灌的铅棺普及了辐射防护有关知识；通过矿工在温度高达五十多度的地道赤膊工作却不能安装风扇，表明了内外照射后果的严重程度的差异。

（a）电影中列加索夫在法庭上讲解反应性

（b）电影中被混凝土浇灌的铅棺

（c）电影中赤膊工作的矿工

图 5-20　《切尔诺贝利》影片剧照

2.《切尔诺贝利》受众及反应

在讨论《切尔诺贝利》对核能公众接受性产生的影响之前，首先应该明确其受众——本书讨论的是中国的受众。从教育水平上看，作为一部英文影视作品，《切尔诺贝利》没有汉语配音版本，仅有中英双字幕，这决定了绝大部分没有观看原声影视作品习惯和英语水平较低的国人很难主动观赏这部剧集。因此，观看《切尔诺贝利》的国人应当绝大多数具备一定的英语水平或者有观看原声影视作品的习惯，而这样的观众往往教育水平不低。从线上资源获取能力上看，《切尔诺贝利》仅有线上资源，并且在刚播出时资源数量有限，可以推测，能够找到剧集资源的人有一定的线上资源获取能力，并且愿意为获取资源付出一定的努力。

因此《切尔诺贝利》在国内的受众是一批受教育水平较高且有获取信息资源习惯的人。虽然《切尔诺贝利》有很多触目惊心的事故后果表现，我们也论述过重大核事故会对公众造成极大的负面影响，但是这群特定受众给出的反应却并不消极。为了了解国内受众对《切尔诺贝利》的看法和反应，摘取了豆瓣小组对《切尔诺贝利》的讨论关键词数据，数据截止日期为 2019 年 7 月 22 日 16:00，共摘取了 1324 个讨论话题，得到的关键词出现次数及比例如表 5-20 所示。

表 5-20　豆瓣小组对《切尔诺贝利》讨论话题关键词

关键词	出现次数	占比 /%
人	175	13.2
切尔诺贝利	100	7.6
核	87	6.6
苏、毛子	44	3.3
辐射	35	2.6
事故	22	1.7
戈尔巴乔夫	22	1.7
吓、怕、恐、毛骨悚然	19	1.4
爆炸	16	1.2
反	13	1.0
福岛	13	1.0
政	13	1.0
美	12	0.9
设计	11	0.8
核能	2	0.2
污染	2	0.2
工程师	2	0.2
反核	0	0.0
弃	0	0.0

从表 5-20 可以看到，观众对“人”的讨论最多，甚至几乎高于“切尔诺贝利”和“核”两者之和，可见观众更多地是在讨论人在事故里扮演了怎样的角色，如何造成了事故的发生，又如何应对事故。更有趣的是，剧中从未出现“戈尔巴乔夫”的名字，但是对其讨论热度竟然和“事故”相当，也说明了观众的倾向于把注意力放在人物身上（这个人物可能并不是荧幕上直接出现的，很可能是暗指的），从人物的塑造来评价影视作品。同时，“吓、怕、恐、毛骨悚然”等明显负面的情绪出现的很少，而“反核”、“弃”这种直观表达反对核能的词语完全没有出现，说明了观众看完《切尔诺贝利》之后并没有出现明显的反核情绪。

观众出现这样的反应是较容易解释的。首先，由于受教育水平较高且有获取信息资源的习惯，《切尔诺贝利》的受众可谓“见多识广”，可以理性地看待该剧；其次，《切尔诺贝利》本身突出了“人因”，并且通过以列加索夫为代表的正义的核科学家和核电站管理人员之间的对比，把故事的主要矛盾放在了人与人之间，而人与核事故反而成了次级矛盾；最后，由于对个性化的追求和平等的发言权，人们在网络上倾向于多角度地去分析问题，使得“乌合之众”的群体很难形成，集体的反核声音较难出现。

由此，可以发现《切尔诺贝利》在国内的传播并没有起到显著的负面影响，反而向观众普及了核能与辐射防护知识。这说明，只要影视作品和受众的特点和关注点契合，哪怕是对重大核事故的表现，都能在起到较好的宣传作用的同时避免负面影响的产生。

需要说明的是，电视剧《切尔诺贝利》播放后，并不是完全没有反核的声音。通过研究，我们发现这种反核的声音可分为两种。

一种是基于《切尔诺贝利》要表达的主题：谎言的代价是什么？这个主题呼唤了一部分人对于管理部门和核电站本身的不信任，其本质上是对于“不诚信产生可怕后果”的抵触。如果将“核事故”这一概念更换成其他能产生重大灾害的事故，相信这些人也依然会表达出强烈的抵触情绪。从这个意义上说，并不是该剧使得某些公众的反核行为加剧了，而只是将对公信力的抵触情绪投影到了核能上面。

另外一种则是对于核能持久性地抱有偏见的人，对于这些公众来说，即使没有这个电视剧，他们的反核行为与情绪也不会改变，只是这个剧使这种行为和情绪加剧了。这些群体也可以分为两类，一种是对核抱有反感情绪，但本身却不是利益相关方，即所谓具有“广域”特点的人群。他们尽管反核，但他们本身不太可能发起具有破坏力的反核行动。因为大规模广域性反核行动的代价太大，其他公众也不太可能因为一个电视剧就不计成本地加入到他的阵营中并采取行动的。《切尔诺贝利》电视剧对这些公众的意义，更多是用于佐证他们内心中反核的理念，强化他们反核的意识。而另一类是具有“定域”特点的反核公众，他们是利益相关方，则极有可能利用这一电视剧在与核设施相关的小范围内发动一些反核行动或者舆论攻势，这一类人群是对当地核能项目建设有威胁的，也可能是会起到负面的示范作用。

3.《切尔诺贝利》的故事性处理

如果对切尔诺贝利核事故没有深刻的了解，会很容易认为《切尔诺贝利》是完完全全重现史实的写实作品。然而《切尔诺贝利》中有很多精妙的故事化处理，也正是这些改动和写实的完美结合，使得这部剧既剧情流畅，又使观众身临其境，深以为然。

首先，剧中的女主角乌拉娜·霍缪克是虚构的。历史上并不存在乌拉娜·霍缪克，她是当时众多推动事故应对和真相揭露的核科学家的代表，通过霍缪克这个缩影，《切尔诺贝利》简化了人物关系，使得主线和剧情走向更简单明了。

其次，历史上列加索夫最后并没有参加三位核电站管理者的审判。但是，电视剧中列加索夫在法庭上发声的情节可谓是本剧的点睛之笔。第一，列加索夫虽然是专业水平很高的科学家，但在开始并没有受到重用，在临危受命并完成任务之后让列加索夫参与审判，将剧情推向了一个高潮，也使观众在长时间的压抑后感到一丝畅快；第二，列加索夫的身份是核能科学家，他在法庭上的发言既是对被告，也是对观众，借由列加索夫之口，不仅事故发生的前因后果得到了梳理，相关的核知识也得到了阐释；第三，让列加索夫站上法庭，使他成为贯穿全剧的人物，让《切尔诺贝利》剧情更加合理而完整。

最后，《切尔诺贝利》对一些配角也进行了艺术加工，引发了观众的感情共鸣。例如，剧中将三位潜入充满放射性废水地下室打开阀门的工人塑造成了勇于牺牲，主动站出来的英雄人物，而实际上他们只是正好当班，接到通知便选择了潜入地下室；又比如根据原著《我不知道该说什么，关于死亡还是爱情：来自切尔诺贝利的声音》的描述，切尔诺贝利附近的居民柳德米拉认为自己肚里的婴儿吸收了所有的剂量，这显然是不科学的论述，但剧中还是根据原著还原了这一描写。不过，通过这些艺术加工，观众的感情更容易被唤醒，也使得《切尔诺贝利》血肉丰满。

这些故事性处理的结果不仅没有让《切尔诺贝利》变得虚假跳脱，反而让它人物血肉丰满、剧情跌宕起伏。这就提出了一个问题，我们在进行核能科普作品的创作时，是否要完全写实，或者说是否要面面俱到、事无巨细呢？

答案是大可不必，因为信息在传递过程中是有丢失的，我们要能确保和要确保的应该是其中的关键信息。例如，对于某一个核科普影视作品，核科普专家列举了很多核科普信息给编剧，编剧不可能把所有的信息都写到剧本里，而在演员对剧本的理解和演绎的过程中，必然也会遗漏一些信息，最后观众看到作品后能记住的也只是其中极少的记忆点。因此，在制作核能科普作品时，最应该关注的，就是制造深刻的记忆点。

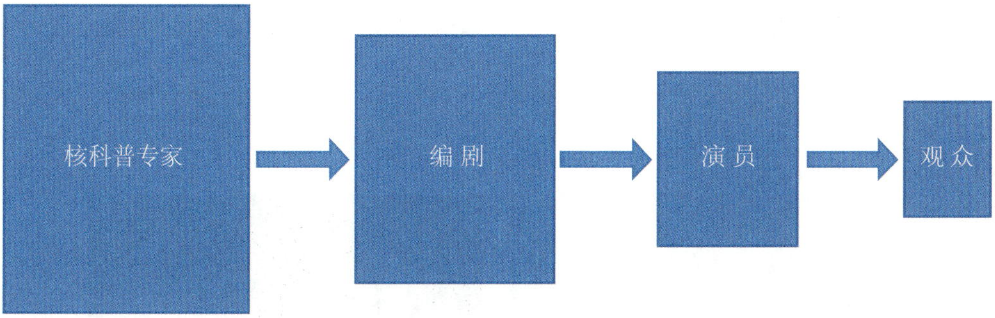

图 5-21　核科普信息在影视作品中的丢失

4.《切尔诺贝利》的二次传播

“网络时代，流量为王”，“蹭热点”几乎是所有媒体的家常便饭，《切尔诺贝利》热播时，自然也有许多二次传播的情况，其中，最常见的形式就是以微信公众号为代表的自媒体的二次传播。

与豆瓣的讨论话题类似，《切尔诺贝利》在微信公众号上的二次传播也是多角度的，随手一搜“切尔诺贝利”为题的文章，就可以发现自媒体们对政治话题、英雄主义、科学道义、核伦理学都有讨论：

时光流逝，切尔诺贝利可以被治愈吗?

强大的苏联为什么解体？切尔诺贝利核爆炸。

切尔诺贝利：人类的死城，动物的天堂。

俄罗斯：美版《切尔诺贝利》什么玩意？我们自己拍！

30 多年前，真实的切尔诺贝利敢死队……

可见，自媒体发起的二次传播，往往是针对《切尔诺贝利》的某一点展开，进行发散和发挥，所以在进行核能科普作品创作时，也应该尽量避免一些敏感的、负面的信息，而是给自媒体朋友们留下一些积极的发挥空间。

《切尔诺贝利》开播后，业内一些媒体也进行了“蹭热点式科普”，并且取得了不错的效果。例如，“中国核电工程有限公司”公众号于 2019 年 6 月 11 日发布了《核电工程师解读“神剧”〈切尔诺贝利〉》，获得了近 6000 的阅读量，而该平台的日常推送阅读量一般在 800 到 3000 之间。文章系统梳理了切尔诺贝利事故发生经过，总结了事故发生原因，可以说是对切尔诺贝利事故的一次精彩科普，并且，文章末尾还预告下期将解读“切尔诺贝利石墨堆与我国压水堆区别”。可惜的是，两天后的文章《解读 | 华龙一号与切尔诺贝利的隔空对话》阅读量却不足 2000，说

明热点已经迅速消弭，因此如果能把第二篇推送直接放在第一篇文章之后，也许宣传效果会更好。所以二次传播形式的科普必须趁热打铁，甚至要“渗透性”地科普。

图 5-22　“中国核电工程有限公司”公众号两篇文章阅读量对比

5.《切尔诺贝利》对核能科普的影响

《切尔诺贝利》对核能科普的影响可以从短期和长期、正面和负面来看，借鉴 SWOT（优势 Strength、劣势 Weakness、外部的机会 Opportunity、威胁 Threats）分析法的思想，我们用表 5-21 的 SLPN 表格（短期 Short-term、长期 Long-term、正面 Positive、负面 Negative）来总结《切尔诺贝利》对核能科普的影响。

表 5-21　《切尔诺贝利》对核能科普的影响

	短期	长期
正面影响	提高了对专家的信任度，有利于以后的专家科普工作	提高了人们对“核能”的关注度 剧中有许多直接科普，例如反应堆运行原理、反应性、安全系统等，直接提高观众对“核能”以及辐射防护的认知水平 《切尔诺贝利》突出了“人因”，实际上肯定了按照规章设计、建造、运行的反应堆的安全性
负面影响	观众感受到了核能灾害的恐怖和不诚信造成的严重后果，降低了公众接受性 降低了对涉核企业和政府的信任度，可能会引发一些局域的反核行为	

从短期来看，惨烈的核事故及有关处理会使观众产生“恐核心理”以及对不诚信造成的严重后果产生恐惧，且观众会把《切尔诺贝利》中形成的形象和现实关联，形成刻板印象，对核科学家的信任度提高，对政府和企业的信任度降低，其对核能公众接受性的影响是偏负面的。当然，一些小范围的、局域性的反核行为也有可能被引发（但事实来看，没有这样的行为）。从长期来看，《切尔诺贝利》的影响是积极的：为核行业博得了关注度；进行了直接科普；肯定了核科学与核技术。从整体上来讲，《切尔诺贝利》的影响应该是积极的。

在 SLPN 表格中，对于短期的正面影响，应该从时间维度上下功夫，加强宣传，继续巩固，使其变成长期的正面影响；对于长期的正面影响，应该从质量上下功夫，使这些影响更具体，更广泛；对于短期的负面影响，应该迅速响应，减少影响；对于长期的负面影响，应该提出修改方案和目标，逐步消除。具体到《切尔诺贝利》，在其播出后应该增加一些对核电从业者和涉核企业的积极宣传，强调我国反应堆的先进性和我国政府对核安全的重视，以及汲取历史教训后我们做出的努力。

（三）制作核能科普作品的建议

当前，影视作品里的“核”形象虽然并没有很大的扭曲，但是并没有起到应有的正面的影响，反而疏远了与公众的距离，要扭转这个态势，就必须让一批正面的核能宣传作品流入市场，根据《切尔诺贝利》的经验，我们提出了以下制作核能科普作品的建议。

1. 先传播，再科普

在网游世界里流传着一句真理“站得住才有输出”，意思是只有自己不阵亡，才能持续地打击敌人。同样的，对于核能科普作品，只有让其广泛的传播，才能起到科普的作用。“酒香不怕巷子深”的确有一定的道理，但是当巷子两边还有臭豆腐、炸鸡腿、煎饼果子、咖啡、奶茶这些味道浓烈的竞争对手时，酒再香也传不到群众鼻子里。如今，各类影视作品、娱乐形式层出不穷，核能科普作品切忌曲高和寡，一定要先迎合市场，再把科普内容“渗透”其中。为此，在制作影视剧时，不一定事无巨细，也不一定要解释得头头是道，关键是要制造记忆点，让信息有效的传递。

2015 年是我国核工业创建 60 周年，中央电视台多个频道对 60 年来核工业发展的历程进行了集中专题报道，央视和中核集团联合拍摄了三集电视纪录片《中华之核》，该纪录片引起了不错的反响，是一次利用电视传媒进行核电公众宣传的绝佳机会。这个纪录片将爱国情怀放在第一位，极大地调动了公众的兴趣，尽管它把主要的篇幅都放在了回顾 60 年的辉煌历程，并没有对一些新时期公众关心的问题进行比较好的解答，但这种将吸引观众作为第一要务，也是我们传播观念的一种改变。

2. 明确受众，确定题材体裁

如今，市场细分已经成了许多企业突破瓶颈的重要手段，与之类似，核能科普作品也要明确受众，并针对他们确定相应的题材和体裁。例如，对于儿童，可制作已有动画的分集，借势宣传；对于青年，可以制作商业电影、情景喜剧；对于中老年人，可拍摄以核电站日常运行为主题的电视剧。

2014 年湖南卫视《新闻大求真》栏目曾探访大亚湾核电站，节目重点围绕核电站周围辐射展开，但遗憾的是播出后在业内反响一般，也没有引起广泛传播。毕竟作为节目制作方和核电站管理者，对这种类型的节目不熟悉，在核电站内拍摄存在各种局限，制作方选取的话题也相对较为单一。实际上湖南卫视是我国娱乐节目的排头兵，在年轻人中有非常高的人气，如果能基于这一点做好文章，满足湖南卫视特定观众的需求，相信可以为我国核能的公众宣传做一个好榜样。

3. 二次传播不可轻视

二次传播在自媒体时代普遍而重要，不可轻视。二次传播形式往往有碎片化、故事化、时效性的特点，因此二次传播往往只针对影视剧的某一点进行挖掘和宣扬，对此，应该做到两点。第一是在创作核能科普作品时，应该注意留下可以发挥的点，容易让二次传播找到切入点，形成“周边产品”；第二是要积极地“蹭热点式宣传”，快速、准确地把握热点，“渗透性”地进行二次传播。

还有一种周期性的二次传播也值得注意，《核电小苹果》是一个很好的例子。在 2014 年 8 月 4 日，中核运行公司在其企业官方微信平台上推送了与以往风格迥异的宣传片——《核电小苹果》，两天内阅读和转发近 20 万，后又被腾讯视频和优酷视频等 10 多家视频网站转发，一个月内互联网点击率超过了 500 万。《核电小苹果》获得了第二届亚洲微电影节金海棠奖以及“2014 年度中国企业新媒体传播十佳案例”称号，中国核学会将该作品纳为该协会公众科普的课件。迄今为止该片互联网总点击率已过千万，按照优酷网点击一次就产生 0.15 元广告价值的算法，《核电小苹果》已经创造了数百万元的广告效益。之后有涉核企业竞相模仿，2016 年春节期间，中核运行公司推出《核电小苹果 2 》，24 小时内点击量为 17 万，又一次创造了核能宣传历史记录。两部《核电小苹果》，释放了巨大的能量，影响深远，也让相关企业了解到可以用“续篇”的方式进行科普宣传。在未来，应加大力度利用基于二次传播的“连续剧”式科普方式，使公众可以周期性的浸入核能科普的大环境之中，起到更好的科普效果。

四．总结

如果说心理学分析和统计学分析的结果指出了提高公众对核能的认知水平是提高核能公众接受性最根本有效的方法，那么传播学分析就解答了如何让谬误的认知快速地消弭，让正确的认知有效地传播这一问题。

谣言是错误认知的主要来源。为了研究公众的传谣意愿，我们展开了针对谣言的框架分析实证研究并建立了传谣意愿的结构方程模型，还进行了眼动实验研究。针对谣言的框架分析表明，对策建议是最容易被记住和传播的谣言内容；结构方程模型又指出，公众对谣言的认同程度和造谣、传谣者的权威度是影响公众传播意愿最主要的两个因素；眼动实验的结果显示认知负荷和传播意愿没有显著关系，但是指出了陌生词、带有感情色彩的词语、风险性词语和对策关键词等四类关键词是谣言中公众最关注的内容。在此基础上，我们根据辟谣内容的不同，将辟谣方式分为了简单辟谣、逻辑辟谣和动机辟谣，并通过实证研究和动力学传播模型给出了不同辟谣方式的辟谣差异。结果显示，三种辟谣方式各有优劣但并非缺一不可，在资源有限的情况下可以根据实际情况选择，不过，结合三种辟谣方式进行辟谣仍然是最优解。

正确的认知来自生活方方面面的潜移默化，“核”因其特性却恰恰不易出现在生活当中，因此，影视作品和对影视作品的讨论成了公众了解“核”最主要的途径，利用好这个途径，对提高核能认知，提高核能公众接受性至关重要。HBO出品的《切尔诺贝利》不仅取得了艺术上的成功，在国内可谓也取得了核科普的成功。根据《切尔诺贝利》的成功经验，我们提出了制作核能科普作品的三条建议：先传播，再科普；明确受众，确定题材体裁；二次传播不可轻视。

最后，在分别从正负两面讨论涉核信息的同时，我们也要认识到，两者其实是矛盾统一的，任何一方面信息的传播，都会形成热点，使得核能受关注程度提高。不管是抨击谣言热点，还是主动打造热点，甚至是“蹭热点”，只要妥善处置热点、利用热点，涉核信息的传播都是提高公众对核能认知的机会。

下一章开始，我们将介绍运用三至五章的研究成果如何开展务实的公众沟通工作，以期使读者既有理论知识，又有实战能力。

参考文献：

[1] 孙彩芹 . 框架理论发展 35 年文献综述—兼述内地框架理论发展 11 年的问题和建议 [J]. 国际新闻界 , 2010, 9:18-62.

[2] Entman R M. Framing: Toward Clarification of a Fractured Paradigm[J]. Journal of Communication, 1993, 43(4):51-58.

[3] 奥尔波特 . 谣言心理学 [M]. 沈阳 : 辽宁教育出版社 , 2003.

[4] Pendleton S. Rumor research revisited and expanded[J]. Language & Communication, 1998, 18:69-86.

[5] 让 - 诺埃尔 · 卡普费雷 , 卡普费雷 , 郑若麟 . 谣言 : 世界最古老的传媒 [M]. 上海人民出版社 , 2008.

[6] 李静 . 谣言传播与当前社会风险的关系研究综述 [J]. 现代经济信息 , 2014,15:107-108.

[7] 李永平 . 谣言传播的本土语境及风险防控 [J]. 当代传播 , 2011(05):14-15.

[8] 张娜 , 赵雨 . 风险社会语境下网络谣言的传播与治理 [J]. 中国高等教育 , 2015,10:47-49.

[9] 赖安婷 . 群体情绪传播途径及其影响 [D]. 北京 : 首都师范大学发展与教育心理学 , 2013.

[10] Fransson N, Garling T. Environmental Concern: Conceptual definitions, measurement methods, and research findings[J]. Journal of Environmental Psychology, 1999, 19:369-382.

[11] 陈曦 , 王全璐 , 李炜 . 基于个体公共权威的谣言传播计算实验研究 [J]. 华中科技大学学报 : 自然科学版 , 2013, 41 (1):425-428.

[12] Buckner H. A theory of rumor transmission[J]. The Public Opinion Quarterly, 1965, 29(1):54-70.

[13] Lewandowsky S, Ecker U, Seifert C, et al. Misinformation and its Correction: Continued Influence and Successful Debiasing[J]. Psychological Science, 2012, 13(3):106-131.

[14] Edworthy J, Hellier E, Newbold L, et al. Passing Crisis and Emergency Risk Communications: The Effects of Communication Channel, Information type, and repetition[J]. Applied Ergonomics, 2015, 48:252-262.

[15] Kinoshita T. Coexistence of science and human being - the idea and technology of risk and communication, Natural, social and cultural environment[M]. Kyoto Academic Press. 1997.

[16] 赵娜，李永鑫，张建新．谣言传播的影响因素及动机机制研究述评 [J]. 心理科学，2013, 36(4):965-970.

[17] 王小辉．框架和焦虑情绪对风险偏好和认知努力影响的眼动研究 [D]. 燕山大学经济管理学院，2015.

[18] 闫国利，熊建萍，臧传丽，等．阅读研究中的主要眼动指标评述 [J]. 心理科学进展，2013, 21(4):589-605.

[19] 曾繁旭，戴佳．风险传播：通往社会信任之路 [M]. 北京：清华大学出版社，2015.

[20] Daley, D.J. and Kendall, D.G. Stochastic Rumours [J]. IMA Journal of Applied Mathematics, 1965,1(1), 42-55.

[21] Zanette, Damián H. Critical behavior of propagation on small-world networks[J]. Physical Review E, 2001, 64(5):050901.

[22] Moreno Y, Nekovee M , Pacheco A F . Dynamics of rumor spreading in complex networks[J]. Physical Review E, 2004, 69(6):066130.

[23] 王小初．考虑个体心理特征的谣言传播模型研究 [D]. 2016.

[24] 邵帅．“小苹果”的大能量——视频《核电小苹果 1、2》传播热象分析与思考 [J]. 中国核工业，2016, 186(2):60-61+66.

附录：三个涉核谣言传播学实验材料

（一）涉核谣言传播的框架影响实验（实验 A）材料

实验员：您好，我们是环保组织“蓝色天空”的志愿者。近几年来，雾霾现象越发严重，且蔓延到了长江以南，我们希望了解一下南方群众对于雾霾成因的认识。想请您配合我们的调查。请您根据自己的真实想法作答、答案没有对错之分。数据绝对保密，仅作为调研使用。请问您是否有听说过“核雾染”这种说法？这是一篇很有名的关于雾霾成因的文章，请您阅读一下，并回答几道小问题。

（谣言文本已在正文中给出，此处略；被试基本信息此处略）

a_1 你是否知道江西计划建设内陆核电站？

是　　否

a_2 你对核辐射的关注程度？

1	2	3	4	5
完全不关注	不太关注	有点关注	比较关注	非常关注

a_3 你认为核辐射与自己生活的关系大吗？

1	2	3	4	5
完全无关	不太相关	不确定	有点关系	密切相关

a_4 你认为核辐射与自己的健康关系大吗？

1	2	3	4	5
完全无关	不太相关	不确定	有点关系	密切相关

b_1 你现在是否对自己的健康感到担忧？

1	2	3	4	5
完全没有	不太担忧	不确定	有点担忧	非常担忧

b_2 你现在是否对自己的生活环境感到担忧？

1	2	3	4	5
完全没有	不太担忧	不确定	有点担忧	非常担忧

b_3 你现在是否对整个生态环境感到担忧？

1	2	3	4	5
完全没有	不太担忧	不确定	有点担忧	非常担忧

b_4 核电站建成后，你是否对自己的健康感到担忧？

1	2	3	4	5
完全没有	不太担忧	不确定	有点担忧	非常担忧

b_5 核电站建成后，你是否对自己周围的生活环境感到担忧？

1	2	3	4	5
完全没有	不太担忧	不确定	有点担忧	非常担忧

b_6 核电站建成后，你是否对整个生态环境感到担忧？

1	2	3	4	5
完全没有	不太担忧	不确定	有点担忧	非常担忧

c_1 你了解核辐射吗？

1	2	3	4	5
完全不了解	不太了解	有点了解	比较了解	非常了解

c_2 你了解核电、核能吗？

1	2	3	4	5
完全不了解	不太了解	有点了解	比较了解	非常了解

c_3 对你来说，核电、核能非常神秘？

1	2	3	4	5
完全不神秘	不太神秘	不确定	比较神秘	非常神秘

c_4 通过阅读，现在你对核能、核电和核辐射的了解程度是？

1	2	3	4	5
完全不了解	不太了解	有点了解	比较了解	非常了解

d_1 你认为这篇文章的权威性？

1	2	3	4	5
完全不权威	不太权威	不确定	比较权威	非常权威

d_2 你认为马可安博士的权威性？

1	2	3	4	5
完全不权威	不太权威	不确定	比较权威	非常权威

d_3 你觉得**留美物理学博士马可安**对铀矿危害的评论是否权威？

1	2	3	4	5
完全不权威	不太权威	不确定	比较权威	非常权威

e_1 你是否支持**本文**的观点？

1	2	3	4	5
完全不支持	不太支持	不确定	比较支持	非常支持

e_2 你是否赞同本文的观点

1	2	3	4	5
完全不赞同	不太赞同	不赞同	比较赞同	非常赞同

f_1 你是否愿意将这篇文章转发给你认识的人？

1	2	3	4	5
绝对不会	不太可能	不确定	比较可能	一定会

f_2 你是否愿意将这篇文章的大意转述给你认识的人？

1	2	3	4	5
绝对不会	不太可能	不确定	比较可能	一定会

g_1 当你看到文中的下列说法时，你的内心感受是？

	完全不担忧	不太担忧	不确定	比较担忧	非常担忧
雾霾围城，中国的灭族灭国之灾					
雾霾经久不散是燃煤中的放射性铀粉尘造成的，这些粉尘几亿年难以消退，可能会致癌					
雾霾危机空前，核雾染被列为禁词，当局隐藏真相					
传播核雾染原理，让大家知道雾霾真相，迫使政府悬崖勒马					

	完全不愤怒	不太愤怒	不确定	比较愤怒	非常愤怒
雾霾围城，中国的灭族灭国之灾					
雾霾经久不散是燃煤中的放射性铀粉尘造成的，这些粉尘几亿年难以消退，可能会致癌					
雾霾危机空前，核雾染被列为禁词，当局隐藏真相					
传播核雾染原理，让大家知道雾霾真相，迫使政府悬崖勒马					

	完全不害怕	不太害怕	不确定	比较害怕	非常害怕
雾霾围城，中国的灭族灭国之灾					
雾霾经久不散是燃煤中的放射性铀粉尘造成的，这些粉尘几亿年难以消退，可能会致癌					
雾霾危机空前，核雾染被列为禁词，当局隐藏真相					
传播核雾染原理，让大家知道雾霾真相，迫使政府悬崖勒马					

g_2 文中下列说法你觉得

	完全不可信	不太可信	不确定	比较可信	非常可信
雾霾围城，中国的灭族灭国之灾					
雾霾经久不散是燃煤中的放射性铀粉尘造成的，这些粉尘几亿年难以消退，可能会致癌					
雾霾危机空前，核雾染被列为禁词，当局隐藏真相					
传播核雾染原理，让大家知道雾霾真相，迫使政府悬崖勒马					

g_3 你会将以下哪种说法传播出去？

	完全不愿意	不太愿意	不确定	比较愿意	非常愿意
雾霾围城，中国的灭族灭国之灾					
雾霾经久不散是燃煤中的放射性铀粉尘造成的，这些粉尘几亿年难以消退，可能会致癌					
雾霾危机空前，核雾染被列为禁词，当局隐藏真相					
传播核雾染原理，让大家知道雾霾真相，迫使政府悬崖勒马					

（二）涉核谣言眼动实验（实验 B）材料

感谢您参与此次实验，此次实验是关于科技报道阅读研究， 您将会读到 3 篇文章。请您按照平时的阅读习惯认真阅读下面的文章，在阅读完毕后敲击空格键进行下一步操作。

材料 1：

河南开封杞县发生辐照厂重大生产事故！辐照厂的放射源钴–60 装置在照射货物的时候发生了倒塌，导致放射源悬挂在空中，无法落回正常位置。之后自燃引起大火，一直不断向周围泄漏辐射污染，严重威胁居民生命健康，如果恶化下去还有发生核爆炸的风险。

钴–60 和铀、钚一样，具有高放射性，高毒性，能量极强，会导致脱发、白血球减少，引发白血病。正常人暴露在其高辐射的环境下数秒内就会因全身器官衰竭而死亡。曾经有人在工地干活时捡到极小的废弃钴–60 放射源，带回家中数日内全家相继死亡。此次事故中，钴–60 卡在空中，没有任何防护，并引起大火，源源不断地向周围辐射放射性物质。消防人员和外国专家都束手无措，后果不堪设想。

而当地政府一直对外宣称“杞县是安全的”，“没有辐射泄漏，不会对人造成伤害”。事实上领导官员在得知消息后第一时间就携家带口逃往郑州或更远的地方去了。现在除了一些消防官兵还在现场，早就没有领导在现场指挥救援了。政府为了不引起恐慌，一直封锁消息，禁止报道，无视普通老百姓死活。

家在杞县的老乡们不要再相信政府的话了，能跑赶紧跑。从现在开始也不要喝杞县的水，吃杞县产的粮食和菜。其他地方的人也不要再来开封，不要买这里产的蔬菜粮食。这样严重的生产安全事故，政府如此失职，应当曝光出来让更多人知道，希望大家多多转发，不要让真相被掩盖。

材料 2：

核废料处理厂要落户连云港了！记者从有关部门处得到消息，中核集团与法国阿海珐公司价值超千亿的核废料处理项目即将落户连云港。未来全国核电站产生的数万吨放射性废料都将运至连云港处理，连云港将成为全中国辐射最严重的地方。

此次建设项目为“乏燃料后处理厂”，简而言之就是将核电站发电剩下的高放射性废料进行回收处理的工厂。正常发电的核电厂辐射不大，辐射最高最危险的就是使用完的核燃料，不仅高放射性而且还不断释放热量，持续向外辐射，危害极大。法国就曾多次爆发过环保人士阻拦运送乏燃料的车辆。且法国不久前还刚发生过核事故，可见其技术水平不足以保证核安全。引用法国的处理技术必将带来重大安全隐患。

连云港本来已经有核电站这样的高危险企业了，如今又要建废料处理厂，决策者根本没有考虑过老百姓的意见。有很多基层官员自己也不支持该项目，但迫于大型国企和上面政府的压力，也只能保留意见。据悉，项目在江苏、广东、浙江、福建、甘肃、山东六地都进行了选址，上级领导出于政绩考虑强烈要求放在连云港，这一过程完全没有公开透明。为了千亿的政绩建设，置市民的生命健康于不顾。

核电站，石化项目，核废料处理厂，连云港已经彻底不能待了。能搬的都尽早搬去别的城市吧，不然到时候就要受辐射、得癌症了。不愿意搬的就多多转发，多多抗议，既然官方说项目这么好，为什么不建到北京去。希望各地都加入抗议转发的行列，避免成为核废料的接受者和受害者。

材料 3：

2013 年冬季以来雾霾严重程度进一步加重，波及大半个中国，且往往一两个星期经久不散。原来只是华北地区雾霾严重，现在连南方地区也不能幸免。雾霾如此难以解决，早已不是简单的环境污染，而是一场中华大地上悄然上演的生存灾难，其严重程度远超我们的想象，已到了灭族灭国的地步。几年前我国内蒙地区发现了世界上最大的铀矿，然而这个超大型铀矿是和煤矿一起形成的，且铀的成分已深深渗透入煤中。铀是放射性元素，一年一亿吨铀矿石被煤炭携带出来运往全国各地，就是二十万吨放射性铀的散失。这些含铀煤炭一经燃烧，放射性铀就会进入空气中，飘散到城市的各个角落。也正是因为这些放射性铀粉尘，造成了大气中形成威尔逊云室效应，使大团尘埃能够聚集且终日不散，导致现在的雾霾如此难以消散。江西也是铀矿的重要产区，2013 年赣州就因为当地铀矿开采造成的粉尘污染发生过抗议，原因是铀矿导致当地的肺癌死亡率陡增。

美军在伊拉克战争中使用的贫铀武器只留下了不到几吨的放射性粉尘，都被国际环保组织谴责多年，指责其危害当地儿童健康造成各种出生缺陷和癌症。而我国每年从烟囱中排放几十万吨放射性铀粉尘，其危害是无法用化学作用消除的，几亿年难以消退。

当今中国的核雾染已经相当严重，到了危及千秋万代的程度，但是政府为了隐瞒真相掩盖灾难，已经将“核雾染”列为互联网和微博上无法搜索的禁词，不让老百姓得知真相，企图捂住雾霾问题。

为了让政府悬崖勒马，停止放射性铀对环境的继续污染，希望大家多多传播，让更多人了解真相，让政府采取行动，展开全面调查，规范煤炭生产，阻止灾难恶化。

解释材料 1：

您所阅读的《河南杞县放射源卡源事故》为谣言。

2009 年，河南杞县的确发生过放射源卡源的事故，但是并没有造成放射性外泄（辐照室周围墙体为厚度 1.8 米、顶部厚度 1.5 米的钢筋混凝土结构）。河南省环保厅技术人员当时连夜赶到了现场，经监测，周边环境辐射剂量处于正常的本底水平，扑灭火源的排水放射性活度也符合排放标准。此次事故不属于辐射事故，属于生产过程中的卡源故障。之后，国家环保部核与辐射安全司，连同河南省环保厅，西南科技大学等相关单位，运用四台机器人成功将放射源放回辐照室中央地下 6 米深的水井内，化解了此次卡源危机，没有对周围环境和人员造成辐射危害。

解释材料 2：

您所阅读的《连云港乏燃料后处理厂》为谣言。

江苏连云港核循环项目在 8 月 10 日已经停止。该项目中所涉及的后处理厂并不会接受全国所有的乏燃料。后处理厂只是将乏燃料中有用的铀、钚提取出来，剩下的放射性废物会经过严密的玻璃体密封固化，使得其保存状态更加稳定。法国阿海珐公司的后处理厂具有全世界最先进的处理经验，安全可靠。

在选址过程中也考虑到了连云港的地理位置以及航运条件与法国已有的阿格后处理厂相似，并非刻意针对连云港市。

解释材料 3：

您所阅读的《核雾染》为谣言。

2013 年年底自称物理学博士的马可安所著关于“核雾染”的博文曾在网上广

泛传播，因其传播范围广果壳网将其评为 2014 年十大科技谣言。近几年每逢雾霾，就会在社交媒体上再度传播。

《中国青年报》在谣言传播之初就曾对马可安的博士身份进行求证，在其微博资料显示的学校毕业生处并没有找到他的入学记录，且该校物理学科也没有颁发过博士学位。他在之后接受媒体采访时承认，他并没有掌握华北雾霾与核辐射直接相关的数据，“核雾染”说法是他凭物理直觉“灵机一动”的结果。经腾讯《较真》栏目记者调查，马可安在美国网站上有两个英文博客，都是专门讨论投资、讨论如何选择股票的，甚至博客名称就叫“Stock Psychology（股票心理学）”，马可安在 2013 年以前每年都会精心撰写十几篇乃至更多的文章，谈论他的投资心得。他炮制“核雾染”的说法极有可能是为了唱衰中国煤炭行业，动机很可能只是为了抬高自己的股票。

（三）涉核谣言辟谣效果实验（实验 C）材料

在阅读完以上材料时，将被试分为甲、乙、丙三组，发放不同的辟谣材料，进行 C 实验（谣言内容正文中已出现，此处略），三组的问题相同，如下：

1. 阅读完以上说法，请对以下观点进行判断

观点	正确	错误	不确定
雾霾围城，中国的灭族灭国之灾			
雾霾对人的身体健康造成影响，长期危害还需进一步跟踪研究			
雾霾经久不散是燃煤中的放射性铀粉尘造成的，这些粉尘几亿年难以消退，可能会致癌			
大面积、持续性雾霾，主要还是人类活动导致的污染物（如汽车尾气等）激增所致，也与我国的天气状况有关			
煤矿中的放射性物质含量极低，其燃烧所产生的粉尘不足以对公众的健康造成辐射			
雾霾的形成与核辐射没有直接关系			
传播核雾染原理，让大家知道雾霾真相，迫使政府悬崖勒马			
民众应理性看待雾霾成因，拒绝散播谣言			

2. 你是否会将马可安博士的文章传播给其他人？

1	2	3	4	5
绝对不会	不太可能	不确定	比较可能	一定会

（四）被试承诺书

请您仔细阅读以下声明并签字：

以上实验材料为网络上已有报道和博文的整理加工（具体内容在网上均可查证），是已被辟谣过的谣言内容。实验目的仅在于调查受访者态度，不代表实验人员本人的观点和立场。如若因为实验材料对受访者产生任何心理上的负面影响，实验人员对此不承担责任，并保留最终解释权。希望您理性看待实验材料，切勿相信谣言，不要对谣言进行二次传播。

签名：____________________

第六章
核能公众接受性与公众沟通

我们都有类似的经验：家长教育子女攀爬围墙是十分危险的，对于有些孩子有效果，但对于某些孩子收效甚微。对于不听劝告的孩子，直到有一天他因为攀爬围墙摔下来，弄伤了手或者腿，他才知道攀爬围墙的危险性，就再也不会去冒险做这样的行动了。说到底，之前孩子不能接受“攀爬围墙是危险的”这一概念，是他对于这个行为产生的危险没有认知，或至少没有认知充分。虽然家长也做了很多沟通，但这些沟通对于某些孩子是有效的，对于另一些孩子这些沟通依然没有到位。毕竟，每个人的理解能力与对于风险的认识不同。但毋庸置疑的是，家长必须用适当的方法让他对此事有充分的认知，可能是语言的，可能是图示的，也可能是带他体会一下小摔伤的切肤之痛。与此类似，提高核能公众接受性的关键点在于提高公众对核能的认知水平，而不论从信任的角度还是从技术的角度来做到这一点，最终都必然要落脚在公众沟通上。

当然，公众沟通和子女安全教育还是有所不同。如果只考虑沟通的主客体，子女安全教育的直接目的是通过提升孩子的知识水平来保障其生活的安全，直接受益方是沟通客体；核能公众沟通的直接目的是通过提高公众对核能的认知水平提高核能公众接受性，根本目的是推动核能发展，直接受益方是沟通主体（或至少主要受益方是沟通主体）。从这个不同点上看，由于客体缺乏动力，核能公众沟通可比子女安全教育难多了。如果仅仅把公众沟通当作是提高核能公众接受性的方法，公众沟通也确实难以推进，但是如果放在更大的格局来看，公众沟通还有重大意义（见图 6–1）。

在讨论这个意义之前，不妨再次回到子女安全教育的例子上。显然，除了子女，家长也是在安全教育上获利的：使子女远离安全问题，可以让自己摆脱紧张的心情，免于子女受伤时繁重的照顾，还有更多的时间可以去考虑其他重要的工作和生活问题，使家庭更加和谐乐观等——对父母个人和家庭整体都是有益的。类比而言，核能公众沟通也是有广泛收益的：公众作为被沟通对象，何尝不是在满足自己参与重大决策的诉求，何尝不是在行使自己的知情权、参与权与监督权？而站在国家的角度，公众沟通使社会更加和谐，也正因如此，公众沟通作为社会主义民主政治不可或缺的一环，也是明文规定必须认真推进的工作。从这个意义上讲，核能公众沟通除了对沟通主体有益，还对于满足人民的诉求和国家的要求有益，正确认识到这两点，才对核能公众沟通有一个完整的认识。

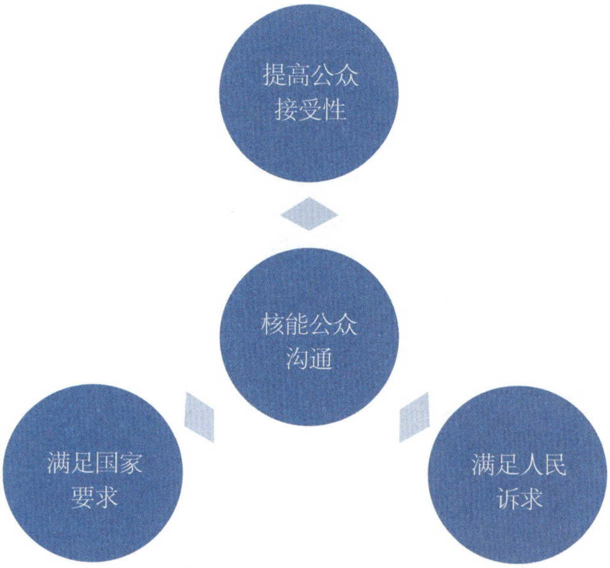

图 6–1　核能公众沟通的重要意义

在核能公众沟通的学术研究与具体执行过程中，一般会把公众沟通具体为科普宣传、公众参与、信息公开和舆情应对四方面。本章将首先解读公众沟通对满足公众诉求和国家要求的意义，然后从上述四方面提出具体的公众沟通方法，并在附录中以案例的形式给出了某些核设施的公众沟通标准化流程和对外公开信息口径，供读者们学习和使用。

一 . 从公众需求看核能公众沟通的必要性

"真理越辩越明"是我们常常有的一种体验，在和别人讨论问题时，对问题的认知会逐渐清晰，问题的答案也逐渐浮现，醍醐灌顶、灵光一现常常在沟通时发生。这是因为表达时我们要把想法转变为语言信息，并且和他人的信息进行交换，在这个过程中，杂乱的想法被整理成有效的信息，发散的思绪被提炼为凝练的中心思想。"听君一席话，胜读十年书"，正是因为直接的沟通交流会让人的认知迅速提高，所以人们喜欢沟通交流。公众沟通的形式并不全是谈话，但是本质仍然是公众、各级政府、企业等社会主体间的信息交换和思想碰撞。每一个公众个体对公众沟通的认识和需求程度的高低都有不同，参与沟通的出发点也不一样，但是归结起来，基本有三点：对科学的求知欲、行使自己的正当权利以及满足高层次的需要。不管从哪一点看，公众沟通都极为必要。

（一）对科学的求知欲

核科学亦是科学，公众对科学的求知欲在核科学上也不例外，甚至有过之而无不及。不论是从调查的直接结果还是影视剧的间接体现，我们都不难发现，核科学在公众心中始终是高端神秘的“黑科技”——核武器是国之利器，核电站是国之荣光，核能近乎永续能源，涉核几乎等价于涉密——这在上一章的传播学研究中已然说的比较充分。人类对未知既有恐惧也有好奇，实际上公众对核科学的求知欲并不低，然而这种欲求没有得到充分满足。我国于1991年建成第一座核电站并投入商运，在30多年的核能发展中，速度虽然可观，但社会公众对于核能的了解却依然十分有限。对大部分公众而言，提及“核”首先联想到的会是核辐射和原子弹，这源于对核能利用不能够正确理解。福岛核事故后，有关机构针对我国核能科普知识的普及情况进行了调查，结果显示在福岛核事故发生之前，仅有20%左右的公众接触过核能科普知识，65%左右的公众从来没有接触过这类信息，而95%以上的受访群众认为有必要在我国大范围开展核科普宣传。

福岛核事故发生之后，虽然社会各界逐步开展了一些类似核安全科普讲座及展览等活动，但上述调查发现，有近一半的受访者认为近期开展的这些活动虽增加了自身对核安全知识的一些理解，但大部分公众对核的理解仍处于表面状态。可见，我国对公众的核科普宣传活动的力度及影响仍然不够，社会公众对于核能知识的了解仍然不足。其实，类似于核安全这样非常敏感同时专业性较强的问题，科普宣传不能等到核事故发生后才做，只有长时间对社会公众的普及宣传才能取得较好效果。核科普的长期宣传，一方面能让公众正确认识核能，了解核能科普的特性及应急措施；另一方面也能加大公众对核安全的参与和监督工作，使有关部门完善核安全保护工作。否则，平时没有重视核安全方面的科学普及，发生情况后公众会对核安全主管部门和应急部门产生质疑和指责。实际上，日本福岛核事故发生后，日本国内公众就对日本政府与东电公司的应急及处理方式产生了很大的质疑和抗议，认为日本政府及东电公司对核泄漏事故处理不力，延误了事故处理的最佳时机，未能有效控制事故发展态势。平心而论，日本政府和东电公司处理此事的表现并不能说有很大问题，但公众对此的误解，除了心理上的因素外，很大程度还是不了解相关的知识。

（二）权利行使的表现

公众沟通是公众行使知情权、参与权与监督权的重要途径，公众行使这些正当权利，是对自己负责，也是对社会负责。随着民主意识和社会责任感的进一步增强，已经有越来越多的公众主动参与公众沟通，行使自己的权利。

知情权是指知悉、获取信息的自由与权利，包括从官方或非官方知悉、获取相关信息，公众沟通是保障公众知情权的最重要途径。目前，公众获取信息的途径以查阅政府和企业公开的信息为主，各类科普活动为辅，其中信息公开的内容又包括主动公开的信息和依法申请公开的信息。尽管政府和企业已经按规定公开信息，但是公众并不一定进行了查阅，要进一步保障公众的知情权，就要发挥政府和企业的主体作用，更加积极主动地进行科普宣传和鼓励公众查阅公开信息。

参与权是指公民有依照法律的规定参与国家公共生活的管理和决策的权利。由于核设施工程几乎都是重大工程，与公共生活息息相关，参与核设施工程的管理和决策就成为行使参与权的一环。公众发挥作为社会主体的参与精神与参与能力，参与到核设施工程的管理和决策中，表达自己的态度和意见，在一定程度上实现了社会自治。随着互联网的全面普及和网络政治的迅速发展，公众行使参与权的方式空前多样，行使参与权的热情也空前高涨，公众参与的必要性愈发体现。

监督权是指公民有监督一切国家机关及国家工作人员的公务活动的权利。核设施工程落地需要多个国家机关的审批和许可，公众有权利对这些流程进行监督。而实现监督的基础正是公众沟通，只有信息透明，渠道畅通，公众才能有效行使监督权。

知情权、参与权和监督权往往是紧密联系在一起的，参与和监督的基础是知情，知情的后续动作包括参与和监督，行使监督权又必然参与，公众沟通保障了这些权利，必须引起重视。

（三）高层次需求的满足

我们在第三章曾谈到，个体有三个高层次的需求：社交需求、尊重需求和自我实现的需求，公众沟通为实现这三种需求都提供了途径。

对于社交需求，公开的信息可以作为公众茶余饭后的谈资，也可以是网络议论的焦点（不能轻视谈资，这也是日常交流的重要要素），而座谈会、论证会、听证会等公众参与的活动，直接满足了公众进行社会活动的需求；对于尊重需求，首先公众沟通表现了政府和企业对公民主体和公众权益的尊重，其次公众参与公共决策增加了自身的成就感，有利于自我尊重的达成；对于自我实现，公众沟通为媒体从业者、环境保护群体、意见领袖等群体提供了实现自我价值的途径。

在低级需求较为满足的情况下，对高级需求的追求是不可避免的。公众沟通不仅使核能信息广泛传播，还丰富了满足公众高级需求的方式方法，丰富了公众的民主生活和精神生活，释放了个人压力和社会压力，可谓是一举多得。

二 . 我国法律规范对核能公众沟通的要求

我国多个法律规制文件和指导文件都对公众沟通作出了要求，由于舆情应对的特殊性，这些文件针对的主要是科普宣传、信息公开和公众参与。我们梳理了 38 份与核能相关的公众沟通的关键法律规制文件（表 6–1），从类型上看，有 9 部法律、3 部行政法规、4 部部门规章、14 份规范性文件（含政策文件及技术文件）、6 份内部文件和 2 部白皮书；从内容上看，以公众沟通参与为主题的文件（下简称一类文件）共 18 份，提及公众沟通参与的文件（下简称二类文件）有 20 份。下文将按照类型梳理这些文件对公众沟通的要求。

（一）法律

从对法律的调研结果来看，我国对公众沟通一直非常重视，对信息公开、公众参与和科普宣传都作了有关规定：《核安全法》、《环境保护法》等法律都有专门的信息公开和公众参与章节；《环境影响评价法》明确要求对“专项规划的编制机关对可能造成不良环境影响并直接涉及公众环境权益的规划”和“除国家规定需要保密的情形外，对环境可能造成重大影响、应当编制环境影响报告书的建设项目”要征求公众意见；《放射性污染防治法》规定，“县级以上人民政府应当组织开展有针对性的放射性污染防治宣传教育，使公众了解放射性污染防治的有关情况和科学知识”；《中华人民共和国科学技术普及法》规范了科普组织和个人的行为；其他法律也对信息公开做出了具体的要求。

《核安全法》、《大气污染防治法》、《环境保护法》还对信息不透明的情况作出了惩罚规定；《科学技术普及法》的惩罚规定针对的则是在科普中有不正当行为的个人和组织：

中华人民共和国核安全法

第七十五条　违反本法规定，有下列情形之一的，对直接负责的主管人员和其他直接责任人员依法给予处分：

……

（二）国务院有关部门或者核设施所在地省、自治区、直辖市人民政府指定的部门未依法公开核安全相关信息的；

……

第八十八条　违反本法规定，核设施营运单位未按照规定公开相关信息的，由国务院核安全监督管理部门责令改正；拒不改正的，处十万元以上五十万元以下的罚款。

中华人民共和国大气污染防治法

第一百条　违反本法规定，有下列行为之一的，由县级以上人民政府环境保护主管部门责令改正，处二万元以上二十万元以下的罚款；拒不改正的，责令停产整治：

……

（四）重点排污单位不公开或者不如实公开自动监测数据的；

……

中华人民共和国环境保护法

第六十二条　违反本法规定，重点排污单位不公开或者不如实公开环境信息的，由县级以上地方人民政府环境保护主管部门责令公开，处以罚款，并予以公告。

第六十八条　地方各级人民政府、县级以上人民政府环境保护主管部门和其他负有环境保护监督管理职责的部门有下列行为之一的，对直接负责的主管人员和其他直接责任人员给予记过、记大过或者降级处分；造成严重后果的，给予撤职或者开除处分，其主要负责人应当引咎辞职：

……

（七）应当依法公开环境信息而未公开的；

……

中华人民共和国科学技术普及法

第五章法律责任

第三十条　以科普为名进行有损社会公共利益的活动，扰乱社会秩序或者骗取财物，由有关主管部门给予批评教育，并予以制止；违反治安管理规定的，由公安机关依法给予治安管理处罚；构成犯罪的，依法追究刑事责任。

第三十一条　违反本法规定，克扣、截留、挪用科普财政经费或者贪污、挪用捐赠款物的，由有关主管部门责令限期归还；对负有责任的主管人员和其他直接责任人员依法给予行政处分；构成犯罪的，依法追究刑事责任。

第三十二条　擅自将政府财政投资建设的科普场馆改为他用的，由有关主管部门责令限期改正；情节严重的，对负有责任的主管人员和其他直接责任人员依法给予行政处分。

扰乱科普场馆秩序或者毁损科普场馆、设施的，依法责令其停止侵害、恢复原状或者赔偿损失；构成犯罪的，依法追究刑事责任。

第三十三条　国家工作人员在科普工作中滥用职权、玩忽职守、徇私舞弊的，依法给予行政处分；构成犯罪的，依法追究刑事责任。

从惩罚规定具体内容上看，除《科学技术普及法》外，其他有关法律针对的都是“信息公开”有问题的情况，并没有提及科普宣传，这是因为信息公开的主体只涉及政府和业主单位，责任比较好划分，定责也比较容易，监管评价也最为方便。尽管如此，按照有关法律的要求，政府和企业还是应该对科普宣传和公众参与同等重视。这在本节最后我们会详述。

（二）行政法规

与涉核重大工程公众沟通参与有关的行政法规主要包括《中华人民共和国政府信息公开条例》、《规划环境影响评价条例》和《建设项目环境保护管理条例(2017修订)》。

《政府信息公开条例》对信息公开作出了详细的规定：确定了信息公开公众机构的具体职能；确定了信息公开“遵循公正、公平、合法、便民的原则，坚持以公开为常态、不公开为例外”，确定了公开的主体和范围，将信息公开分为了主动公开和依申请公开两类，给出了监督和保障措施。

《规划环境影响评价条例》第四条指出，“国家建立规划环境影响评价信息共享制度。县级以上人民政府及其有关部门应当对规划环境影响评价所需资料实行信息共享”；第十三条提出了对可能造成不良环境影响并直接涉及公众环境权益的专项规划需要采取的公众沟通措施。

《建设项目环境保护管理条例(2017修订)》是对《中华人民共和国环境影响评价法》的补充，特别是在公众沟通上，增加了一些要求。《建设项目环境保护管理条例(2017修订)》第九条“环境保护行政主管部门应当开展环境影响评价文件网上审批、备案和信息公开”，对政府部门提出了要求；第十七条“……除按照国家规定需要保密的情形外，建设单位应当依法向社会公开验收报告”，使信息公开更加完整。

与有关法律类似，上述行政法规也缺少对公众参与和科普宣传的监管和惩罚规定，这些文件更具体地规定了公众沟通的内容，指导了公众沟通的方式方法。

（三）部门规章

与涉核重大工程公众沟通参与有关的部门规章均由生态环境部或其前身发布，包括《环境影响评价公众参与办法》、《环境保护公众参与办法》和《环境信访办法》和《企事业单位环境信息公开办法》等。

《环境影响评价公众参与办法》对环境影响评价公众参与的内容、形式作出了规定，其中第三十二条对核设施有专门的要求：

第三十二条 核设施建设项目建造前的环境影响评价公众参与依照本办法有关规定执行。

堆芯热功率300兆瓦以上的反应堆设施和商用乏燃料后处理厂的建设单位应当听取该设施或者后处理厂半径15公里范围内公民、法人和其他组织的意见；其他核设施和铀矿冶设施的建设单位应当根据环境影响评价的具体情况，在一定范围内听取公民、法人和其他组织的意见。

大型核动力厂建设项目的建设单位应当协调相关省级人民政府制定项目建设公众沟通方案，以指导与公众的沟通工作。

《环境保护公众参与办法》为公众参与环境保护中获得有关信息提供了支持，在明确环境保护主管部门和企业进行信息公开的基础上，还鼓励公众和组织通过举报、诉讼、环保活动等多种形式参与环境保护工作，例如第十五到十七条有如下规定：

第十五条 对保护和改善环境有显著成绩的单位和个人，依法给予奖励。

国家鼓励县级以上环境保护主管部门推动有关部门设立环境保护有奖举报专项资金。

第十六条 环境保护主管部门可以通过提供法律咨询、提交书面意见、协助调查取证等方式，支持符合法定条件的环保社会组织依法提起环境公益诉讼。

第十七条 环境保护主管部门应当在其职责范围内加强宣传教育工作，普及环境科学知识，增强公众的环保意识、节约意识；鼓励公众自觉践行绿色生活、绿色消费，形成低碳节约、保护环境的社会风尚。

《环境信访办法》规定了环境信访的工作机构、信访渠道、信访事项、信访受理、信访受理督办以及法律责任。

《企事业单位环境信息公开办法》主要关注的是重点排污单位，其名录规定和公开信息如下：

第八条　具备下列条件之一的企业事业单位，应当列入重点排污单位名录：

（一）被设区的市级以上人民政府环境保护主管部门确定为重点监控企业的；

（二）具有试验、分析、检测等功能的化学、医药、生物类省级重点以上实验室、二级以上医院、污染物集中处置单位等污染物排放行为引起社会广泛关注的或者可能对环境敏感区造成较大影响的；

（三）三年内发生较大以上突发环境事件或者因环境污染问题造成重大社会影响的；

（四）其他有必要列入的情形。

第九条　重点排污单位应当公开下列信息：

（一）基础信息，包括单位名称、组织机构代码、法定代表人、生产地址、联系方式，以及生产经营和管理服务的主要内容、产品及规模；

（二）排污信息，包括主要污染物及特征污染物的名称、排放方式、排放口数量和分布情况、排放浓度和总量、超标情况，以及执行的污染物排放标准、核定的排放总量；

（三）防治污染设施的建设和运行情况；

（四）建设项目环境影响评价及其他环境保护行政许可情况；

（五）突发环境事件应急预案；

（六）其他应当公开的环境信息。

列入国家重点监控企业名单的重点排污单位还应当公开其环境自行监测方案。

从部门规章上看，公众参与和信息公开被生态环境部视为公众沟通参与最重要的两大抓手，对公众参与和信息公开的细化规定畅通了公众沟通的渠道，也使对下级部门和企业的工作指导更为具体。同时，作为一种公众参与方式，信访得到了重视和规范，而科普宣传虽然没有单独的规章，但是被纳入到了公众参与中，仍然需要重视。

（四）规范性文件

在法律、行政法规和部门规章之下，关于公众沟通参与的规范性文件不胜枚举，我们从中挑选了 14 个最具代表性文件，详见表 6-1。

其中，《生态环境部政府信息公开实施办法》依据《中华人民共和国环境保护法》《中华人民共和国核安全法》《中华人民共和国政府信息公开条例》等法律法规制定，内容上与《政府信息公开条例》相对应，更为具体地给出了生态环境部政府信息公开的规定。例如《生态环境部政府信息公开实施办法》第十七条规定给出了信息公开的具体形式：

第十七条 主动公开的政府信息，通过以下一种或者几种方式、场所、设施进行公开：

（一）生态环境部政府网站、国家核安全局网站；

（二）生态环境部公报、中国环境报；

（三）新闻发布会；

（四）生态环境部微信、微博、生态环境部政府网站客户端；

（五）广播、电视、报刊等新闻媒体；

（六）信息公告栏、电子信息屏、资料查阅室、行政审批大厅等设施、场所；

（七）其他便于公众获取信息的形式。

《环境保护公共事业单位信息公开实施办法（试行）》在《生态环境部政府信息公开实施办法》下产生，内容类似，是对事业单位信息公开的规范。《关于环境保护若干问题的决定》强调要提高全民环保意识；《关于全面推进政务公开工作的意见》、《〈关于全面推进政务公开工作的意见〉实施细则》、《建设项目环境影响评价政府信息公开指南(试行)》、《生态环境部政府信息公开指南》、《生态环境部政府信息主动公开基本目录》、《关于加强核电厂核与辐射安全信息公开的通知》等文件对信息公开工作进行了进一步指导和细化；《关于进一步加强环境保护科学技术普及工作的意见》对如何做环境保护科学方面的科普宣传工作了说明；《核技术利用项目公众沟通工作指南（试行）》主要针对核技术应用给出了公众沟通的要求；《环境保护工作国家秘密范围的规定》规定了秘密范围；《核安全文化政策声明》、《核安全文化特征》对核安全文化进行了解读，特别指出要“创建和谐的公共关系”。规范性文件是对更高级文件的解释说明，可操作性更强，是公众行使权力时最方便、具体的参考资料。

（五）内部文件

部分涉核相关的公众沟通与信息公开文件还以内部文件的形式发出，比较重要的有以下几个：《核与辐射安全监管信息公开方案》、《环境保护部（国家核安全局）核与辐射安全公众沟通工作方案》、《生态环境部新闻管理办法》、《环境保护部宣传教育工作指导办法》、《环境保护部（国家核安全局）核与辐射安全监管舆情监测和报告程序》、《环境保护部（国家核安全局）核与辐射安全舆情监测和应对预案》。这些文件随着在系统内部的使用会不断更新，会择机对外发布。

（六）白皮书

《中国21世纪议程》的最后一章是“团体及公众参与可持续发展”，提出：

实现可持续发展目标，必须依靠公众及社会团体包括工人、农民、妇女、青少年、科技界、教育界等支持和参与。

《中国的核安全》第五点则是“营造共建共享的核安全氛围”。提出：

有效保障核安全，人的因素最为重要。中国坚持不懈加强核安全文化建设，建立中央督导、地方主导、企业作为、公众参与的核安全公众沟通机制，规范和引导从业人员的思想行为，发动社会公众广泛参与，营造人人有责、人人参与，全行业全社会共同维护核安全的良好氛围。

《中国的核安全》还指出了“政府引领推动”、“行业积极作为”、“社会广泛参与”这三条具体措施。不论是核能发展还是核安全氛围的营造，都离不开公众沟通参与，两本白皮书的有关内容应该成为我国涉核重大工程公众沟通参与工作的重要依据。

表 6-1　我国涉核重大工程公众沟通及参与的法律规章体系及相关要求清单

分类	名称	发布机构	施行	最新修订时间
法律	中华人民共和国环境保护法	全国人大常委会	2015.1.1	2014.4.24
	中华人民共和国环境影响评价法	全国人大常委会	2003.9.1	2018.12.29
	中华人民共和国核安全法	全国人大常委会	2018.1.1	
	中华人民共和国放射性污染防治法	全国人大常委会	2003.10.1	
	中华人民共和国水污染防治法	全国人大常委会	2008.6.1	2017.6.27
	中华人民共和国大气污染防治法	全国人大常委会	1988.6.1	2017.6.27
	中华人民共和国环境噪声污染防治法	全国人大常委会	1997.3.1	2018.12.29
	中华人民共和国固体废物污染环境防治法	全国人大常委会	1996.4.1	2016.11.7
	中华人民共和国科学技术普及法	全国人大常委会	2002.6.29	
行政法规	**中华人民共和国政府信息公开条例**	国务院	2008.5.1	2019.5.15
	规划环境影响评价条例	国务院	2009.10.1	
	建设项目环境保护管理条例 (2017 修订)	国务院	1998.11.29	2017.7.16
部门规章	**环境影响评价公众参与办法**	生态环境部	2019.1.1	
	环境保护公众参与办法	生态环境部	2015.9.1	
	环境信访办法	国家环境保护总局	2006.6.24	
	企业事业单位环境信息公开办法	生态环境部	2015.1.1	

表 6–1　我国涉核重大工程公众沟通及参与的法律规章体系及相关要求清单（续）

分类	名称	发布机构	施行	最新修订时间
规范性文件（含政策文件及技术文件）	关于环境保护若干问题的决定	国务院	1996.8.3	
	关于全面推进政务公开工作的意见	中共中央办公厅、国务院办公厅	2016.2.17	
	《关于全面推进政务公开工作的意见》实施细则	国务院办公厅	2016.11.10	
	关于进一步加强环境保护科学技术普及工作的意见	科学技术部等	2015.6.8	
	建设项目环境影响评价政府信息公开指南（试行）	生态环境部	2014.1.1	
	生态环境部政府信息公开指南	生态环境部	2019.11.11	
	生态环境部政府信息主动公开基本目录	生态环境部	2019.3.5	
	核技术利用项目公众沟通工作指南（试行）	生态环境部	2015	
	生态环境部政府信息公开实施办法	生态环境部	2019.7.18	
	环境保护公共事业单位信息公开实施办法（试行）	生态环境部	2010.10.1	
	关于加强核电厂核与辐射安全信息公开的通知	国家核安全局	2011.4.1	
	环境保护工作国家秘密范围的规定	生态环境部、国家保密局	2004.12.28	
	核安全文化政策声明	国家核安全局、能源局、国防科工局	2014.12.19	
	核安全文化特征	国家核安全局	2017.3.29	
内部文件	**核与辐射安全监管信息公开方案**	国家核安全局		
	环境保护部（国家核安全局）核与辐射安全公众沟通工作方案	国家核安全局		
	生态环境部新闻管理办法	生态环境部		
	环境保护部宣传教育工作指导办法	生态环境部		
	环境保护部（国家核安全局）核与辐射安全监管舆情监测和报告程序	国家核安全局		
	环境保护部（国家核安全局）核与辐射安全舆情监测和应对预案	国家核安全局		
白皮书	中国 21 世纪议程	国务院	1994.3.25	
	中国的核安全	国务院新闻办公室	2019.9.3	

注：黑体为以公众沟通参与为主题的文件，其余为提及公众沟通参与的文件；由环境保护部发布的文件也视为生态环境部发布。

需要强调的是，公众沟通并非我国专有的法律法规要求，世界各个主要核电国家也在核与辐射安全领域对于公众沟通有相关的法律法规。我们在附录选取了美国、法国、日本、俄罗斯和韩国五个核能发达国家，介绍了相关的法律法规并列举了一些详细的条目。我们在此仅简要介绍其他国家公众沟通相关法律法规中比较有特色之处。

信息公开的时间不同。美、日等国在编制环境影响评价报告书时，各个阶段的信息公开时间均为 30 天，而我国的规定多为 10 天（后文有叙述），从时间上来看相对比较仓促。但是，考虑到我国经济发展也更为迅速，过长的信息公开时间的确与国情不符，因此，信息公开的时间应该逐步增加，分条增加，最后达到和国际持平的水平。

积极成立信息委员会。法国的地方信息委员会和核安全与信息透明高级委员会把政治、经济、科技、媒体等各界有效组织了起来，形成稳定的公众沟通机制，委员会成为公众和核设施业主沟通的桥梁，既以代表的形式帮助公众行使了知情权、参与权和监督权，又通过自己的行业经验和专业知识帮助核设施项目更好地推进和进行公众沟通，减轻了业主负担。而在我国，在核设施落地时，周边往往会逐步出现各个领域的意见领袖，有鉴于此，未来可效仿法国成立地方信息委员会信息透明高级委员会，在项目伊始就打通和各个领域代表的沟通渠道，并联合他们一起进行公众沟通。

重视听证会和说明会。日本、韩国、印度对听证会和说明会都尤为重视，我国应当适当效仿。重视听证会，一方面是程序正当化的具体表现，另一方面是可以形成工作沟通工作的一个重要抓手，为此，可以考虑对听证会的流程和后续工作做更详细的规定，以使各个时间节点听证会更加规范有效。

我国有关公众沟通的法律法规同其他核能大国相比并不逊色。我国《核安全法》有单独章节阐释公众参与，《放射性污染防治法》也有条款规定，《生态环境部政府信息公开指南》《环境影响评价公众参与办法》《核与辐射安全公众沟通工作方案》一脉相承，所以从范围上看，我国法律法规与他国相比没有显著空白。我国将要出台的《原子能法》在总则里有条款对科普宣传、信息公开和公众参与作了规定，待《原子能法》出台和有关规定的进一步完善，相信我国将成为在核与辐射安全领域的公众沟通法律法规最健全的国家之一。

需要强调的是，法律规范是工作的“底线”并非“高线”。在我国政府与核电企业开展信息公开和公众参与的工作中，基本不存在突破底线的情况，但在满足法律法规要求的基础上如何使公众沟通做得更加有效，是大家都在他探索的问题，毕竟，公众沟通是一个没有“高线”的工作，虽然怎么做都不过分，但也要综合考虑人力物力。在下一节我们将要介绍公众沟通的实操经验，相信一些具体细节的介绍，会给读者带来收获。

三 . 核能公众沟通方案的研究

核能公众沟通具体包括科普宣传、公众参与、信息公开及舆情管理四方面的工作，在时间上贯穿核设施工程选择、建造、调试、运行和退役全阶段，在地域上重点在核设施厂址一般是半径 15–20 公里范围内并在条件允许的情况下进一步辐射，部分工作还应在全国范围进行。公众沟通的总体目标为根据国家的有关规定和要求，通过统筹运作，有效沟通，保障公众的知情权、参与权和监督权提高公众对核能认知度和接受度，为核能乃至核工业的发展营造良好的舆论氛围和社会环境。

（一）科普宣传

科普宣传是指利用各种传媒以浅显的、通俗易懂的宣传方式，让公众了解核能有关知识，消除对核能的误解，拉近公众与核能的距离，引导公众科学理性地看待核能。

1. 重点工作方向

推动科普常态化。科学技术是第一生产力，先进的科学技术必须有肥沃的科学基础作为土壤，要提高全民科学素养，就必须使科普常态化。对于核科学技术，使科普常态化更加重要。首先，核科学的发展从未停滞：反应堆堆型不断丰富，小型化、模块化、移动化日益成为反应堆发展新趋势；核技术在医疗、国防、航空航天等领域的新利用在持续探索；核燃料循环技术发展日新月异——核能从业者需要常态化地向公众介绍相关知识。其次，常态化的科普才能在公众心理留下深刻印象，才能长期提高核科学认知水平，如果期望公众把核能当作一种“常态”能源，常态化的科普必不可少。

推动科普网络化。现在不仅是网络时代，还是用户生成内容（User Generated Content，UGC）时代，公众不仅在网络上获取信息，并且不断生产和交换信息。“星星之火，可以燎原”，网络的力量不容忽视，在这种新形势下，谁在网络上花的功夫多，谁就占据了话语权，推动科普网络化，是顺应时代发展的必然。

加强与媒体的沟通交流。媒体既是沟通的对象，也是沟通的渠道，正如我们在第三章强调的，媒体应该成为我们的朋友，而不应成为别有用心者的工具。要做到这一点，涉核人员就必须主动加强与媒体的沟通交流，通过邀请媒体参观核设施，参加学术会议，参加重大决策，进行新闻采访等等方式，让媒体认同核能，然后发挥其二次传播的作用，使科普宣传事半功倍。

2. 通用性重点宣传内容

《中华人民共和国科学技术普及法》第四条指出，“科普是公益事业，是社会主义物质文明和精神文明建设的重要内容。发展科普事业是国家的长期任务。”科普宣传不应只关注于让公众接受核能，还要实实在在地提高公众科学素养，传播科学思想。因此，通用性重点宣传内容一部分应该是从公众需求出发，满足公众求知欲，解答公众最关心的问题，另一部分则应是从提高公众接受性的角度出发，从根本上提高公众核能认知水平的内容。经过研究，我们总结出以下几个方面的通用性重点宣传内容。

简单的核物理基本知识及核物理发展史。由于核物理基本知识较为深奥，在科普宣传中常常被略去，而核物理发展史和核工程实践关系并不密切，也不受重视。但是，核物理基本知识和核物理发展史是一切核工业发展的基础，也是最能提高公众对核科学的认知水平和科学素养的内涵。了解这些基础知识和历史，还有助于把公众对核能的看法从“工程”提高到“科学”的高度，普朗克、卢瑟福、查德威克、玻尔、爱因斯坦等举世闻名的大科学家都在核科学领域大放异彩，了解他们的历史，就是让他们为核能“背书”，公众了解到核能背后有严谨的科学体系作支持，对核能的认可度自然也会提高。具体而言，这些核物理基本知识和核物理发展史重点包括：原子、电子、中子、质子的发现人及大致发现时间；原子结构模型（枣糕模型、波尔模型等）的发展历程；质能方程及裂变、聚变原理；衰变的定义和性质；α 射线、β 射线和 γ 射线的发现和应用等。

辐射防护有关知识。辐射广泛的存在于日常生活中，但是公众对辐射却存在很多误解。了解辐射防护知识从根本上让公众对辐射安全有了科学的认知判断，有利于公众更客观地对核设施进行评价。此外“辐射理疗仪”“防辐射孕妇服”等伪科学产品，“电子产品辐射致癌”等认知偏差，都需要通过科普辐射防护有关知识来打击和纠正。只有让整个社会对辐射的认知更加理性科学，公众对辐射的恐惧才会消失。具体的辐射防护有关知识重点包括：致电离辐射和非电离辐射的区别；三种射线的穿透能力和相应的屏蔽材料；辐射防护三要素（时间、距离和屏蔽）；天然本底照射剂量、飞行剂量、CT 剂量和公民剂量限值；低剂量效应与线性无阈假设等。

核技术应用情况。这里的核技术指的是广泛应用的非动力核技术。科普核技术应用情况的目的在于使公众了解身边的核知识，从而减少对核的距离感，降低对核的恐惧感，增加对核科学的认可度。可以科普的核技术包括：客运和货运安全检查仪器及原理；工业 CT 等无损检测装置；放射性治疗原理，核医学技术；植物辐射诱变育种、昆虫辐射不育等农业应用；大气污染物检测技术。

核能基础知识。科普核能基础知识，使公众对核能发电原理和核电厂基本结构有所了解，有利于拉近公众与核能的心理距离，消除核电厂的神秘感，使核电和水电、火电一样广为人知。应重点科普的核能基础知识包括：反应堆原理；核电厂结构；核电站与火电站的异同；反应堆技术发展史，各代反应堆特点；核能衍生技术，例如反应堆制氢、海水淡化等。

核能发展对全人类的意义。核能被人类和平利用是20世纪人类社会取得进步的一个重要阶梯，核能将会是人类很长一段时间内的重要能源解决方案。具体包括：核能功率密度大，能量密度高，为人类向宇宙、深海、地底的探索提供了更有力的支持；核能是清洁能源，储量巨大，有利于全球环境治理和气候改善。

我国核能发展情况。核能科普宣传不可能脱离我国核能发展情况和安全水平，应该重点科普的内容有：核能经过七十多年的发展已经是一项非常成熟的技术，我国核电建设起步于核电技术的成熟阶段，具有后发优势；我国在运、在建核电项目安全营运管理水平属于世界先进行列；核电项目在安全防护上均采取纵深防御策略，且在核电运营方面有着多年积累的安全运营经验，即使在地震、海啸、地质灾害、洪水等极端灾害情况下，也能在最大程度上保证核电项目的安全；我国在运核电站数量位居世界第三，但核能发电占比不足5%，仍有很大的发展空间。

核能对国家发展和地区发展的重要性。核能本身除了环保和安全外，还有经济性这一重要特性，而核电站建设更是可以强力带动地区经济发展，这方面应该科普的重点内容包括：发展核电、核能供热是确保国家能源战略安全的一个重要举措；是实现节能减排、保护生态环境、改善空气质量、实现由传统能源向清洁能源转型的重要步骤；核能项目将推动地区经济腾飞。核能项目可以带动关联产业发展，增加地区就业机会，提高地区经济地位，并形成良性循环，吸引更高资金和人才，不断发展地区经济。

可以发现，我们并没有过分强调核电的风险和安全问题，这一方面是基于我们之前几章的研究结论，另一方面是这些科普内容很丰富，公众已经可以获得足够的知识，我们并不需要再灌输。

3. 宣传对象细分

针对不同受众群体，公众宣传的手段也应有所区别。首先，同我们的研究对象相同，宣传对象亦有定域和广域的区别。其次，对于广域宣传对象，应该根据年龄、职业、信息获取习惯等特征进行细分；对于定域宣传对象，根据利益诉求的强弱和影响力的强弱，也应该有所区分。

（1）宣传对象的定域广域之分

广域的宣传对象则是指定域宣传对象之外的全社会范围的公众；定域的宣传对象指的是靠近核项目、核设施的宣传对象。对于广域的宣传对象，宣传目的在于提高其核能认知水平和核科学素养，进一步形成良好的社会风气；对于定域的宣传对象，其目的在于提高项目周围公众对核项目、核设施的接受性，避免反核心理产生和群体性事件的发生，为项目平稳推进，设施顺利落地提供基础。

（2）广域宣传对象

广域宣传对象涉及的人数众多，群体庞杂，过于细分反而适得其反，无法集中宣传资源，因此要抓住主要特征对其进行分类。

首先，要划分宣传对象年龄。每个年龄阶段的绝大部分人都有相应的特点，而针对这些不同的特点，发布的信息侧重也不同，例如，三十到四十岁的人群不仅处于事业的关键期，还需要关注子女的成长，对社会资源的分配，政策的发布，重大项目的决定都十分关注，但是如果核能不与其直接相关，就很难去关注核能信息，所以对这个年龄阶段的人宣传的应该主要和核能经济性有关；退休年龄的老人大都生活比较悠闲，有较多的时间关注各类信息，并且对后代的关注程度会越来越重，因此针对他们宣传就要增加核能环境友好性、可持续的内容。

其次，要根据职业划分宣传对象。职业不仅反映了平均收入水平和工作对象，还决定了个人的思维方式和关注点。例如，科研工作者对核能安全性论证的理论依据和实验验证十分重视，金融工作者关注项目的收益，医护人员关注项目带来的健康影响，等等。因此，根据职业的不同，宣传的侧重点也不一样。

最后，还要根据信息获取习惯划分人群。信息获取习惯决定了信息存留时间和对应人群的信息处理特点。例如，习惯纸质阅读的人群，阅读时间较为完整，有能力处理更多的信息，可以给予完整的逻辑科普；习惯浏览视频的人，注重感官刺激，对信息处理得不细致，需要直接传递重点信息；习惯浏览论坛的人，注重信息交互，发出的信息就需要是个热点。

需要说明的是，在对广域宣传对象进行分类时，应该根据已有的宣传资料、资源和大致的宣传范围，再选择主要特征进行分类。

（3）定域宣传对象

在涉核项目开展的前期，定域宣传有较强的“功利性”，需要在短时间内提高地区的核能公众接受性，争取大部分决策者和公众的支持，避免反核意见的大规模传播。而由于科普宣传资源有限的情况客观存在，有必要对核设施周围地区的不同受众群体进行细分，合理分配科普宣传资源。根据受众影响力大小和利益诉求程度，可将受众分为四类，如图 6-2 所示。

1）核心宣传对象：指影响力大、利益诉求强的人群。这类公众与项目决策和施行直接相关，需要集中资源进行宣传。核心宣传对象主要有三类：一是党政机关主要领导，尤其是项目所在地市委书记、市长及分管副市长，掌握决策权，是项目落地的重要前置条件，主要关注项目的安全性、经济性和社会效益；二是市人大代表、政协委员及省人大代表（视项目情况决定是否涉及），他们对重大项目建设具有社会导向作用，在决策中具有决定或参谋作用，主要关注项目的安全性；三是市委宣传部、网监部门、发改委、环保局、国土局、林业局、海洋局、交通局、教育局、城建局、核电办等部门，关系到各项具体工作的开展。

2）重点宣传对象：指影响力大、利益诉求弱的人群，主要包括意见领袖，如媒体记者、医生、教师、知识分子、企业家等，是影响公众宣传效果的重要中间环节。这部分公众或掌握了沟通平台，或很容易影响其他人，是社会中话语权较大的群体，对其进行重点宣传，可以使科普信息很好地传播，而如果不重视，一些不利言论也很容易从他们开始迅速扩散。

3）次重点宣传对象：指影响力弱、利益诉求强的公众，主要包括厂址 15–20 公里内（尤其是 5 公里内）的普通居民和学生等，是数量最为庞大的公众宣传对象。把这类人群归为次重点宣传对象的原因是这类公众主要关注切身利益是否得到满足，只要满足了利益，就乐于接受核能，科普宣传在其中起到的是辅助作用而非主导作用。

4）普通宣传对象：指影响力弱、利益诉求弱的公众，例如项目周边较远地级市的居民等。对此类公众的宣传与定域宣传方式类似，但是在内容和频率上需要有所提高。

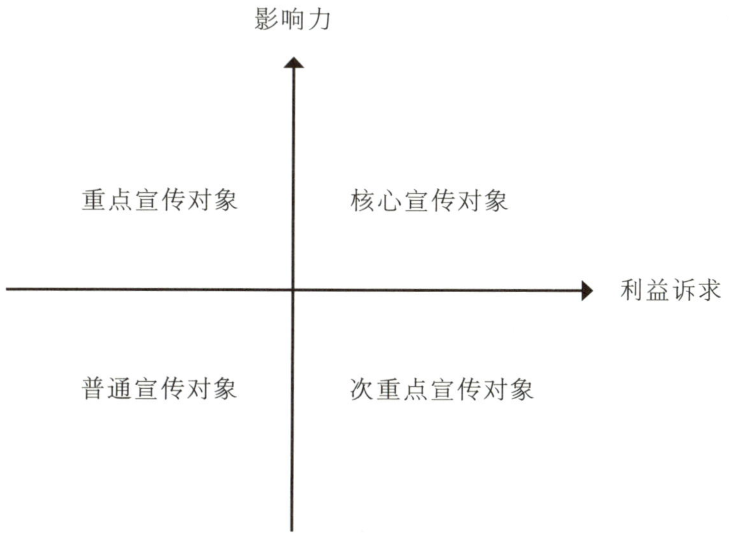

图 6–2　从影响力与利益诉求划分宣传对象

此外，还有一些特殊的对象需要根据情况给予不同的关注程度。例如有一些项目厂址在地级市的地理边缘地带，相邻地级市的公众对该项目的关注程度就会显著升高，宣传重视程度需要相应提高。又例如对于反核人士，要根据其反核出发点进行科普宣传，有的反核人士确实是因为认知水平不够，就需要加强科普宣传；有的反核人士背后有利益诉求，就需要尽可能地了解他的需求；而有的反核人士背后则是敌对势力，需要直接打击而非科普宣传。

4. 宣传方法

这一节我们首先给出多种宣传方法和宣传模式，然后给出针对不同宣传对象和宣传内容的定域宣传策略表。

设立国家核科学日。考虑到我国特有的政治制度，中央政府在普通民众心中具有较高权威性，中央政府对待核能的态度对于民众是否接受核能具有决定性作用。核科学日是一种很好的表现政府态度的周期性宣传活动，对各类宣传对象都有吸引力，对我国核能公众接受性的提升也有重要意义。

专家讲座。邀请院士、专家，举办核能发展与安全讲座、报告，邀请核心宣传对象和重点宣传对象参加，消除公众对核安全的疑虑，增强对核能发展的信心，加强政府部门对核能的支持力度。对讲座、报告还应采取直播、录像的方式，增加传播范围。

新闻发布会。邀请媒体参加新闻发布会，公布核电站建设情况，核项目为地区带来的预期积极影响。

编印发放核科普知识材料。通过相关宣传材料发放，将核能基础知识带进机关、校园、企业，提高各群体核能供热知识，营造浓厚积极的核能宣传氛围，取得各群体对发展核能的理解和支持。

组织公众到核电站参观。直接邀请公众到核电站参观，向其科普核电站的结构、安全设施，让核电站工作人员分享其培训、上岗和工作经历，拉近和公众的心理距离。

组织科普知识竞赛、科普夏令营等校园科普活动。组织核能科普竞赛可以引起学生关注，促进学生主动学习有关知识；科普夏令营不仅让学生了解了核能，还提高了其科学素养，是学生家长喜闻乐见的形式。

开展核能科普展览，建设核能博物馆、科技馆。举办临时的、流动的科普展览，搜集公众最有兴趣的内容和对展览的意见建议，以此为基础建设核能博物馆、科技馆，免费对公众开放。

制作核能科普小视频、短片。通过核能科普小视频、短片等内容，在爱奇艺、优酷、抖音各大视频网站和小视频平台宣传，丰富宣传形式，赢得网民的关注和流量。

加强微信公众号、微博、知乎等平台的宣传和维护。目前，已经有一些核能微信公众号和大V获得了不俗的关注，要进一步利用好这些线上平台，保持维护更新，第一时间跟进业内发展，使公众了解核能的渠道更畅通。

发售联名商品与组装模型。相关工作人员可以发售一些联名商品，小到印有宣传漫画的购物袋、餐盒，大到和一些知名品牌联合发售的主题文化衫，都可以引起人们对核安全的重视和关注，提高人们对核安全的认知水平。另外，核电站在很多人眼里是高精尖的设施，内部结构不为人知，通过发售一款核电站组装模型，可以让玩家了解核电站的内部构造，并通过自己动手了解核电站的安全性。实际上，曾经发行过高温气冷堆的模型玩具，就是以清华大学十兆瓦高温气冷堆为原型的；目前的“华龙一号”拼插模型，也受到市场的好评（如图 6–3 所示）。

图 6–3　高温气冷堆拼插模型与作者家中的“华龙一号”拼插模型

培养核能宣传的“民兵队”。由于现在存在一些故意丑化中国核能并阻碍其发展的势力，而这些势力往往自诩为“公知”，他们有的采取简单粗暴的言语对抗，有的采用偷换概念上纲上线反对核电并鼓吹支持自己的利益集团，还有的为了想成为“网红”故意发表哗众取宠的言论扰乱视听。针对这类“为了反核而反核”的人，政府官员、核电企业人员以及专家学者无法与之有效沟通，往往采取冷处理的态度，但这些绥靖政策也会助长这些人的气焰，给舆论造成不好的影响。鉴于此，建议有意地组织支持核能的非政府学者、专家，让他们针对上述反核者开展工作，包括辩论等。

针对定域的科普宣传，这里给出了宣传策略表，如表 6-2 所示。

表 6-2　定域宣传策略表

宣传对象	宣传方式	宣传重点内容
核心宣传对象	专家讲座； 企业领导会谈； 核电站参观	我国核能发展情况； 核能建设对地方经济社会发展带来的积极影响，如税收、就业、消费、环境治理（空气质量改善）、能源利益等
重点宣传对象	发放核科普知识材料； 核电站参观； 专家讲座； 新闻发布会	应根据对象不同具体确定，主要包括： 简单的核物理基本知识及核物理发展史； 核能基础知识； 核能发展对全人类的意义； 我国核能发展情况； 核能建设对地方经济社会发展带来的积极影响
次重点宣传对象	发放核科普知识材料； 专家讲座视频分享； 组织科普知识竞赛、科普夏令营； 核能科普展览或核电站参观（根据资源是否足够决定）	辐射防护有关知识； 核能基础知识； 核能建设对地方经济社会发展带来的积极影响； 核能对个人带来的切身利益
普通宣传对象	传统媒体及新媒体宣传	根据实际情况选择重点宣传内容

（二）公众参与

公众参与指企业和政府开通渠道，通过问卷调查、听证会、座谈会、专家论证会、网上意见搜集与反馈等方式让公众参与到项目决策和管理当中。公众参与保障了企业和政府及时获知民情民意，是公众和项目实施主体双向沟通的重要形式，主要在核设施周围地区开展。

1. 重点工作方向

调动公众积极性。公众参与与其他公众沟通形式的最大不同之处在于公众作为主体，因此，调动公众的积极性尤为重要。有人认为，公众参与的积极性不高，公众省事，工作人员也省事，岂不是“两全其美”？其实不然，公众参与的积极性不高，对公众意见建议的搜集就不够，做出的决策考虑就不一定周全，前期的沟通不足，往往会导致后期矛盾的出现和升级。对于直接利益相关的公众，调动公众积极性的关键在于对公众参与有关渠道的宣传，对于其他公众，调动公众积极性的关键在于唤醒其主人翁意识和责任意识。

保障重大决策公众参与度。对于是否申请项目、环境影响报告书是否通过等重要决策的决定，应该要保障公众参与度，这既是《环境影响评价公众参与办法》《环境保护公众参与办法》等文件的要求，也是企业和政府尊重民意，对公众负责的体现。在重大决策的公众参与中，要从数量、时间、和渠道三方面保障公众参与度。数量上，应该要征求多方公众的意见，包括领域专家、意见领袖、企业家、普通居民等；时间上，应该根据项目进展情况给公众充足的参与时间，而不是仅参照有关规定的最低要求；渠道上，不仅要开展线下的活动，还应通过信函、传真、电子邮件、论坛等多种形式搜集公众的意见建议，并及时给予回复。

2. 目标群体

公众参与的目的在于征求意见，听取诉求，因此目标群体应重点考虑利益相关群体，兼顾专业人士，鼓励其他公众。

利益相关群体。具体包括：受建设项目直接影响的单位和个人；居住在项目影响范围内（15–20 公里）的个人；在项目影响范围内拥有土地使用权的单位和个人；利用项目影响范围内某种物质作为生产生活原料的单位；单位和个人建设项目实施后，因各种客观原因需搬迁的单位和个人；受建设项目间接影响的单位和个人；移民迁入地的单位和个人；拟建项目潜在的就业人群、供应商和消费者；受项目施工、运营阶段原料及产品运输、废弃物处置等环节影响的单位和个人；拟建项目同行业的其他单位或个人；相关社会团体或宗教团体；建设项目的投资单位或个人；人大代表、政协委员等。

专业人士。具体包括：建设项目的设计单位人员；环境影响评价单位人员；环境行政主管部门人员；其他相关行政主管部门人员；核与辐射专家、环境治理专家等有关领域专家学者；相关研究机构和人员、合法注册的环境保护组织人员等。

其他公众。具体包括：离退休干部；关注建设项目但无利益相关的单位和个人；部分临近市县的公众等。

3. 组织形式

公众参与可以采取的形式非常丰富，但都需要遵循几个基本原则，包括：

知情原则。开展公众参与工作前，应该事先做好信息公开，以便公众在知情的基础上提出有效意见。

公开原则。在公众参与的全过程中，应保证公众能够及时、全面并真实地了解建设项目的相关情况。

平等原则。努力建立利害相关方之间的相互信任，不回避矛盾和冲突，平等交流，充分理解各种不同意见，避免主观和片面。

广泛原则。设法使不同社会、文化背景的公众参与进来，在重点征求受建设项目直接影响公众意见的同时，保证其他公众有发表意见的机会，特别是持反对意见的公众和弱势群体有发表意见的机会，要有针对性的，寻找对方信任的人进行专门沟通。

便利原则。根据建设项目的性质以及所涉及区域公众的特点，选择公众易于获取的信息公开方式和便于公众参与的调查方式。

根据以上原则，此处列举一些最常用的公众参与组织形式及注意事项。

座谈会。座谈会是公众参与最常见的形式，一次和谐、有序、高效的座谈会需要做好以下几个工作：根据影响的范围和程度、因素和评价因子等相关情况确定座谈会议题，确定议题后主持人应该把握后议题的范围，尽量让座谈会的讨论集中在议题上，避免偏题；在座谈会结束后，根据现场会议记录尽快整理制作座谈会议纪要存档备查，会议纪要应当如实记载不同意见。对于特别重大的座谈会，还应进行直播和视频记录；根据会议纪要讨论集中的意见和建议，并撰写意见答复报告，寄送给参会人员，并进行公开。

问卷调查。问卷调查是公众参与意见搜集中最有效的形式，问卷设计的原则在第四章已有论述，在问卷调查后，应与意见较大的个人再次交流，总结比较集中的意见和建议，撰写重点问题答复报告，公开调查结果和重点问题答复报告。

专家论证会。专家论证会和座谈会的不同之处在于目的性强、专业性高，需要得出确定的结论。论证会前，主办方应寄送有关资料给参会专家，论证会应当有详实的记录，对最后形成的结果和专家名单应该给予公示。

线上主题讨论。公众意见的宣泄口已经完成了向线上的转移，因此线上主题讨论应当作为重要的公众参与形式。线上讨论可以借助已有的知名论坛展开，如百度贴吧、微博话题等，也可以在政府或企业网站上开辟互动版块，方便公众留言讨论。线上主题讨论有以下几点需要注意：网络文化丰富多彩而良莠不齐，开放线上主题讨论必须注意舆论引导，避免讨论向谣言传播、低俗文化等方向转变；工作人员应该以客观、亲切的态度主动参与到讨论中，根据讨论热度及时回应公众关注的话题，并进一步对有关知识和项目信息进行宣传；保持话题更新，话题可以不局限于项目本身，还可以是其他有关争议话题。对于之前的热点话题，应以“XX答复”的形式另开一贴进行讨论。

项目邮箱、项目热线与公众号。开通项目邮箱、项目热线与公众号，接收公众质询和建议，及时处理并给予回复。根据邮箱、热线的建议，形成周报、月报，在工作会上讨论，每月形成“热线答复”，进行公开。

（三）信息公开

信息公开是法律规范最多的公众沟通方式，从政府到企业，都有依法进行信息公开的责任和义务。本节讨论的信息公开主要指核设施厂址选择、建造、调试、运行和退役过程中的信息公开，其目的在于保障公众的知情权、参与权和监督权，使公众了解核设施各个阶段的重要信息和环境影响情况，提高公众对核能利用的认知度和认同感。

1. 重点工作方向

丰富信息公开的形式。信息公开的形式需要与时俱进，进一步丰富。有关政府网站的信息公开栏目需要更新和完善；各企业和各级政府应该在相应微信公众号上开拓信息公开栏目；项目建设单位建立专门的微信公众号进行信息公开，并通过微博、抖音等网络平台进一步宣传；根据实际情况，定期和不定期地召开新闻发布会，通报项目信息，解答热点问题。

加强信息解读。除了公开法律法规要求的信息外，在规划、标准、导则等重要文件报批的同时，通过媒体解读会、专家访谈等形式，及时进行解读，发布公众关心的信息时，组织专家解疑释惑。

突出重点。信息公开的文件、内容众多，公众不一定能把握住其中的重点，也不一定能迅速找到自己关心的内容，因此，在信息公开时要突出重点，使核心信息易懂、易读、易获。例如，核电厂运行信息参数众多，并且波动往往不大，非专业人士很难从中获取有效信息，针对这种情况，就应该列出运行时间、功率变化等核心参数，并对核电厂运行情况进行定性的描述总结。

加强信息公开效果评价。我国历来对信息公开极为重视，对信息公开的规定也较为完善，但从对法律规范的梳理来看，虽然对信息公开的形式、内容和信息公开不足的惩罚措施做了规定，但是缺乏对信息公开效果的评价方法。如果信息公开效果不好，公众信息接收不足，仍然有可能发生严重后果。例如，在江门鹤山群体性事件中，公众就认为政府发布的《中核集团龙湾工业园项目社会稳定风险评估公示》10 天的征询期太短，所以最终走上了街头，反对建设核燃料加工厂。有鉴于此，有必要制定一些方法来对信息公开的效果进行评价。例如，在信息公开后 5 天、10 天等时间节点进行问卷调查，搜集公众对公开信息的了解情况，在当地贴吧、微博等平台监控舆论情况，等等。

2. 工作依据

对于涉核项目，信息公开的依据的文件主要有：《中华人民共和国政府信息公开条例》《建设项目环境影响评价政府信息公开指南(试行)》《核与辐射安全监管信息公开方案(试行)》《生态环境部政府信息公开实施办法》《环境保护公共事业单位信息公开实施办法(试行)》《生态环境部政府信息主动公开基本目录》《生态环境部政府信息公开指南》等。

3. 主要公开内容

对于涉核项目，需要披露的信息有四类：一类是项目前期需披露的环境影响相关信息及项目建设期间的进展信息；二类是核电站等核设施运行状态；三类是事故情况下需对外披露的核与辐射相关信息；四类是上述未包含的，但与公众健康、安全、环境影响有关的信息。

环境影响评价是涉核项目最重要的公开内容，《环境影响评价公众参与办法》规定了五次有关环境影响评价的信息公开，分别在确定环境影响报告书编制单位后、建设项目环境影响报告书征求意见稿形成后、生态环境主管部门受理建设项目环境影响报告书后、生态环境主管部门对环境影响报告书作出审批决定前、生态环境主管部门作出建设项目环境影响报告书审批决定后进行。具体的规定如下：

第九条

建设单位应当在确定环境影响报告书编制单位后 7 个工作日内，通过其网站、建设项目所在地公共媒体网站或者建设项目所在地相关政府网站（以下统称网络平台），公开下列信息：

（一）建设项目名称、选址选线、建设内容等基本情况，改建、扩建、迁建项目应当说明现有工程及其环境保护情况；

（二）建设单位名称和联系方式；

（三）环境影响报告书编制单位的名称；

（四）公众意见表的网络链接；

（五）提交公众意见表的方式和途径。

在环境影响报告书征求意见稿编制过程中，公众均可向建设单位提出与环境影响评价相关的意见。

公众意见表的内容和格式，由生态环境部制定。

第十条

建设项目环境影响报告书征求意见稿形成后，建设单位应当公开下列信息，征求与该建设项目环境影响有关的意见：

（一）环境影响报告书征求意见稿全文的网络链接及查阅纸质报告书的方式和途径；

（二）征求意见的公众范围；

（三）公众意见表的网络链接；

（四）公众提出意见的方式和途径；

（五）公众提出意见的起止时间。

建设单位征求公众意见的期限不得少于10个工作日。

第十一条

依照本办法第十条规定应当公开的信息，建设单位应当通过下列三种方式同步公开：

（一）通过网络平台公开，且持续公开期限不得少于10个工作日；

（二）通过建设项目所在地公众易于接触的报纸公开，且在征求意见的10个工作日内公开信息不得少于2次；

（三）通过在建设项目所在地公众易于知悉的场所张贴公告的方式公开，且持续公开期限不得少于10个工作日。

鼓励建设单位通过广播、电视、微信、微博及其他新媒体等多种形式发布本办法第十条规定的信息。

第二十二条生态环境主管部门受理建设项目环境影响报告书后，应当通过其网站或者其他方式向社会公开下列信息：

（一）环境影响报告书全文；

（二）公众参与说明；

（三）公众提出意见的方式和途径。

公开期限不得少于10个工作日。

第二十三条

生态环境主管部门对环境影响报告书作出审批决定前，应当通过其网站或者其他方式向社会公开下列信息：

（一）建设项目名称、建设地点；

（二）建设单位名称；

（三）环境影响报告书编制单位名称；

（四）建设项目概况、主要环境影响和环境保护对策与措施；

（五）建设单位开展的公众参与情况；

（六）公众提出意见的方式和途径。

公开期限不得少于5个工作日。

生态环境主管部门依照第一款规定公开信息时，应当通过其网站或者其他方式同步告知建设单位和利害关系人享有要求听证的权利。

生态环境主管部门召开听证会的，依照环境保护行政许可听证的有关规定执行。

第二十七条

生态环境主管部门应当自作出建设项目环境影响报告书审批决定之日起7个工作日内，通过其网站或者其他方式向社会公告审批决定全文，并依法告知提起行政复议和行政诉讼的权利及期限。

《建设项目环境影响评价政府信息公开指南（试行）》对政府应该公开的有关环境影响评价的信息作了补充，对建设项目审批、验收和资质管理等方面应该公开的信息作了详细的规定。《建设项目环境影响评价政府信息公开指南（试行）》关于主动公开范围、主动公开方式和主动公开期限的规定如下：

一、主动公开范围

（一）环境影响评价相关法律、法规、规章及管理程序。

（二）建设项目环境影响评价审批，包括：环境影响评价文件受理情况、拟作出的审批意见、作出的审批决定。

（三）建设项目竣工环境保护验收，包括：竣工环境保护验收申请受理情况、拟作出的验收意见、作出的验收决定。

（四）建设项目环境影响评价资质管理信息，包括：建设项目环境影响评价资质受理情况、审查情况、批准的建设项目环境影响评价资质、环境影响评价机构基本情况、业绩及人员信息。

公开环境影响评价信息，删除涉及国家秘密、商业秘密、个人隐私以及涉及国家安全、公共安全、经济安全和社会稳定等内容应按国家有关法律、法规规定执行。

二、主动公开方式

（一）各级环境保护主管部门应将主动公开的环境影响评价政府信息通过本部门政府网站公开。

（二）有条件的部门可采取其他多种公开方式，如通过行政服务大厅或服务窗口集中公开；通过电视、广播、报刊等传媒公开。

三、主动公开期限

属于主动公开的环境影响评价政府信息，应当自该信息形成或者变更之日起20个工作日内予以公开。法律、法规对环境影响评价政府信息公开的期限另有规定的，从其规定。

此外，《生态环境部政府信息主动公开基本目录》对生态环境部应该公开的核与辐射管理有关内容作了规定，包括：

- 民用核设施操纵员执照核发；
- 从事放射性污染防治的专业人员资格认定；
- 民用核安全设备焊工、焊接操作工资格证书核发；

- 民用核安全设备无损检验人员资格许可；
- 民用核安全设备设计、制造、安装和无损检验活动单位许可证核发；
- 民用核设施选址、建造、运行、退役等活动审批；
- 生产放射性同位素（除生产医疗自用的短半衰期放射性药物）、销售和使用Ⅰ类放射源(除医疗使用的Ⅰ类放射源)、销售和使用Ⅰ类射线装置单位许可证核发;
- 列入限制进出口目录的放射性同位素进出口审批；
- 设立专门从事放射性固体废物贮存、处置单位许可；
- 核与辐射类建设项目环境影响评价审批；
- 可能造成跨省界环境影响的放射性同位素野外示踪试验审批；
- 为境内民用核设施进行核安全设备设计、制造、安装和无损检验活动的境外单位注册登记审批；
- Ⅰ类放射性物品运输容器设计审查批准；
- Ⅰ类放射性物品运输容器制造许可证核发；
- 使用境外单位制造的Ⅰ类放射性物品运输容器审批；
- Ⅰ类放射性物品运输的核与辐射安全分析报告书审查批准；
- 进口民用核安全设备安全检验合格审批。

在核电厂运行时，主动公开的内容主要包括：

- 核电厂安全运行情况、运行性能指标；
- 核电厂周围环境辐射监测数据；
- 核电厂运行事件，包括：事件分级、事件发生时间、事件原因、事件进程简要描述、处理措施和造成的影响。

（四）舆情管理

舆情管理是指对公众通过各种形式表达出的信念、态度、意见和情绪等信息进行预警、收集、分析、反馈，从而获得舆情态势变化数据，做出舆情处置决策，化解舆情危机的过程，为核设施建造运行营造稳定的舆论氛围。

舆情管理的主要工作包括舆情监测、舆情报告和舆情应对等。舆情监测主要指通过各种方式监控核设施有关舆情、行业要闻等，并对监测到的舆情按照可能产生不良后果的严重程度和舆情影响范围进行分级，并且明确对应的舆情应对启动、升级、降级和结束等行动；舆情报告包括周期性常规报告和突发性舆情报告，是对检测到的舆情的总结和简要分析；舆情应对指在舆情发生后的应对措施，包括对小范围舆情的控制和对大范围舆情的处理。

1. 重点工作方向

加强舆情研判和分级能力。许多舆情事件在前期都有遏制的机会，但是由于对舆情判断的失误，这些事件最终爆发出来。加强舆情研判和分级能力的措施包括：总结舆情发展趋势、舆情各阶段特点和舆情应对经验，提炼舆情发展关键指标，建立科学规范的舆情分级方法；通过对公众心理的分析，研究舆情中影响公众的核心概念和说法，把握舆情可能的走向，把握公布信息的节奏；加强对热点话题、重大节日、重要会议、大型活动的专项监测和对重点对象的定点监测。

提高舆情应对速度。舆情发展瞬息万变，提高舆情应对速度是控制舆情影响范围的关键。提高舆情应对速度，应从以下几方面着手：畅通舆情管理组织内部沟通渠道，成立各部门负责人组成的舆情联络委员会；规范舆情应对流程，总结以往经验形成应对方案；对舆情应对人员进行定期培训，形成良好的行事习惯和风格，提高舆情应对效率。

2. 舆情管理策略

根据诱发舆情的不同原因，应采取不同策略应对：针对公众缺乏科学素养引发的涉核舆情，应及时辟谣，并在事后通过加强公众宣传和科普工作，消除公众疑虑；针对公众参与不充分引发的涉核舆情，应暂停项目，主动和意见领袖沟通，并拿出信息公开证明，并在事后加强信息公开，扩大公众参与的广度和深度；针对利益诉求引发的涉核舆情，应及时向其他公众通报利益相关情况（对有关公众匿名处理），同时通过加强与利益相关者的协商和沟通，尽力平衡各方利益诉求；针对恶意策划的涉核舆情，指出该舆情后的逻辑错误和险恶用心，找出诱发舆情的别有用心者，必要时请公安、司法部门介入调查处理。

3. 舆情管理办法

前期准备。建立一体化立体舆情管控系统，搭建以集团公司和各成员公司为纵线、各成员公司与地方网宣网监部门为横线的立体舆情管控网络。方便舆情报告交流和舆情事件发生后的研判分级以及联络各方力量进行应对；制定舆情管理制度，明确舆情管理流程，明确各部门责任，为了规范舆情应对机制，应制定舆情管理制度，对舆情的分级标准进行明确规定，梳理舆情应对流程和舆情应对系统内部沟通渠道，明确各部门具体职责；储备具有专业知识的舆情应对人才，包括新闻发言人、网络宣传专员、地方宣传专员等；编制典型舆情应对方案，针对已有的典型舆情发生方式及发展过程和专家假设的舆情，制定相应的舆情应对方案，以快速响应突发舆情。

舆情检测及报告。在网络平台通过专业软件进行关键词监测，安排工作人员关注重点事件舆论走向；在核设施周围定期进行走访或其他形式的实地调查，搜集舆情信息；及时对舆情进行保守性地初步评估和分级，定期统计舆情发生情况，以周报、月报、年度总结的形式进行汇报，对较严重的舆情，以舆情专报、快报的形式在舆情应对系统内迅速发布，报告要包括舆情主体、舆情来源、最新的舆情传播过程等。

舆情应对。舆情主管部门收到舆情报告后迅速召开专家会议进行评估，对舆情进行最终分级，给出舆情关键问题回答口径，根据应对方案进行初步应对；进一步研究后统一对外口径，确立注意事项，根据实际情况对应对方案进行更新，发往更舆情管理组织和人员；通过官方媒体发布真实信息，进行辟谣；对于重大舆情，迅速联系各类媒体，召开新闻发布会；网络宣传专员和地方宣传专员根据统一口径和资料开始进行辟谣和科普，具体解答群众疑惑。

注意事项。舆情应对时，企业、政府和官媒要统一思想和口径，切忌出现说法不一、前后矛盾、互相推诿的情况；应根据宣传专员记录和总结的焦点问题及专家的分析报告及时更新应对方案；舆情应对方案的确立要从“相乘”的关系出发，综合考虑减小舆情传播范围和缩短舆情传播时间，把舆情影响的范围控制到最小。

（五）其他建议

1. 针对不同的对象进行宣传方法分类

对于不同的公众（普通公众、媒体、高级知识分子、政府官员等），公参的出发点与方法要有所差异。以“心”交群众，以“利”交地方，以“勤”交意见领袖，以“法”交别有用心者，科学的引导公众参与各需要决策的环节。特别要注意新媒体、自媒体等新生力量，需要充分了解他们的诉求后，再进行沟通。对于一些群体非常适用的方法，对于另外的群体可能是完全不适用的。

2. 减少公众额外负担

公众沟通应常态化而不是运动化，更不能“常态运动化”，要润物细无声的宣传核知识。在提升公众对核安全认知时，有一些措施需要占用公众额外的时间和精力，例如座谈会、宣讲会、问卷调查等。在进行这些活动时，可以选择一些已有的公共活动为载体进行，减少公众的额外负担。例如，可以把对核安全的讨论放入党组织生活；在社区活动中加入一些核安全知识的内容；在商场休息区投入一些有关核知识的杂志给等候的顾客观看；在公共交通设施上播放广告等。总之，要尽量把宣传手段融入公众的日常生活，减少他们的额外负担。

3. 政府作用不容忽视

政府在提升公众对核安全认知的过程中其实是一把双刃剑，不仅有正面作用，还有可能产生反面作用。一方面，公信力高的政府具有完备的宣传资源和良好的宣传手段，是科普宣传的好帮手；另一方面，公信力低的政府反而会使群众产生不信任，产生负面影响。此外，政府的态度需要坚决，不能为了民意而不顾核能的发展，左右摇摆，前后矛盾。例如，在江门事件中，市政府花费了高达 1.4 亿的前期经费在近 40 个竞争对手中胜出，最后却因为群众的强烈反对不得不中止项目。之后，市领导发布的视频讲话提到，“江门市政府是一个负责任的政府，我们的责任是建设环保生态宜居城市，我们的目标与广大市民的愿望是一致的”。一句话就把核设施放到了“环保生态宜居”的对立面，无视核设施的重要性，抹杀了前期决策的科学性，丧失了政府的权威性，对政府公信力造成了二次伤害。科普宣传时，企业和政府应该做好对接和联系，确定工作方案和应急方案，确保公众沟通工作平稳推进。

4. 公众沟通要“从娃娃抓起”

首先，青少年有“承上启下”的作用。一方面，随着当代社会对教育的愈发重视，家长更加注重和孩子的交流，中小学生可以把从学校和教材上学到的核安全知识介绍给家长，起到推广作用，引起学生对核能、核科学的兴趣，吸引一个学生参加有关活动，也势必会引起整个家庭对核的关注。另一方面，“世界归根结底是年轻人的”，青少年就是为未来，要把握未来，公众沟通就得“从娃娃抓起”，而这一代青少年的后代，在其父母对核的正面评价下，对核能的认可度必然也会更高。

其次，与成年人相比，中小学生具有更多易于提高核安全认知的特点：一是中小学生对科学保有敬畏感，更容易信任科普专家；二是中小学生获得信息的渠道较窄，接收的负面信息少，通过学校就极易给予正面引导和科普；三是中小学生容易集中，流动性弱，可以进行大规模科普和长期科普；四是中小学生的科普容易形成系统，方法可以沿用，从根本上提高每一代公民的核安全认知。

5. 制定标准流程与评价标准，加强沟通交流

通过制定标准化流程，可以使公众沟通工作建立更好的质量保证，通过不同核设施的实践，这种标准化流程是非常具有与可操作性与可推广性的。对于常规的公众沟通措施，都应该制定相应的标准流程、评价标准和评价制度，方便传承、总结和交流。在此基础上，政府与企业之间，企业与企业之间，各个具体项目之间都应该加强沟通交流，各自根据实际情况发挥，并交流改进成果。具体的形式可以是：项目建设单位、生产单位定期向主管部门或集团公司上交公众沟通说明，由主管部门或集团公司汇编后下发各单位；由核学会、核能行业协会等组织牵头，召开公众沟通学术会议，邀请建设单位工作人员进行学术汇报；成立公众沟通专项考察组，到各建设、生产单位考察，编写公众沟通先进工作经验报告等。

6. 加强高端公众体验型核设施的建设

汽车逐渐成为人们习以为常的交通工具，但实际上每年因车祸而死亡的人数还是超过 100 万，但是人们仍然习惯并接受了这一风险，这就是因为汽车走进了大家的生活。如果反应堆走进人们的生活，对其的安全认知必将大大提高。在法国的原子能和替代能源委员会下属的研究中心有一个教学堆（ISIS 反应堆），每年都会接待数以百计的学生来学习和体验反应堆的实际运行。ISIS 堆最高功率为 700 千瓦的开放式池式反应堆，教学时不超过 50 千瓦，由于功率低，不存在碘坑，可以随时运行和停止，反应性的控制也十分容易。ISIS 5 天 30 小时的课程每人收费 2950 欧元，按每年接待 200 人算，可以收入高达 470 万元人民币。我国也可以建立这样的一些小型体验堆或与之配套的模拟机，供公众参观体验，而不仅仅是展览馆的一些局部可操作的假模型。考虑到国民收入水平，我们的体验堆可以按照参观、操作、课程学习等不同的体验层次定价，再结合其他商业化服务。

7. 对小型堆（供热堆）做好专门的问题清单

小型堆是目前比较热门的反应堆类型，它的灵活性和多种用途引起了业内和公众的广泛关注。对于小型堆，公众关心的问题与大堆有所差异，有关人员应重点关注以下新问题的回答，如：小堆为什么建在这里而不是某某处？外国为什么没有供热堆而我们要建？历史上供热堆项目为何取消？小堆为何可以应急简化（规划限制区缩小）？供热堆产生的热水是否有放射性（氚在管网的累积）？华北地区地震频繁对该处的供热堆的影响？渤海海域环流弱、净化能力差对渤海地区供热堆的影响？小堆的经济性与可靠性到底如何？这些问题首先应该进行科学研究，有明确的结论，然后还应该考虑清楚对于公众沟通这些问题的方法。

8. 做好公众沟通的“人、财、物”保障

公众沟通的顺利进行离不开“人、财、物”的保障。在人才方面的保障措施包括：依托各集团公司、各行业协会的专家顾问，组建一支行业公认、社会认可的核能公众沟通高端专家团队，在此之下培训发展更多公众沟通专业人才；定期开展核科普讲解员大赛、公众沟通工作征文、公众沟通小视频大赛等一系列活动，激发专业人才的积极性和创造力。在资金方面的保障措施包括：增加政府公众沟通专项投入；成立公众沟通专项基金等；规模化生产公众沟通有关资料，节约成本。在资源上的保障措施包括：充分联合行业力量，制定公众沟通通用指南，并制作一些公众沟通通用材料等。

在附录中，我们给出了一个供热堆公众沟通标准化流程的样例以及对外的统一口径库，这对于从事核能公众接受性的一些工作人员是有帮助的。需要说明的是，我们并没有给常规核电厂的公众沟通案例，这是因为总体来看，目前我国核电厂的公众接受度相对其他核设施较好，相关的工作也比较充分。我们此处给出的小型供热堆的公众沟通资料，吸收了本章中强调的理念，同时比较新颖，容易使读者阅读后加深对本章的理解。

四．总结

公众沟通是提高公众接受性的关键举措，同时也是新时代下满足国家要求和人民诉求的必由之路。核能公众沟通主要包括科普宣传、公众参与、信息公开和舆情管理四方面。从法律规范上的解读来看，信息公开是在我国规范最多、最具体的公众沟通方式。由于信息公开的主体只涉及政府和业主单位，对信息公开的监管是最方便的，因此法律规范作出这样的规定无可厚非。但是，在全民网络时代，公众不仅可以接触到浩如烟海的信息，还可以自由地发表言论，只做到信息公开是远远不够的，其他公众沟通方法也应该受到同等重视。

法律法规只教会了我们不能怎么做，或者说最差要做到什么水平。而在实际行动中，我们要有“底线意识”，但不能只有底线意识，还要有更高的发挥。因此，我们针对以上四个方面给出了更加具体的且有操作性的公众沟通方案，这个方案并非事无巨细，其中最关键的是各个公众沟通方法里的重点工作方向，我们认为，把握好这些重点工作方向，可以使公众沟通更有序、有力、有效的开展。

实际上，核能公众接受性是一个立体的概念，还有很多其他分析维度。在下一章中，我们将介绍一些平时关注不够的问题对核能公众接受性的影响。这些问题有的具有悠久的历史，有的是近几年才出现的现象，但总而言之，这些问题都对核能公众接受性有或好或坏的影响。那么如何趋利避害呢？这是我们要讨论的问题。

参考文献：

[1] 李光辉，董毅漫，李小丁．基于《核安全法》的核安全公众沟通 [J]. 环境保护，2018, 46(21):25-27.

[2] 杨潇，汤淏．《环境保护法》修订背景下环境影响评价制度发展建议 [J]. 江苏科技信息，2017，2:4-6.

[3] 陈正新，潘依依．环境影响评价公众参与中“公众”界定研究 [J]. 环境与发展，2019,5:5-6.

[4] 陈艳红，蔡诗瑶．《政府信息公开条例》修订草案的进步性分析 [J]. 档案时空，2019,2:8-11.

[5] 1994 年 3 月 25 日国务院第 16 次常务会议讨论通过．中国 21 世纪议程：中国 21 世纪人口、环境与发展白皮书 [M]. 中国环境科学出版社，1994.

[6] 《中国的核安全》编写组，中国的核安全 [M]，人民出版社 , 2019.
[7] Krumm J , Davies N , Narayanaswami C . Guest Editors’ Introduction: Content Sharing[J]. IEEE Pervasive Computing, 2009, 8(4):33-34.
[8] 杨珂 , 周恋彤 , 梅斯勒 . 面对“邻避”困境 , 如何依法做好公众沟通 [J]. 世界环境 , 2018, 6:44-45.
[9] Stoiber, Carlton, Alec Baer, Norbert Pelzer, and Wolfram Tonhauser, Handbook on nuclear law[M].Viena: International Atomic Energy Agency, 2003.
[10] 郑钧正 . 应对日本福岛核事故公众宣传中必须厘清的 20 个问题 [J]. 环境与职业医学 , 2011, 28(4):189-199.
[11] 鲁昕， 同心协力 共创核能公众沟通新局面 [N]，中国环境报， 2019 年 10 月 28 日第 6 版
[12] Topal, C. The Construction of General Public Interest: Risk, Legitimacy, and Power in a Public Hearing[J]. Organization Studies, 2009, 30(2-3):277-300.
[13] Van der Pligt, Joop. Nuclear energy and the public[M], Blackwell Publishing, 1992.
[14] 杨波 . 公众核电风险的认知过程及对公众核电宣传的启示 [J]. 核安全 , 2013, 1:55-59.
[15] 晋风 . 核能科普需向公众沟通转型 [J]. 中国核工业 , 2015, 10:1.
[16] 李妍 . 论地方行政立法中行政机关与公众的沟通机制 [D]. 西南交通大学 , 2009.
[17] Lee T R , Harrison K . Assessing safety culture in nuclear power stations[J]. Safety ence, 2000, 34(1):61-97.
[18] Naosuke Itoigawa, Bernhard Wilpert. Safety Culture in Nuclear Power Operations[M]. Safety culture in nuclear power operations. Taylor & Francis, 2013.
[19] 吴仁海 . 法国的环境影响评价及其新发展 [J]. 国外环境科学技术 , 1997,3:3-5+12.
[20] 谢青霞 , 花明 . 信息公开与核安全——以法国《核透明与安全法》(TSN) 为视角 [J]. 华北电力大学学报 : 社会科学版 , 2014,1:63-67.
[21] 马忠法 . 韩国核安全法律制度及其启示 [J]. 韩国研究论丛 , 2016, 1:187-210.
[22] 张弛 . 美国原子能立法趋势研究及我国立法的建议 [J]. 中外能源 , 2016, 21(10):31-35.

[23] 孙晓宁 . 日本核能政策研究 [J]. 黑龙江史志 , 2015, 5:1-5.

[24] 牛一岚 , 谢青霞 . 简析印度核责任法——以责任范围、追索权和跨界适用性为视角 [J]. 长春理工大学学报 : 社会科学版 , 2017,30:56.

[25] 张弛 , 刘黎明 , 李小丁 , 等 . 世界主要国家《原子能法》研究及对我国立法的建议 [J]. 核安全 , 2013,12(4):39-43.

附录一：国外核与辐射安全领域公众沟通法律法规

（一）美国

美国是世界上反应堆最多的国家，作为三哩岛核事故的发生地所在国，美国对核与辐射有关法律法规十分重视，出台了多部法律法规，其中涉及公众沟通的文件主要包括《原子能法》（Atomic Energy Act of 1954，AEA）和联邦法规 10CFR。

1. 原子能法

1989 年核管会在第 10 号《联邦管理法典》第 52 部分中采用了一种新的核电站许可审批办法，此办法 1992 年成为《原子能法》的一部分。美国原子能法要求民用核设施和核材料相关活动必须取得许可并授权核管会制定标准确保最大限度减少原子能利用对生命健康和财产安全的影响。

该法在第 130 条、182 条、189 条、192 条、313 条、315 条等诸多法条中对公众参与均有不同程度的描述和规定。例如，第 315 条（b）款规定如下：

SEC. 315. BOARD RECOMMENDATIONS.

……

(b) PUBLIC AVAILABILITY AND COMMENT.—Subject to subsections (h) and (i), after the Secretary of Energy receives a recommendation from the Board under subsection (a)(3), the Board shall promptly make available to the public such recommendation and any related correspondence from the Secretary by—(1) providing su0.ch recommendation and correspondence to the public in the regional public reading rooms of the Department of Energy; and (2) publishing in the Federal Register — (A) such recommendation and correspondence; and (B) a request for the submission to the Board of public comments on such recommendation that provides interested persons with 30 days after the date of the publication in which to submit comments, data, views, or arguments to the Board concerning the recommendation.

……

大意为：

第 315 条 董事会议案

……

（b）信息公开和公众评论。根据第（h）和（i）款，对于在第 (a)(3) 款下被能源部长接收的董事会议案，董事会需要确保公众能够获取该议案及能源部长对该议案的批复。为此，董事会需要做的工作包括：（1）在能源部的地区公共阅览室向公众提供该议案及批复文件；（2）在《联邦公报》上发布——（A）该议案及批复文件和（B）董事会征求提交有关该议案的公众意见的说明，以便有关人士发布之日后 30 天之内向董事会提交有关该建议的评论，数据，观点或意见。

……

2. 联邦法规 10CFR

10CFR 全称是“NRC Regulations-Title 10, Code of Federal Regulations”（NRC，The Nuclear Regulatory Commission，美国核管会），是面向获得 NRC 许可使用核材料或运行核设施的所有个人和组织的管理约束文件，其中主要有第 9 和第 51 个规定与公众沟通相关。

《公开记录办法》10CFR9

10CFR9 具体为“Part9- Public records”，即《公开记录办法》。10CFR9 对记录公开的范围、内容、形式以、公众申请记录的办法和有关隐私保护等做了规定，分为四部分，A 部分执行的是《信息自由法》（FOIA , the Freedom of Information Act）有关规定，B 部分执行的是《隐私法》（the Privacy Act of 1974）有关规定，C 部分执行的是《阳光法案》（the Sunshine Act）的有关规定，D 部分则描述了在州和联邦法律程序中，应法院或其他司法或准司法当局的传票或要求，管理产生机构记录，信息或证词的程序。根据《信息自由法》，公众可以通过“FOIA 请求”向联邦政府机关索取各种文件和材料，在 10CFR9 里对此的具体表现主要在第 21 条：

§ 9.21 Publicly-available records.

(a) Single copies of NRC publications in the NUREG series, NRC Regulatory Guides, and Standard Review Plans can be ordered from the National Technical Information Service, 5285 Port Royal Road, Springfield, Virginia, 22161.

(b) For the convenience of persons who may wish to inspect without charge, or purchase copies of a record or a limited category of records for a fee, publicly available records of the NRC's activities described in paragraph (c) of this section are also made available at the NRC Web site, http://www.nrc.gov, and/or at the Public Document Room located at One White Flint North, 11555 Rockville Pike (first floor), Rockville, Maryland 20852-2738, between 7:45 am and 4:15 pm on Monday through Friday except Federal holidays.

(c) The following records of NRC activities are available for public inspection in an electronic format:

(1) Final opinions including concurring and dissenting opinions as well as orders of the NRC issued as a result of adjudication of cases;

(2) Statements of policy and interpretations that have been adopted by the NRC and have not been published in the Federal Register;

(3) Nuclear Regulatory Commission rules and regulations;

(4) Nuclear Regulatory Commission Manuals and instructions to NRC personnel that affect any member of the public;

(5) Copies of all records, regardless of form or format—

(i) That have been released to any person under § 9.23; and

(ii)(A) That because of the nature of their subject matter, the NRC determines have become or are likely to become the subject of subsequent requests for substantially the same records; or (B) That have been requested 3 or more times;

(6) Individual indexes to publicly available records, including those records specified in paragraph (c) of this section, may be created by using the search features of the Agencywide Documents Access and Management System (ADAMS), located at the NRC Web site, http://www.nrc.gov. This capability made it unnecessary for the NRC to continue publishing its monthly publication, Documents Made Publicly Available (NUREG-0540) after March 1999.

(d) The published versions of the records made publicly available under paragraph (c)(1) of this section are available under the title, Nuclear Regulatory Issuances, NUREG-0750, for purchase through the National Technical Information Service.

大意为：

第 9.21 条 公开且可用的记录。

（a）公众可以从弗吉尼亚州斯普林菲尔德市皇家路 5285 号国家技术信息服务局处订购 NUREG 系列 NRC 出版物、NRC 监管指南和标准审查计划的单本。

（b）为方便可能希望免费检查或购买记录或收费记录的有限类别的人，本节（c）段所述的 NRC 活动的公开记录也为可在 NRC 网站 http://www.nrc.gov 和位于马里兰州罗克维尔的公共文件室中获取，文件室的文件获取时间为周一至周五早上 7：45 到下午 4：15（联邦假日除外）。

（c）以下 NRC 活动记录公众可以电子格式查阅：

（1）案件审理的最终意见，包括同意和反对意见，以及 NRC 的命令；

（2）NRC 已通过但尚未在联邦公报中发布的政策声明和解释；

（3）NRC 规章制度；

（4）影响到任何公众的面向 NRC 工作人员的手册和指南；

（5）所有纪录的副本，不论形式或格式如何，包括：

（i）已根据第 9.23 条发布给任何人的记录副本；

（ii）（A）其主题性质和 NRC 决定已经或可能成为随后要求的记录的主题大体相同的副本；要么（B）被要求 3 次以上的副本；

（6）公众可以使用位于 NRC 网站 http://www.nrc.gov 上的机构范围文件访问和管理系统（ADAMS）的搜索功能来创建公开记录（包括本节（c）段中指定的记录）的各个索引。因此 NRC 不必在 1999 年 3 月之后继续出版其月度出版物“公开发行的文件（NUREG-0540）。

（d）根据本节（c）（1）公开发布的记录出版为《Nuclear Regulatory Issuances（NUREG-0750）》，公众可通过国家技术情报局购买。

3.《环境保护管理国内执照和相关管理办法》（10CFR51）

10CFR51 具体为“Part51-Environmental protection regulations for domestic licensing and related regulatory functions”，即《环境保护管理国内执照和相关管理办法》。10CFR51 第 45 条规定，核电厂各种执照的申请人应提交环境报告，作为执照申请书中的重要组成部分。申请人的环境报告应描述拟议的行动及其受影响的环境，讨论拟议行动对环境的影响及其重要度。第 104 条则规定，NRC 采用听证会的形式贯彻国家环境政策法（the National Environment Policy Act），并在第 105~108 条作了更具体的说明和规定。而第 116~123 条则均是对关于环境文件的公开通知和访问的规定，具体条目为：

……

PUBLIC NOTICE OF AND ACCESS TO ENVIRONMENTAL DOCUMENTS

51.116 Notice of intent.

51.117 Draft environmental impact statement—notice of availability.

51.118 Final environmental impact statement—notice of availability.

51.119 Publication of finding of no significant impact; distribution.

51.120 Availability of environmental documents for public inspection.

51.121 Status of NEPA actions.

51.122 List of interested organizations and groups.

51.123 Charges for environmental documents; distribution to public; distribution to governmental agencies.

……

大意为：

环境文件的公开通知和访问

51.116 意向通知。

51.117 环境影响报告书草案—可供查阅通知。

51.118 最终环境影响报告—可供查阅通知。

51.119 无重大影响的结论的公布和发放。

51.120 提供环境文件以供公众检查。

51.121 国家环境政策法有关行动。

51.122 利益相关组织和团体的列表。

51.123 环境文件收费标准；对公众公开的规定；对政府机构公开的规定。

（二）法国

法国并没有一部有关核能利用的基本法律，各项规定制度都分散在不同的法律文件中，2006 年，法国国会出台了《核透明与安全法》（TSN，Act No.2006-686 on Transparency and Security in the Nuclear Field），是对公众沟通最为重要的法案。“透明”一词变现了法国进行信息公开的决心，为此，在《核透明与安全法》中的有专门的一篇“有关核安全的公众信息（information of the public as regards nuclear safety）”对信息公开作出了规定。

该篇共分为三章，分别是第一章，核安全和辐射防护知情权（Right to information on nuclear safety and radiation protection）；第二章，地方信息委员会（Local Information Committees）；第三章，核安全与信息透明高级委员会（High Committee for Transparency and Information on Nuclear Security）。

1. 第一章 核安全和辐射防护知情权

第一章包括第 18~22 条。第 18 条是对国家在核与辐射安全方面信息公开责任的范围划定：

Article 18

The State is responsible for informing the public about the procedures and results of the surveillance of nuclear safety and radiation protection. It supplies the public with information on the consequences, on the national territory, of nuclear activities exercised outside of it, especially in the event of an incident or an accident.

大意为：

第 18 条

国家有责任向公众通报监督核安全和辐射防护的程序和结果并向公众提供在国家领土外的核活动（特别是在发生事件或事故的情况下）对国家领土产生的后果的有关信息。

第 19 条规定，任何人都有权从一个陆上固定式核设施的许可证持有者处，或者在其辐射剂量高于法令规定的限值时，从放射性物质运输负责人或放射性物质的持有者处获得已掌握的信息，包括活动可以导致的与电离辐射有关的危害，以及相关安全与辐射防护措施。而一旦核设施的许可证持有者拒绝与公众沟通信息，公众根据 78-753 号法规定的程序将相关争议提交行政法庭。第 20 条是对 78-753 号法规的说明；第 21 条则规定陆上固定式核设施的许可证持有者每年都应撰写并公布一份有关核安全与辐射安全的报告，并上交给地方信息委员会和核安全与信息透明高级委员会。

2. 第二章 地方信息委员会

第二章只有第 22 条，但篇幅颇长，对地方信息委员会的建立、组成和职责做了规定。第 22 条规定共有八个部分，第一个部分是对地方信息委员会的综述：

Article 22

I. – At all sites comprising one or several basic nuclear installations, as defined in Article 28, a local information committee is set up, tasked with a general follow-up, information and concertation mission in the field of nuclear safety, radiation protection and the impact of nuclear activities on persons and the environment as far as the site installations are concerned. The local information committee widely disseminates the results of its work in a form accessible to the greatest number.

The committee can be created once a basic nuclear installation has been the subject of a creation authorisation application pursuant to Article 29.

A local information committee can be created for several close basic nuclear installations. A committee can also be created at an individual site where a basic nuclear installation has been located.

……

大意为：

第 22 条

I. – 在第 28 条规定所定义的任何有一个或几个基本核设施的地点，都应成立一个地方信息委员会来负责所在厂址的核设施在核安全、辐射防护以及核活动对人员与环境的影响领域的所有跟踪、通告和协调任务。地方信息委员会应广泛传播其工作成果，让尽可能多地公众获悉信息。

根据第 29 条规定，一旦核设施开始申请许可证明，便可以创建该委员会。

几个单独的核设施可以共建一个地方信息委员会，单一的核设施也可以建立一个地方信息委员会。

……

第 2 部分对地方信息委员会的组成作了规定；第 3 部分对地方信息委员会的创立决定和委员会主席的人选作了规定；第 4 部分指出地方信息委员会可以具备社团属性的法人资格；第 5 部分对地方信息委员会的权利作了说明；第 6 部分对地方信息委员会资金来源作了规定；第 7 部分指出地方信息委员会可以成立一个联合会；第 8 部分指出应有相应的法令确定本条规定的实施。

3. 第三章 核安全与信息透明高级委员会

第三章包含第 23~27 条，对核安全与信息透明高级委员会的成立、组成和职责做了规定。

第 23 条规定了核安全与信息透明高级委员会的人员构成，包括：2 名国民议会议员和 2 名参议院议员；5 名地方信息委员会；5 名环境保护协会的代表；5 名核活动的代表；5 名工会代表；5 名科学、技术、经济或社会领域专家；5 名核安全局和辐射防护与核安全研究所的代表。其中，委员会主席由议员，地方信息委员会代表或能力卓越的人担任。

第 24 条规定了核安全与信息透明高级委员会的性质为“一个信息与辩论机构”，并进一步确定了其工作任务及工作方法，同时还规定了可以提交议题的有关人员。原文如下：

Article 24

The High Committee for Transparency and Information on Nuclear Security is an information, and debate body on the risks related to nuclear activities and the impact of these activities on personal health, on the environment and on nuclear security. For this purpose, it can give an opinion on any matter in these fields, as well as on surveillance and information related to them. It can also deal with any matter relative to the accessibility of information as regards nuclear security and propose any measure likely to ensure or improve transparency in the nuclear field.

Any matter related to information on nuclear security and the surveillance thereof can be brought before the High Committee by the ministers tasked with nuclear safety, the chairman of the competent committees at the National Assembly and Senate, the chairman of the Parliamentary Office for Science and Technology Assessment, the chairmen of local information committees or the licensees of basic nuclear installations.

大意为：

第 24 条

核安全与信息透明高级委员会是一个针对核活动有关的风险以及这些活动对个人健康，环境和核安保产生的影响的信息和辩论机构，为此，高级委员会可以对这些领域中的任何问题以及与之相关的监视和信息发表意见。高级委员会还可以处理与核安全有关信息获取的任何问题并可以提出任何可能确保或提高核领域透明度的措施。

与核安全及其监视有关的任何议题，可以由负责核安全的部长、国民议会和参议院主管委员会的主席、国会科学技术办公室主席和地方信息委员会主席和核设施许可证持有者提出。

第 25 条规定核安全与信息透明高级委员会每年都要发布一份年度活动报告并公之于众，并规定负责核活动的人员、核安全局和其他有关国家机构应向高级委员会发送对涉及其工作任务的所有文件和信息。第 26 条规定核安全与信息透明高级委员会的资金应加入国家预算，并规定委员会成员就职时应发布公开声明，声明中需要通报自己与委员会工作有关的公司和机构的直接或间接关系。第 27 条指出本章执行程序由国务院法令规定。

（三）日本

日本是核能利用较早的国家，在其核电鼎盛时期，核能能源占比超过全国的 1/3，尽管福岛核事故揭示了日本在事故应对上的不足，但其法律法规仍有可参考之处。日本于 1955 年颁布的《原子能基本法》是日本核能法律法规的基础，但由于立法较早，并未对公众参与提出要求，因此，日本核能公众参与最重要的法律其实是《环境影响评价法》（《環境影響評価法》），该法规定了三次信息公开，分别在关于环境影响评估的范围界定文件确定后、环境影响评价报告草案完成后和环境影响评价报告完成后，并对信息公开的方法及对公众意见的处理方式作了规定。三次信息公开的规定分别为第七条，第十六条和第二十七条，如下：

第七条 事業者は、方法書を作成したときは、環境影響評価の項目並びに調査、予測及び評価の手法について環境の保全の見地からの意見を求めるため、環境省令で定めるところにより、方法書を作成した旨その他環境省令で定める事項を公告し、公告の日から起算して一月間、方法書及び要約書を前条第一項に規定する地域内において縦覧に供するとともに、環境省令で定めるところにより、インターネットの利用その他の方法により公表しなければならない。

第七条の二 事業者は、環境省令で定めるところにより、前条の縦覧期間内に、第六条第一項に規定する地域内において、方法書の記載事項を周知させるための説明会（以下「方法書説明会」という。）を開催しなければならない。この場合において、当該地域内に方法書説明会を開催する適当な場所がないときは、当該地域以外の地域において開催することができる。

1 事業者は、方法書説明会を開催するときは、その開催を予定する日時及び場所を定め、環境省令で定めるところにより、これらを方法書説明会の開催を予定する日の一週間前までに公告しなければならない。

2 事業者は、方法書説明会の開催を予定する日時及び場所を定めようとするときは、第六条第一項に規定する地域を管轄する都道府県知事の意見を聴くことができる。

3 事業者は、その責めに帰することができない事由であって環境省令で定めるものにより、第二項の規定による公告をした方法書説明会を開催することができない場合には、当該方法書説明会を開催することを要しない。

4 前各項に定めるもののほか、方法書説明会の開催に関し必要な事項は、環境省令で定める。

第十六条 事業者は、前条の規定による送付を行った後、準備書に係る環境影響評価の結果について環境の保全の見地からの意見を求めるため、環境省令で定めるところにより、準備書を作成した旨その他環境省令で定める事項を公告し、公告の日から起算して一月間、準備書及び要約書を関係地域内において縦覧に供するとともに、環境省令で定めるところにより、インターネットの利用その他の方法により公表しなければならない。

第二十七条 事業者は、第二十五条第三項の規定による送付又は通知をしたときは、環境省令で定めるところにより、評価書を作成した旨その他環境省令で定める事項を公告し、公告の日から起算して一月間、評価書等を関係地域内において縦覧に供するとともに、環境省令で定めるところにより、インターネットの利用その他の方法により公表しなければならない。

大意为：

项目提议者在编制关于环境影响评估的范围界定文件时，为了就目标项目的环境影响评估中要考虑的事项和所要采用的调查、预测和评价方法征求有关意见，提议者应从环境保护的观点出发，根据环境省府规定，公布范围文件已经准备好的事实。自公告之日起，应在一个月内将准备好的文件和摘要在相关区域内供公众查阅，并通过互联网或其他方式进行公布。

第七条之二 项目提议者应根据环境省的规定，在第六条第一款规定的区域内举行范围界定文件记载事项周知说明会（以下简称为“范围界定文件说明会”），以公开文件中所述的事项。如果在相关区域内没有合适的地点举行范围界定文件说明会，则该会议可以在相关区域外举行。

1 项目提议者应根据环境省的规定，在举行范围界定文件说明会一周前确定并公开说明会的日期，时间和地点。

2 项目提议者确定范围界定文件说明会的日期，时间和地点后，应征求第六条第一款规定的都道府县行政首长的意见。

3 如果项目提议者由于非自身的原因或环境省规定的原因不能召开范围界定文件说明会，则不需要召开该说明会。

4 举行范围界定文件说明会的有关事项，除前款规定之外，均由环境省规定。

第十六条 项目提议者在依照前条规定提交环境影响评价报告草案后，为了就该草案征求有关意见，提议者应从环境保护的观点出发，根据环境省规定，公开草案及有关事项。自公告之日起，应在一个月内将准备好的文件和摘要在相关区域内供公众查阅，并通过互联网或其他方式进行公布。

第二十七条 项目提议者在依照第二十五条第三款规定交付或通知后，应根据环境省的规定，公开环境评价报告书。自公告之日起，应在一个月内将准备好的文件和摘要在相关区域内供公众查阅，并通过互联网或其他方式进行公布。

除此之外，对于范围界定文件说明会和环境影响评价草案说明会，还有进一步规定：

第八条 方法書について環境の保全の見地からの意見を有する者は、第七条の公告の日から、同条の縦覧期間満了の日の翌日から起算して二週間を経過する日までの間に、事業者に対し、意見書の提出により、これを述べることができる。

2 前項の意見書の提出に関し必要な事項は、環境省令で定める。

第十七条 事業者は、環境省令で定めるところにより、前条の縦覧期間内に、関係地域内において、準備書の記載事項を周知させるための説明会（以下「準備書説明会」という。）を開催しなければならない。この場合において、関係地域内に準備書説明会を開催する適当な場所がないときは、関係地域以外の地域において開催することができる。

第十八条 準備書について環境の保全の見地からの意見を有する者は、第十六条の公告の日から、同条の縦覧期間満了の日の翌日から起算して二週間を経過する日までの間に、事業者に対し、意見書の提出により、これを述べることができる。

2 前項の意見書の提出に関し必要な事項は、環境省令で定める。

大意为：

第八条 从环境保护的角度出发对范围界定文件有意见的人，可以在从第七条规定的公告之日起至公告结束之日后一日算起的两周内，向项目提议者提交意见书。

2 前款意见书提交的有关事项由环境省规定。

第十七条 项目提议者应根据环境省的规定，在前条规定的区域内举行环境影响评价草案记载事项周知说明会（以下简称为“评价草案说明会”），以公开文件中所述的事项。如果在相关区域内没有合适的地点举行范围界定文件说明会，则该会议可以在相关区域外举行。

第十八条 从环境保护的角度出发对环境影响评价报告草案有意见的人，可以在从第七条规定的公告之日起至公告结束之日后一日算起的两周内，向项目提议者提交意见书。

a) 前款意见书提交的有关事项由环境省规定。

（四）俄罗斯

苏联是名副其实的核大国，俄罗斯也继承了这一属性，但有趣的是，俄罗斯在核能立法上算是“95后”，在1995年10月20日才出台了第一部有关核能利用的法律《俄罗斯联邦原子能利用法》（Russian Federation Federal Law On Atomic Energy Use），同年十二月，杜马又通过了《俄罗斯联邦居民辐射安全法》（Russian Federation Federal Law on Public Radiation Safety）。两部法律均有专门的章节规定公民在公众参与和信息公开上的权利，是俄罗斯规范核与辐射领域公众沟通的重大举措。俄罗斯不仅是核大国，还是新世纪反应堆建设主力军之一，近十年来，俄罗斯核能发展迅猛，核能能源占比总体呈上升趋势，到2019年年末，有37台在运反应堆和5台在建反应堆，作为和我国一样的核能发展大国，研究俄罗斯的公众沟通法律规定有重要意义。

《俄罗斯联邦原子能利用法》共有十六章70条，有多条规定都设计公众沟通，例如，第二章第十一条规定政府应该组织公众参与有关原子能利用的讨论，第十二条规定政府应该利用主流媒体公布辖区内的放射性情况；第七章第三十五条规定核设施运行单位应该向公众通报辐射限制区和缓冲区的辐射情况。而第三章“公民和组织在原子能利用上领域中的权利（The Rights of organizations, including public organizations (associations) and citizens in the field of use of atomic energy）”则对公民参与公众沟通的权利做出了专门的规定。该章原本包含第13至第19条，但是第17、18条已于2004年过期，在仍有效的法条中，第13条规定了个人和组织在核能利用领域的权利，第 14 条规定了个人和组织在核能利用政策制定领域的权利，第 15 条是对因核能利用产生的辐射导致公民人身和财产受损时的赔偿的规定，第 16 条是对核设施工作人员的权利的专门规定，第 19 条是公民在使用核医疗手段时的权利。从公众沟通的角度来看，最重要的是第 13 和第 14 条，规定的具体权利主要包括信息获知、核设施参观、参与公共讨论、选派代表参与评估以及法院诉讼的权利，其中关于核设施参观的规定是与他国相比比较独特的规定：

Article 13. The rights of organizations, including public ones (associations) and individuals in the field of use of atomic energy

……

The citizens of the Russian Federation have the right to visit nuclear installations, radiation sources and storage facilities for the purpose of informing themselves. The procedure for visiting the nuclear facilities is defined by the Government of the Russian Federation.

……

大意为：

第 13 条 组织，包括公共团体（协会）和个人在核能利用领域中的权利

……

俄罗斯联邦公民有权参观核设施，辐射源和核储存设施以自主获取信息。参观核设施的程序由俄罗斯联邦政府规定。

……

《俄罗斯联邦居民辐射安全法》共八章 30 条，第六章“辐射安全保障领域中公民和公共团体的权利和义务”对公众沟通做了有关规定，具体在第 23 和第 24 条：

Article 23. Right of Citizens and Public Associations to Obtain Information

Citizens and public associations have the right to obtain objective information from the organization, that applies ionizing radiation sources in its activity about radiation situation and measures taken on radiation safety assurance within the scope of the functions of the organization.

Article 24. Access to the Territory of Organizations Applying Ionizing

Radiation Sources Representatives of public associations have a right of access to the organization, applying ionizing radiation sources in its activity, in accordance with the procedure and conditions established by the legislation of the Russian Federation.

大意是：

第 23 条 公民和公共团体获得信息的权利

公民和公共团体有权从利用电离辐射的组织获取客观信息，这些信息包括辐射情况和在该组织职能范围内采取的确保辐射安全的措施。

第 24 条 进入辐射利用组织辖区的权利

公共组织的代表有权按照俄罗斯法律规定的程序和条件进入辐射利用组织辖区。

（五）韩国

韩国的核能研究始于20世纪50年代，并于1958年制定了《原子能法》，2012年，《原子能法》（Atomic energy act）被分离成《核能利用促进法》（Nuclear energy promotion act）与《核安全法》（Nuclear safety act）两部法律，而关于公众沟通的规定主要在《核安全法》中。

《核安全法》关于公众沟通的规定主要在第十章第 103 条意见收集和信息公开中，详文如下：

Article 103 (Gathering Consensus from Residents)

(1) Where any of the following persons (hereafter referred to as "applicant" in this Article) prepares a radiological environmental impact assessment report under Article 10 (2) and (5), 20 (2), or 63 (2), he/she shall gather consensus from residents within the scope determined by the Commission, upon making the draft radiological environmental impact assessment report under paragraph (3) available to the public for inspection or by holding a public hearing, etc., and reflect such consensus in the radiological environmental impact assessment report. In such cases, he/she shall hold a public hearing, etc., if the head of a local government having jurisdiction over the area in which residents' consensus are to be gathered, or residents within the scope prescribed by Presidential Decree, so request:

1. A person who intends to obtain a permit or approval pursuant to Article 10 (1) or (3);

2. A person who intends to obtain alteration to his/her license under the latter part of Article 20 (1) in order to continue operating his/her nuclear power reactor and relevant facilities after the design lifespan expires;

3. A person who intends to obtain a permit to construct and operate radioactive wastes management facilities or spent nuclear fuel storage facilities pursuant to Article 63 (1).

(2) Where a person who intends to obtain approval pursuant to Article 28 (1) prepares a decommissioning plan prescribed in Article 28 (2), he/she shall gather consensus from residents within the scope determined by the Commission, upon making the draft decommissioning plan under paragraph (3) available to the public for inspection, or by

holding a public hearing, etc., and reflect such consensus in the decommissioning plan. In such case, he/she shall hold a hearing, etc. if the head of a local government having jurisdiction over the area in which residents' consensus are to be gathered, or residents within the scope prescribed by Presidential Decree, so request.

(3) Where an applicant or a person who intends to obtain approval pursuant to Article 28 (1) intends to gather consensus from residents pursuant to paragraphs (1) and (2), he/she shall prepare a draft radiological environmental impact assessment report or a draft decommissioning plan in advance, as prescribed by Ordinance of the Prime Minister.

(4) Methods and procedures for gathering consensus from residents under paragraphs (1), (2), and (3), and other necessary matters, shall be prescribed by Presidential Decree.

(5) An applicant or a person who intends to obtain approval pursuant to Article 28 (1) shall bear expenses incurred in gathering consensus from residents under paragraphs (1) and (2), as prescribed by Presidential Decree.

Article 103-2 (Obligation to Disclose Information)

(1) The Commission shall fully disclose information prescribed by Presidential Decree, such as the results of evaluations concerning construction permits for and operating licenses of nuclear energy utilization facilities and the inspection findings of nuclear safety management to secure public safety: Provided, That the Commission need not disclose the information where disclosure would be likely to prejudice substantially significant national interests.

(2) Methods and procedures for disclosure of the information provided for in paragraph (1) and other necessary matters shall be prescribed by Presidential Decree.

大意为：

第 103 条（收集居民意见）

（1）属于以下任何一项的人员（以下简称“申请人”）应根据第 10 条第 2 款，第 5 项，第 20 款第 2 项或第 63 款第 2 项准备辐射环境影响评估报告：此时，应发布第（3）款所述的辐射环境影响评估报告草稿或举行听证会，以在委员会规定的范围内收集居民的意见，并将其纳入辐射环境影响评估的内容中。在这种情况下，应根据管辖民意的地区的地方政府首脑或在总统令规定的范围内的居民的要求举行听证会等：

1．打算根据第 10 条第 1 款或第 3 款获得许可或批准的人。

2．打算根据第 20 条第（1）款获得修改许可，以便在核电厂和相关设施的设计寿命期满后继续运行该设施的人。

3. 打算根据第63条第（1）款获得放射性废物处置设施或乏燃料存储设施的建造和运营许可的人。

（2）根据第28条第1款寻求批准的人在准备第28条第2款规定的退役计划时，他/她应公布第（3）款中的退役计划草案或举行公开听证会等，以在委员会确定的范围内征求居民的意见并将其收集并体现在退役计划的内容中。在这种情况下，应根据管辖民意的地区的地方政府首脑或在总统令规定的范围内的居民的要求举行听证会等。

（3）打算根据第28条第1款获得批准的申请人或个人，应如前条所述，根据总理令的规定事先准备辐射环境影响评估草案或退役计划草案，以收集居民意见。

（4）第（1），（2）和（3）款所指的收集居民意见的方法、程序和其他必要事项应由总统令规定。

（5）打算根据第28条第1款获得批准的申请人或个人，应承担总统令规定的根据第（1）和（2）款征集居民意见的费用。

第103-2条（信息公开的义务）

（1）为了促进公共安全，委员会应积极披露总统令规定的信息，例如核设施建设和运行许可证的检查结果以及核安全管理的检查结果。但对存在严重损害国家利益的危险的信息，不得披露。

（2）根据第（1）款披露信息的方法，程序等所需的事项，应由总统令规定。

附录二：某供热堆工程公众沟通标准化流程

（一）项目概况

项目厂址位于 ×××，距 ××× 市 ×××km、距 ××× 市 ×××km。厂址规划建设拟建设 ××× 台 ×××MWt××× 型号供热堆工程，总投资 ××× 亿元，预计 ××× 年 ×× 月 ×× 日建成。项目由 ××× 投资，××× 负责建设、运营、管理。

（二）科普宣传

科普宣传工作的目的是增进 ×× 市公众对 ××× 供热堆工程项目的了解，提高 ×× 市公众对 ××× 供热堆项目的认知，获得 ×× 市公众对 ××× 供热项目的支持。宣传工作由 ×× 市人民政府主导，××× 公司协助开展。

宣传内容主要分为科普层面和项目层面：

（1）科普层面：什么是供热堆；发展供热堆的背景；供热堆工作原理，如何供热的；供热堆有哪些系统组成；供热堆的优势、安全性以及项目的总体规划等。

（2）项目层面：××× 供热堆项目建设对国家和地方促进经济建设、产业结构优化、能源结构调整和环境质量改善的重要意义；××× 供热堆项目厂址、技术安全特点；项目建设是发展我市集中供热热源多元化的有效手段，可减少对单一能源的依赖程度，有效缓解城市供热所带来的大气污染。

具体的宣传形式主要包括：

（1）参观考察（公众开放日）：邀请地方村、乡领导群众代表到 ××× 供热堆现场厂学习参观。

（2）专家讲座：邀请项目专家到现场周边村镇进行科普讲座。

（3）分发科普文化品：制作带有 ××× 公司企业文化标识和科普知识内容的科普宣传品等向 ××× 城市、现场周边村庄百姓派送。

（4）网络媒体宣传：在市、县主要网站设立系列活动专栏，突出宣传建设核能供热堆的好处和优势；建立 ××× 项目的官方微信公众号；建立 ××× 项目的官方网站。

（三）公众参与

项目的公众参与工作由 ××× 市人民政府、××× 公司组织和协调实施，主要调查范围为厂址半径 × 公里范围，调查对象为可能受项目建设直接影响或间接影响的公众，主要涉及 ×× 市政府、×× 镇及周边乡村，重点关注厂址半径 × 公里以内规划限制区的公众。具体形式主要包括问卷调查和座谈会。

调查问卷：进行调查后要进行统计学分析，得出公众意见的初步结论，梳理反对意见，与调查对象沟通。除发放问卷外，另设立公众接待日，接受公众咨询，接受公众自愿填写调查表，并组织对参与调查的公众进行电话回访，归入统计范围。

座谈会：座谈会由 ××× 市政府主办、××× 有限公司协办。参会人员由 ××× 市各级政府代表、××× 公司代表、专家及公众组成。公众确定原则应优先选择存在顾虑的公众，并应选取社会各界代表，从被调查公众中随机选取，包括个人申请参加会议的公众。参会公众不少于 30 人。

（四）信息公开

信息公开由 ××× 市人民政府、××× 公司、生态环境部（国家核安全局）实施。主要公开内容包括：建设项目环境影响评价信息公告、建设项目环境影响评价文件、项目信息公告。

（1）建设项目环境影响评价信息公告

依据《环境影响评价公众参与办法》的要求进行建设项目环境影响评价文件受理公示，实施主体为生态环境部（国家核安全局），公示载体为生态环境部网站，公示期限为 10 天。

信息公开主要内容包括：项目名称；建设地点；建设单位；受理日期；报告书（以链接形式予以公示）；审批部门联系人及联系方式。

（2）环境影响评价信息公告

依据《环境影响评价公众参与办法》的要求进行环境影响评价信息公告，实施主体为 ××× 公司，公告载体为 ××× 市政府网站、××× 公司外网、××× 日报等报刊，公告时间不少于 10 个工作日。

信息公开主要内容包括：工程名称、规模及概要；建设单位的名称和联系方式；承担评价工作的环境影响评价机构的名称和联系方式；环境影响评价的工作程序和主要工作内容；征询公众意见的主要事项；征询公众意见，明确公众提出意见的反馈渠道。

（3）项目信息公告

依据《关于加强核电厂核与辐射安全信息公开的通知》《核与辐射安全监管信息公开方案(试行)》的要求开展建设项目信息公开，实施主体为 ××× 公司，公开的载体为 ××× 公司外网。

信息公开主要内容包括：项目基本概况；国家发展和改革委员会办公厅关于项目开展前期工作的意见、批复情况；××× 公司关于核与辐射安全和环境保护的守法承诺及机构设置；项目前期准备情况，包括：项目可研、环境影响、厂址安全、用海、用水、国土使用、水土保持、规划限制等的批复或进展情况等；公众参与情况和主要结论；公众索取资料和反馈信息渠道，明确反馈热线等反馈渠道。

（五）舆情管理

××× 工程舆情管理由 ××× 市政府和 ××× 公司共同参与实施，其目的是建立统一、快速、协调、高效的 ××× 供热堆工程公众参与舆情应对处理机制，有效预防和及时处置网络舆情及群体性突发事件，降低事件造成的危害和影响，切实维护 ××× 工程建设环境及本地区经济建设环境的和谐、稳定。

××× 工程舆情管理组织机构包括舆情办公室和舆情处理办公室。舆情办公室的主要职责是：协调、指导在 ××× 市辖区范围内的舆情事件采取应对措施；协助应对 ××× 市辖区范围以外的舆情事件；组织并指导 ××× 公司成立以 ××× 集团公司所属企业、核行业相关单位、网络人员为主的舆情引导队伍；对接 ××× 市应急办公室。舆情处理办公室则主要处理突发大型舆情事件，做好舆情突发维稳及医疗保障工作。

附录三：某供热堆信息公开对外口径

A. 什么是核能供热？

核能供热就是以核裂变产生的能量为热源的城市集中供热方式。核能供热不是一个新概念，其历史最早可追溯至20世纪60年代。清华大学于1989年建成5兆瓦低温核供热堆，多年来一直为清华大学在昌平的200号地区提供冬季采暖用热，并开展了供热堆运行特性研究，热电联供实验研究，核能低温制冷实验研究，核能海水淡化实验研究等重要科研工作。

B. 核能供热堆可以建在内陆吗？

常说的“内陆核电”是指选址在非沿海地区的大型商运核电站，而针对内陆核电的争议主要集中在：因为内陆厂址不沿海，或者靠近长江等主要内陆流域，反对者担心放射性物质影响周边环境或顺流而下影响下游周边区域。

而供热堆不存在类似的被质疑项，因为相比于大型商运核电站，供热堆具有功率大幅降低、固有安全性大幅提高、应急最小化、厂址要求低等特点。再结合工程方面的安全措施，放射性释放几乎可以近“零排放”，对环境的影响很小，可以实现在任何情况下不需采取厂外应急，所以对厂址的地理位置条件没有特殊要求，内陆或沿海均可建造。

C.××× 厂址是否具有地震风险？

××× 厂址位于地壳较稳定地区，属于基岩厂址，岩土工程条件满足核岛对地基的要求。××× 厂址确定性方法和概率论方法计算得到的厂址地面运动基岩水平向峰值加速度的最大值为 ×*g*。厂址的地震基本烈度为 × 度。厂址区不存在地震导致的地表断层破裂、砂土液化、软土震陷、地面塌陷、地震滑坡、崩塌等地震地质灾害。经调查，厂址地震地质条件适宜建设小型核能供热项目。

D.××× 厂址有无洪水隐患？

××× 厂址位于A河流域，厂址高程较高（厂坪标高 ×m），A河干流洪水对 ××× 厂址无影响；B河干流距厂址约 ×km，且有山脉相隔，B河干流洪水对 ××× 厂址无影响。

××× 厂址小流域可能最大洪水（PMF）为 ×m^3/s，未来可通过在厂址 × 侧设置排洪沟或者挡洪墙等措施排洪，解决厂址受到洪水威胁问题。

E. 核能供热主要解决哪些民生和市场需求?

热力生产和热力供应属于供热地区冬季的生活必需品，我国北方每年的供暖是关系到国计民生的大事，冬季采暖覆盖17个省、市、自治区，占国土面积的60%以上，采暖人口达到7亿以上。

根据国家统计局数据，2000—2013年中国城市集中供热面积逐年增长，2000年为11.10亿平方米，2005年为25.21亿平方米，2007年达到30亿平方米，2013年增长至57.17亿平方米，年复合增长高达12.42%，2016年为70.7亿平方米。随着中国农村城镇化发展，这个数字还在不断攀升，预计到2020年将达到129亿平方米。

但是，我国集中供热（居民采暖）的热源仍以区域锅炉房为主，所能够使用的燃料仍然以煤炭为主，每年消耗煤炭超过4亿吨，而燃煤排放物正是导致华北地区冬季雾霾严重的主要原因，特别是×××地区工业结构重型化、人口密度大、城市建筑面积快速增加，导致工业及居民冬季采暖耗煤量迅速增长，雾霾已成为该区域影响人民正常工作生活和身体健康的顽疾，寻找替代燃煤的新型低碳清洁安全高效采暖能源已刻不容缓。

F. 核能供热堆有哪些环保效益?

核能供热相对于化石能源供热具有显著的环保效益，一座×××核能供热堆每年可替代×万吨燃煤或×万立方米燃气，对比煤炭可减少排放烟尘×吨，减少灰渣×万吨，减少排放二氧化碳×万吨，减少排放二氧化硫×吨，减少排放氮氧化物×吨，对比天然气可减少排放二氧化碳×万吨，减少排放氮氧化物×吨；而放射性释放仅为燃煤排放的2%左右。

G. 核能供热堆有哪些经济效益?

从直接经济效益看，×万吨二氧化碳排放需要支付碳税约×万元，清除×万吨灰渣运输成本约×万元，仅上述直接成本就达到×万元/年，折合到单位产热量环保成本约×元/GJ，这还未考虑脱硫脱硝和除尘设施的费用。

从间接效益看，如果用核能供热承担基本热负荷，替代热电联产热源和污染严重区域锅炉房和分散小锅炉房，冬季雾霾问题将得到较大缓解，社会效益显著。

H. 核能供热项目产生的高放射性废物是什么？是如何处理的?

×××项目产生的高放射性废物主要是反应堆运行产生的乏燃料组件，其将在项目设置的乏燃料水池中暂存冷却10~20年后送国家指定的乏燃料后处理厂进行处理和回收。乏燃料送后处理厂经处理，其中97%可循环再用，剩余的3%是高放射性废物。国际上几十年来对高放射性废物处理技术进行了深入的研究，深地质处置法是一种选择，即将高放射性废物保存在深入地下几百米处的特殊处置库内，目前我国正在进行最终处置库建设的前期工作。

I. 产能如何进行消纳?

规划缺口：×××市城区到×年，规划采暖建筑面积×万平方米，预计采暖总热负荷×MW，其中集中采暖总热负荷×MW，缺口×MW，存在×台×供热堆热负荷空间。到×年，规划采暖建筑面积×万平方米，其中集中供热建筑面积×万平方米，规划集中采暖总热负荷×MW，热源总计×MW，缺口×MW，存在×台×××供热堆热负荷空间。

市场合作：×××集团与地方供热企业签署了合作协议，由地方企业负责消纳项目生产的热和汽，用于民用供暖和工业供汽。该公司现负责×××区域供暖，管网敷设具备×万平米的供热能力。

政府支持：×××市高度重视并支持项目建成后的热力消纳，出具文件支持×××小型核能供热项目开展前期工作，拟将本项目纳入×××市区供暖规划，并积极在项目厂址周边进行用热、用汽相关产业布局，与小堆项目进行配套，实现核能与×××地方产业融合发展。

J. 公众可以从哪里获得相关信息

×××集团网站：×××

中华人民共和国原子能机构 http://www.caea.gov.cn

中华人民共和国国家能源局 http://www.nea.gov.cn

中华人民共和国生态环境部 http://www.mee.gov.cn

中华人民共和国国家核安全局 http://nnsa.mep.gov.cn

中国核能行业协会：http://www.china-nea.cn

K.××× 项目对于当地社区，特别是不在征地区域内的民众支持措施有哪些?

一是促进当地基础设施建设；二是增加地方财政税收；三是×××项目建设需要大量的施工建设人员和后勤保障人员，为当地社区民众提供潜在的就业机会；四是建设和运营期，大量人员居住在厂址附近，会带动当地的消费需求，促进当地经济发展；五是提升当地知名度，×××项目品牌效应及国家、省市领导的现场考察，都会不断提升当地的知名度。

L.××× 项目施工和运行能否优先招聘本地人员?

×××项目建设与运行期间会需要大量施工及后勤保障人员，在同等条件下将优先录取厂址周边地区人员。

M.××× 项目建成后我们的采暖价格会便宜吗?

×××项目供热价格目前计划统一执行××市政府规定，我们在探索给利益相关方居民的用热优惠价格方案，使周围居民得到实惠。

第七章
解读核能公众接受性的其他维度

黑泽明执导的《七武士》摄于 1954 年，故事背景设定在日本战国时代，一个山村面临着山贼的威胁，村中长老决定去请武士来保护村庄的安全，几经考虑后，曾经的武士勘兵卫最终答应村民的请求，另外六人也加入队伍，七人携手保卫村庄。在原版推出四年后，好莱坞就迫不及待地拿来改编成了西部片《豪勇七蛟龙》，故事的地点改到了墨西哥的小村庄，村民们找来七个美国枪手，来帮忙对付强盗；而 1983 年拍摄的《神鬼七武士》是一部以《七武士》为蓝本的古罗马英雄剧，讲述一位罗马军官率领一批战士保护小村落免受强盗侵袭，而他们的秘密武器则是一把神奇宝剑。据不完全统计，以《七武士》为主题翻拍的著名影视作品多达十几部，尽管时间、地点、国家、剧情都有差异，但所表达的内核却大致相同。

为何要多次的翻拍同一个艺术作品呢？这实际上是导演希望能够持续表现这个主题，但又要考虑观众本身的时代特点、生活背景与兴趣点，最终做出的策略。如果不能更换切入问题的维度，只是简单的忠于原著进行翻拍，观众可能因为时代的变化或者自身背景等原因不能很好的接受这个作品，导演想要表达的主题也就没法实现。即使影视作品描述的对象可能是不随时间与身份变化的人类永恒主题（如爱情、复仇、死亡等），导演也需要从不同的维度解读和演绎这些主题，把他们放在不同的环境中，结合不同的客体，生成全新的展示效果。这些符合时代特点或是结合观众新关注点的更新与改变，使观众有了新的角度去审视原始主题，最终使这些主题能够被不同时代和不同群体的公众铭记于心。

核能公众接受性就是这样一个历久弥新的话题，这也意味着我们不能老生常谈，总用一种模式去探讨这个它。我们应该把眼界放得大一些，看看是否还有一些讨论核能公众接受性的其他维度，这个维度可能是基于大历史跨度的、基于其他新技术的，亦或是基于一些其他领域的。出于这个考虑，本章中我们主要讨论以下 5 个内容，包括：我国核能政策对公众接受性的影响、放射性废物处置对公众接受性的影响、核损害赔偿对公众接受性的影响、核技术应用对公众接受性的影响、人工智能和大数据的应用对公众接受性的影响。可以看出，这些剖析公众接受性问题的角度与之前有所不同，但我们要研究的内核没有改变，通过对这些问题的解读，也可以使读者更好的、更全面的认识核能公众接受性。

一 . 我国核能政策对公众接受性的影响

我国核能发展有着十分曲折的历史，核能政策在其中又扮演着极其重要的角色，进一步也对核能公众接受性产生了深远的影响。现在让我们回顾一下我国核能政策的变化。

1956 年 3—6 月，在周总理的领导下，国务院以中国科学院各学部为基础，集中全国 600 多位科学家成立了科学规划委员会，按照“重点发展，迎头赶上”的方针，采取“以任务为经，以学科为纬，以任务带学科”的原则，编制出了《1956 —1967 年科学技术发展远景规划纲要（草案）》（以下简称《十二年规划》）。在《十二年规划》序言，有这样的描述：

……现代世界科学技术正处在日新月异的发展过程中，各门科学都有了崭新的发展，并且彼此互相带动、互相交叉，产生了许多边缘科学和新的科学生长点，使自然科学占领了许多新的领域，引起生产技术的不断更新。现在人们已经能够利用铀、钍等原子核内所蕴藏的能量来发电了，不久还将进一步学会利用水里的重氢的核子聚变作为动力的来源。……

“原子能”在《十二年规划》里出现了 29 次，在矿冶、燃料和动力、化学工业、运输和通讯、物理学、化学部分都有涉及，可见国家在当时就意识到了原子能的重要性了。而在第二节 1956—1957 年国家重要科学技术任务第八条“新技术”里，原子能更是被列为首要的待突破技术：

……

八、新技术

在 20 世纪的前半期中，科学技术上最伟大的成就是原子能的发现和利用。原子能的和平利用大大地扩大了动力的来源。原子能利用的发展也附带地给我们送来了一种极有用的科学研究和生产技术的工具——大量的多种多样的放射性同位素。它可以使我们看见从前所看不见的，测出从前所测不出的事物。在医疗上、农艺上、工艺上还有许多用途。因此，放射性同位素是今后在科学和技术进展中不可缺少的东西。

原子能的特点是它的惊人的强度，原子燃料所能放出的能量要比化学燃料（例如煤、石油等）大百万倍以上。由于原子燃料具有强烈的放射性，和在使用它时热量的高度集中，利用原子能就要使用很多新的技术方法。在我们这样一个工业落后的、科学技术上缺乏经验的国家，怎样能够使各种有关的工业跟得上原子能工业发展的要求，同时怎样能够使后者的发展顺利地推动其他工业的前进，这是复杂而必须解决的问题。在原子核反应进行时可以产生高达千万度以上的超高温，如何控制和利用这种超高温，是一个科学技术上更为特殊的新问题。

……

上面说到的新技术是现代科学技术的先锋。但是这些新技术在我国还都是空白点，没有基础的。因此，我们必须学习和掌握这些新技术；我们还必须加快地建立作为这些新技术的基础的理论学科，包括：原子核物理、基本粒子物理、力学、控制论、统计数学、计算数学、电子学、无线电物理、半导体物理等。

……

第三十六项：原子能的和平利用

尽速建立铀、钍和重水提炼工业，研究和掌握各种反应堆的设计，进行有关热核反应控制的研究，并要求在十二年内能够着手自建中型的原子能发电站和试验性的用于交通工具的动力堆。

为了保证上述任务的完成，必须组织力量，发展原子核物理及基本粒子物理（包括宇宙线）的研究，立即进行普通加速器和探测仪器的工业生产，并在短期内着手制造适当的高能加速器。为了保证原子堆的有效运转，必须研究原子堆中的可分裂性材料及构造用材料在各种射线下以及在高温度下的性质和结构变化。

另一方面，必须研究和推广放射性同位素在科学研究、工农业生产及医学上的应用，并建立处理有强烈放射性物质的化工技术。

……

在第三节任务的重点部分当中，原子能更是被列为我国十二年内的科学研究重点首位：

……

第三节 任务的重点部分

五十七项国家重要科学技术任务，是相互密切联系的，必须配合在一起发展。但是在目前人力不足的情况下，要想求得全面发展，必须抓住若干更带有关键意义的问题，着重加以解决。这些重点，有的需要研究人员很多，有的需要研究人员不一定很多，但都须由国家给以最大的注意，优先保证它们的发展。

下边就是我国今后十二年内的科学研究重点。

1. 原子能的和平利用

……

在这一阶段，我们可以用“眼馋”来打趣先辈们对原子能利用的渴望。的确，不论是原子弹的巨大威力，还是国内落后生产力和国外先进动力的对比，前辈们都不得不想方设法尽快解决原子能的利用问题。1958 年，我国“一堆一器”（第一座重水反应堆首次达临界，第一台回旋加速器第一次得到质子束并且到达内靶）的成功，证明了《十二年规划》的正确性和前瞻性，这个时期不仅没有公众接受性的问题，反而全国人民都为掌握了世界上最高端的技术而欢欣鼓舞。1963 年 12 月，在《十二年规划》基础上拟定的《1963—1972 年十年科学技术规划》（以下简称《十年规划》）经中共中央、国务院批准开始实施，规划包括六个部分：纲要，重点项目规划，事业发展规划，农业、工业、资源调查、医药卫生等方面的专业规划，技术科学规划，基础科学规划，共 77 卷。在规划纲要中，原子能被提及 8 次，其重要性不言而喻。

由于“文革”的影响，《十年规划》只在前三年得到了顺利的进展，但仍取得了一批重要的成果，其中最重要的就是“两弹一星”，而我国自主设计的第一座反应堆也在此期间建设完成。“文革”后，在邓小平的大力支持下，1978 年我国通过并发布了《1978—1985 年全国科学技术发展规划纲要》（以下简称《八年规划纲要》）。《八年规划纲要》仍然把原子能技术的发展列为现代科学技术的主要标志，原子能电站建设也被列在 108 项重点科学技术研究项目当中，在一系列前序试验和准备后，秦山核电站在 1985 年开始动工。1986 年，邓小平同志在王大珩、王淦昌、杨嘉墀和陈芳允四位科学家提出的“关于跟踪研究外国战略性高技术发展的建议”和朱光亚的极力倡导下，“863 计划”快速地出台并于 1987 年 3 月开始正式组织实施，高温气冷堆等“先进核反应堆技术”也在彼时被列于其中。1991 年 12 月，《国家中长期科学技术发展纲领》（以下简称《纲领》）和《1991—2000 年科学技术发展十年规划和“八五”计划纲要》（以下简称《十年规划和“八五”计划纲要》）得到了国务院审议和原则通过，并于 1992 年开始实施。《纲领》中要求“研究开发大型先进的核能技术和核安全技术”，而在《十年规划和“八五”计划纲要》中有更具体的任务：

（二）能源

……

“八五”期间的任务是：

……

——掌握以 60 万千瓦为主的压水堆核电站建造成套技术和先进的核燃料循环技术。完成 200 兆瓦核低温供热堆工程开发。

……

（七）高技术研究及其产业化

高技术及其产业将成为二十一世纪国际竞争的支柱力量。我国必须发展自己的高科技及其产业，大幅度提高劳动生产率，并在世界高科技领域占一席之地。

今后十年，我国高技术及其产业的发展目标是：

……

——自动化技术……研制用于核工业的遥控移动式作业机器人……

——新一代能源技术，“八五”期间完成6万千瓦级燃煤磁流体—蒸汽联合循环中试电站技术设计和部分设施的建设；完成6万千瓦实验快堆设计及工程前期工作；完成1万千瓦高温气冷堆部分工程建设；完成混合堆堆芯装置的初步设计。

……

《纲领》和《十年规划和“八五”计划纲要》实施时，三哩岛事故和切尔诺贝利事故均已发生，甚至苏联都已经解体，但是国家仍然坚持发展反应堆技术，可见当时对核能的看好程度。这也恰恰说明，当时的中国对于核能这一问题上并非“随风倒”，而是非常有主见的。1991年年末，秦山核电站首次并网，1992年国务院批准了清华大学核研院10兆瓦高温气冷堆的立项，大亚湾核电站也在1994年投入商用，一时间我国核能蓬勃发展。1995年李鹏总理在听取了《电力工业“九五”计划（草案）》的汇报后指出“核电是一种清洁的能源，要适当发展，在“九五”期间只能作为一种补充能源，到下世纪可能加大发展的力度”，这是第一次比较准确的定位，也给予了核电发展的新希望。迈入21世纪，2001年5月国家计委和科技部联合发布了《国民经济和社会发展第十个五年计划科技教育发展专项规划（科技发展规划）》（以下简称“十五”科技规划）。“十五”科技规划首次提出要大力发展核燃料循环关键技术，并在“战略部署与重点任务”的能源技术部分把核能作为后续能源技术的首选：

……

——能源技术

围绕后续能源技术、洁净煤技术等方面，重点研究核能、生物质能、风能、地热能等后续能源技术，煤直接液化技术和非动力用气化技术等关键技术。集中开发整体煤气化联合循环发电技术及装备、核能快中子试验堆等。为实施能源多元化发展战略和改善能源生产与消费结构提供技术支撑，缓解我国日益严重的能源紧缺和环境污染的局面。

……

而在能源规划上，《“十五”能源发展重点专项规划》指出我国核电已经从无到有并对核电进行了如下的规划：

……

适当发展核电、加快核电国产化：充分利用我国已经形成的核电设计、制造、建设和运营能力，以我为主、中外合作，以有竞争力的电价为目标，实现核电国产化。同时，积极支持我国自行开发新一代核电站工作，为“十一五”及以后核电的发展奠定基础。新能源和可再生能源：把新能源开发当作实施能源工业可持续发展的长远战略，在资源条件好、具备并网条件的地区，发展大型并网风力发电、太阳能热利用、太阳能光伏发电等。同时，以“乘风计划”为龙头，通过多种方式引进国外先进技术，努力实现风电设备国产化并形成产业。

……

2006年，我们熟知的《国家中长期科学和技术发展规划纲要（2006—2020年）》（以下简称《规划纲要》）出台。《规划纲要》共有十个章节，核能在其中多次被提及。《规划纲要》在第三章重点领域及其优先主题的能源中强调了要大力发展核能；在第四章重大专项中把大型先进压水堆及高温气冷堆核电站列为重大专项；在第五章前沿技术中把快中子堆技术列为四大先进能源技术之一；在第六章基础研究中把大规模核能基本技术列为能源可持续发展中的关键科学问题。《规划纲要》的出台鼓舞人心，特别是重大专项的政策倾斜让核电在新能源中异军突起，核电被很多人视为以后将替代火电的重要能源。2007年，我国核电发展史上最重要的文件《核电中长期发展规划(2005–2020年)》（以下简称《中长期规划》）发布，标志着我国核电发展进入了新的阶段。《中长期规划》提出了详细的发展目标：

……

（二）发展目标

根据保障能源供应安全，优化电源结构的需要，统筹考虑我国技术力量、建设周期、设备制造与自主化、核燃料供应等条件，到2020年，核电运行装机容量争取达到4000万千瓦；核电年发电量达到2600~2800亿千瓦时。在建和运行核电容量1696.8万千瓦的基础上，新投产核电装机容量约2300万千瓦。同时，考虑核电的后续发展，2020年末在建核电容量应保持1800万千瓦左右。

……

《中长期规划》的出台使得核电发展有了明确的目标，但也导致了业内出现了一些过于乐观的声音。2010年全国能源工作会议上开始提出“研究调整《核电中长期发展规划》”和“加快沿海核电发展，积极推进内陆核电项目”。到2010年9月，国务院已经核准了34台核电机组，装机容量达3692万千瓦，有很多学者开始讨论到2020年我国的核电装机容量应该比此前的计划多一倍达到8 000万千瓦，2011年1月的全国能源工作会议上，这个目标被正式提出：到2020年中国核电装机规模将达到8 600万千瓦。8 600万千瓦的新目标放出后受到了广泛的关注，已经开始有很多公众质疑这样的快速发展是否急于求成？凭借我国核电的安全运行历史和世界上已经二十多年没有发生核事故的证据，绝大部分专家都认为核电的安全性是有保障的，因此整个舆论还是偏向支持核电发展的，对于核能不接受的声音也被压制下去了。

然而，仅仅两个月后的福岛核事故就像一盆冷水让核电行业从头凉到尾，公众对核能的质疑短时间内达到顶峰（尽管第二章中提到其实长期来看，福岛事故对于核能公众接受性的影响不大，但短时的冲击的确是剧烈的），世界各国也都开始进行如“压力测试”等核设施安全相关的检查。我国相应的放缓政策也迅速发布，2011 年 3 月 16 日温家宝总理主持召开了国务院常务会议，会议决定：

（一）立即组织对我国核设施进行全面安全检查。通过全面细致的安全评估，切实排查安全隐患，采取相关措施，确保绝对安全。（二）切实加强正在运行核设施的安全管理。核设施所在单位要健全制度，严格操作规程，加强运行管理。监管部门要加强监督检查，指导企业及时发现和消除隐患。（三）全面审查在建核电站。要用最先进的标准对所有在建核电站进行安全评估，存在隐患的要坚决整改，不符合安全标准的要立即停止建设。（四）严格审批新上核电项目。抓紧编制核安全规划，调整完善核电发展中长期规划，核安全规划批准前，暂停审批核电项目包括开展前期工作的项目。

2011—2012 年，我国核电发展全面停滞，内陆核电发展基本被完全否决。2012 年 10 月 24 日，温家宝总理主持召开国务院常务会议，讨论通过《能源发展“十二五”规划》，再次讨论并通过《核电安全规划（2011—2020 年）》和《核电中长期发展规划（2011—2020 年）》。2013 年元旦《能源发展“十二五”规划》（以下简称《“十二五”规划》）正式发布，作出了如下规定：

五、安全高效发展核电

严格实施核电安全规划和核电中长期发展规划（调整），把“安全第一”方针落实到核电规划、建设、运行、退役全过程及所有相关产业。在做好安全检查的基础上，持续开展在役在建核电机组安全改造。全面加强核电安全管理，提高核事故应急响应能力。在核电建设方面，坚持热堆、快堆、聚变堆“三步走”技术路线，以百万千瓦级先进压水堆为主，积极发展高温气冷堆、商业快堆和小型堆等新技术；合理把握建设节奏，稳步有序推进核电建设；科学布局项目，对新建厂址进行全面复核，“十二五”时期只安排沿海厂址；提高技术准入门槛，新建机组必须符合三代安全标准。同步完善核燃料供应体系，满足核电长远发展需要。利用有限时间、依托有限项目完成装备自主化任务，全面提升我国装备制造业水平。加快建设现代核电产业体系，打造核电强国。到 2015 年，运行核电装机达到 4000 万千瓦，在建规模 1800 万千瓦。

《“十二五”规划》没有否决核电，但是对公众接受性的影响是很大的。《“十二五”

规划》发出之前，核电发展处于全面停滞阶段，而《“十二五”规划》虽然强调了安全性，但是拟定的发展目标实际是比《中长期规划》提前的，从国内环境和国际环境上讲，这是调整能源结构和应对气候变化所做出的合理规划，但是这种强调安全的表述让不少公众认为国家对核能的态度是不积极的。《“十二五”规划》出台后，虽然核电开始复苏，但是邻避效应和涉核谣言开始明显增加，甚至一些非发电项目如燃料元件厂和燃料循环设施的建设，也暴露出严重的公众接受性问题。在当时，反对核电成为一种非常时髦的行为，结合当时中国经济的快速发展形势，“地方发展核电是企业勾结政府，为了经济利益不顾群众安全”成为反核人士的一种典型论调。“为什么别的地方不建我们要建？”“过去两年都没有什么消息，现在突然就开始搞核电，是不是有什么内幕？”“国家政策我们要支持，但是国家也说了安全第一，核电这么近我们觉得不安全”，这一类的说法得到了很多人的认同。实际上，在每一次重大事故后，不负责任的阴谋论和不可证明或证伪的非科学问题就甚嚣尘上，这在切尔诺贝利后的欧洲早已得到印证，而这一次，我国核能从业者真正感受到了这种阴谋论和非科学问题的恶意和恐怖。

公众对核能变得非常敏感——毕竟一个被暂停的东西突然重启，对于某些局域的公众来说这个反应堆还可能建在自家旁边，实在让人难以接受。如果说《中长期规划》的发布和 2011 年 1 月的目标修订对我国核电发展来说是一次大起，福岛核事故的遇冷则是一次大落，而《“十二五”规划》的出台让没有在公众接受性问题上做好准备的核能从业者无力感倍增。例如，江门鹤山群体性事件发生的重要原因就是公众认为政府的前期决定调查不足，材料公示时间不够，业主公司做的沟通工作也不足等。其实在福岛核事故以前，核设施的落地前采取的一系列措施和此次并没有显著不同，而且整个流程是合乎法律的，并且以往公众也往往是乐于重大项目落地提高地区经济的。

然而大起大落后核行业虽然在技术上做了足够的检查和反思，但是在此前很少发生的公众接受性问题上并没有做足工作。但由于核电发展的停滞，整个行业当时关注的焦点是如何论证核电安全性和必要性以尽快重启，对这类的案例并没有足够的认识，也没能形成积极有效的及时反馈经验，没有为其他内陆核电项目举步维艰的公众沟通工作提供有效帮助。“心急吃不了热豆腐”，急于求成并没有使《“十二五”规划》所拟定的目标如期完成，这对于经常提前完成规划的中国工业而言，是一个非常深刻的教训。

2016 年末《能源发展“十三五”规划》（以下简称《“十三五”规划》）出台，在考虑到技术成熟度和公众接受性后，对核能发展制定了比较准确的预期目标：

……

——核电。安全高效发展核电，在采用我国和国际最新核安全标准、确保万无一失的前提下，在沿海地区开工建设一批先进三代压水堆核电项目。加快堆型整合步伐，稳妥解决堆型多、堆型杂的问题，逐步向自主三代主力堆型集中。积极开展内陆核电项目前期论证工作，加强厂址保护。深入实施核电重大科技专项，开工建设 CAP1400 示范工程，建成高温气冷堆示范工程。加快论证并推动大型商用乏燃料后处理厂建设。适时启动智能小型堆、商业快堆、60 万千瓦级高温气冷堆等自主创新示范项目，推进核能综合利用。实施核电专业人才队伍建设行动，加强核安全监督、核电操作人员及设计、建造、工程管理等关键岗位人才培养，完善专业人才梯队建设，建立多元化人才培养渠道。2020 年运行核电装机力争达到 5800 万千瓦，在建核电装机达到 3 000 万千瓦以上。

……

《“十三五”规划》释放出了很多鼓舞人心的信号。例如堆型整合有利于“集中力量办大事”，将使我国的核能科研力量更集中，核能标准更规范，核能管理更统一（尽管这一问题在“十三五”期间没有很好的解决，但在当时看来确实是一个鼓舞人心的提法）；内陆核电项目前期论证工作和厂址保护工作说明内陆项目仍有希望重启；重大专项的推进和完成将巩固我国核能技术的领先地位；核能综合利用的提倡将使核能行业广泛地参与各行各业的建设，焕发更多生机。图 7–1 是 2007—2019 年我国核电装机量的变化趋势图，2019 年末我国核电装机量已经超过 4800 万千瓦，距离《“十三五”规划》的目标并非遥不可及。

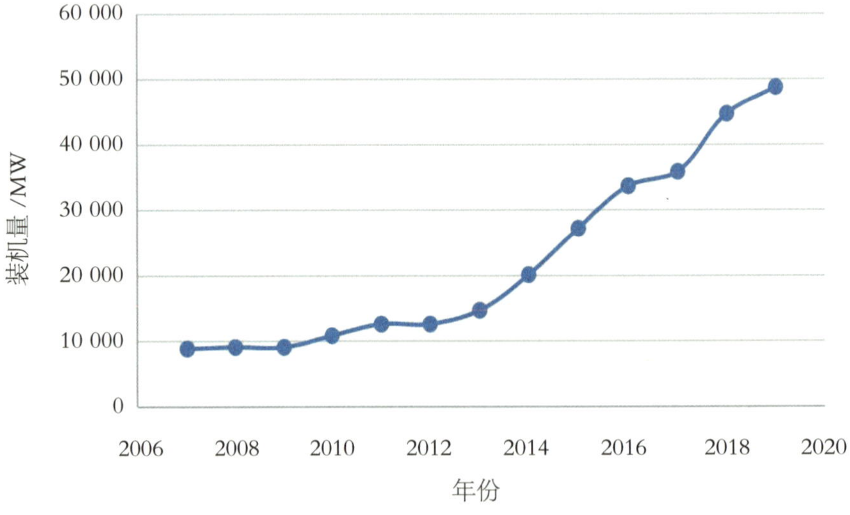

图 7–1　2007—2019 年我国核电装机量

由于核电站的建设周期长，核能政策对核电装机量的影响是有一定滞后性的，例如在 2007 年出台《中长期规划》后，我国核电装机量在 2007 至 2011 年并没有极大地增加，但是在 2013 年核电重启后，之前拟定的项目得到了较好的落地；而 2017 年相对于 2016 年没有比较大的核电装机量提升，这其实是受到了 2011 年暂停核电审批等工作的影响。“一起一落再复苏”的过程暴露了很多问题，也解决了很多问题，福岛核事故虽然延缓了我国核能发展的过程，但是这个缓冲期让我们有充足的时间“回头看”，也使得之后的决策更加谨慎周密。随着福岛核事故逐渐淡出人们视野，核能复苏基本已经步入正轨，2019 年我国将制定新的核电中长期发展规划，核能从业者都拭目以待核能在新的十年崛起。

综上可以发现，国家核能政策的大起大落会与公众接受性形成很强的相互作用。这本身无可厚非，但比较重要的问题是在“大落”后的复苏，一般都面临着公众接受性的挑战，而此时的核能从业者本身却往往没有做好准备。**因此在“大落”阶段，核能从业者要花时间好好研究有关公众接受性的问题，可以是历史上发生的，可以是当下正在发生的做好万全准备，才能应对“复苏”阶段的公众态度，使核能“复苏”不会因为接受性问题受到阻碍**。所幸的是，福岛事故后一些参与国家规划制定的专家（包括作者的研究团队）在核能沉寂期深入的研究了有关的公众接受性的若干重要问题，这为我们制定更加科学的核能政策起到了不少的积极作用。

除了国家宏观核能政策外，一些微观的核能企业政策变更对局域性的公众接受性也有十分微妙的影响。举例而言，某沿海核电厂址计划建设核电站，但当地居民原本公众接受性不高，一些地方德高望重的人事反核，带动形成了反核群体。2015 年该核电企业工作人员在与地方公众交流时，“核电”甚至是敏感词汇，常被提醒不要说自己是建设核电的。企业和员工在当地不被信任，公众特别是政府官员都避之唯恐不及，该业主单位早期对主动开展科普活动也是十分谨慎的，生怕工作不利，给项目带来麻烦。为了推进项目，业主企业负责人员开展了大量的多样化、本地化的公众沟通工作，经过几年努力，使很多原本不接受核能的公众转变了态度，一切向着更好的形势发展。然而出乎意料的是，由于该企业战略调整，这个厂址的核电站建设工作被搁浅了，这一结果使很多当地的公众误以为搁浅的原因是因为核电站本身不安全以及反核人士强烈抗争的结果。这是完全不符合实际情况的，但这种说法从事实上看似乎又合情合理。这一举措使当地的公众接受性“一夜回到解放前”，以后也再难开展核设施建设的相关工作了。核能从业者一般更加关注宏观政策，对于自己所在企业的政策影响却重视不足，特别是宏观形势好的情况下，由于可选择开工的地方多，一些企业政策调整随意性太大，引起了很多潜在的问题，这些问题对于核能发展的影响，必须予以重视。

本节中我们讨论了核能政策对于公众接受性的影响，这既是一个历史问题，又是一个与时俱进的问题。不难看出，公众接受性与核能政策（宏观或者微观）的匹配是最重要的，如果出现脱钩则会引发相应的问题：公众接受性过高，会导致政策制定过于乐观；公众接受性过低，会导致政策实施有所阻碍。新的五年计划马上开始，在这个期间如何让公众接受性与核能政策匹配，是一个需要我们所有人重视的问题。

二．放射性废物处置对公众接受性的影响

在前面的章节，我们多次提到了核设施，核设施一般指的是核燃料制造厂、核反应堆（包括临界和次临界装置）、研究堆、核动力厂、乏燃料贮存设施、核燃料浓缩厂或后处理设施、放射性废物的处理和处置设施等需要严格监管的包容放射性物质的设施。这些核设施的公众接受性问题大同小异，但其中有一个非常值得单独谈谈，即放射性废物处置的相关设施。

放射性废物处置设施公众接受性问题的特殊性源于这一活动的特殊性。由于放射性废物处置指向了放射废物的最终归宿，对于这类设施，我们无法再找到更下游的环节来转化该阶段的风险，此类问题便成为核能公众接受性的“最终一战”。然而这一战并不容易，因为里面包含着科学上没有先验经验的诸多不确定性问题。本节中我们首先介绍放射性废物的一些基本概念，再来分析放射性废物处置对于公众接受性的影响以及应对方式。

IAEA 把需要关注的放射性废物分为四类，分别是：极低水平放射性废物（Very low-level waste，VLLW）、低水平放射性废物（Low-level waste，LLW）、中水平放射性废物（Intermediate-level waste，ILW）和高水平放射性废物（High-level Waste, HLW）四类。而我国最新的相关文件《放射性废物分类》（2018）把放射性废物分为极短寿命放射性废物、极低水平放射性废物、低水平放射性废物、中水平放射性废物和高水平放射性废物五类，其中极短寿命放射性废物和极低水平放射性废物属于低水平放射性废物范畴。分类如图 7-2 所示。

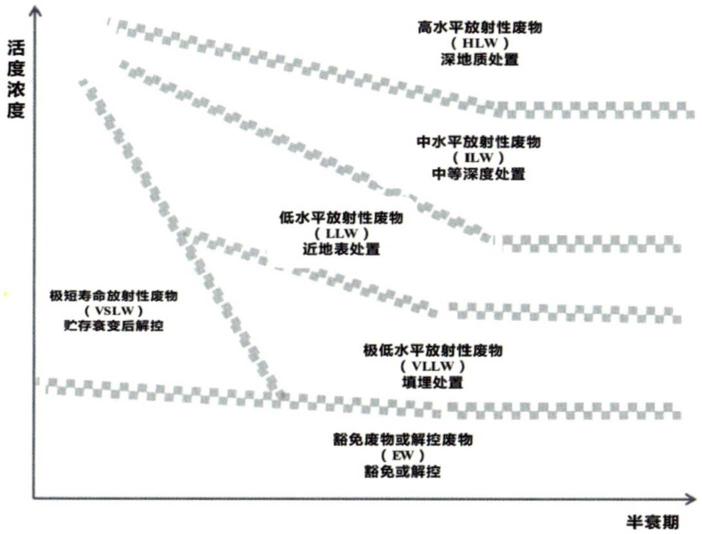

图 7–2　放射性废物分类体系概念示意图

图 7–2 为放射性分类确定了两个指标，一是活度浓度，二是半衰期。众所周知，放射性废物的放射性主要来自原子核的衰变，而衰变的快慢是不能人为干预的，这也就意味着我们对放射性废物的处理是被动的。国际认同的放废处理方式主要有两种：贮存（Storage）和处置（Disposal）。贮存指的是将放射性固体废物临时放置于专门建造的设施内进行保管的活动；处置则是指将放射性固体废物最终放置于专门建造的设施内的活动。两者的最大区别在于“临时”和“最终”，而到底是贮存还是处置，主要取决于半衰期的长短。对于短寿命的核素，只要经过一段时间的贮存就可以让活度浓度降低到很低的水平，可以进一步安全的处理，而对于长半衰期的核素，则必须要把他们存在合适的地方。

国际上有两种处置方式，一种是近地表处置，另一种是深地质处置。近地表处置针对的是把放射性废物保管在地面或者距离地面较近的地下，针对的主要是中低放废物；而对于高放射性废物，不仅要考虑其放射性，还要考虑反应热，因此一般在最终处置前还要经过水池贮存待反应热降低后再进行深地质处置。为了保证处置的安全性以及出于减少体积节约资源的考虑，放射性废物在处置前都要被固化为耐浸出的固体，因此我们后续的讨论主要针对固体放射性废物的处置展开。

根据 IAEA 的估计，截止到 2018 年全世界共有固体放射性废物存量 34 781 000 立方米，相当于 13 座胡夫金字塔，但幸运的是其中的高放射性废物不足千分之一。根据我国的《核安全局年报 2018》的数据，2018 年西北低、中放固体废物处置场共接收中低放射性废物包 10 372 个，废物包总体积为 3 710.26 立方米，废物总活度为 6.05×10^{13} 贝克，广东低、中放固体废物北龙处置场共接收大亚湾核电基地产生的放射性废物包 252 个，废物包总体积为 100.8 立方米，总活度为 1.08×10^{10} 贝克；截至 2018 年底，西北处置场累计接收放射性废物包 36 408 个，废物包总体积为 17 347.62 立方米，总活度为 6.13×10^{14} 贝克，北龙处置场累计接收放射性废物包共 1904 个，废物包总体积为 2 392.04 立方米，总活度为 7.95×10^{13} 贝克。

表 7–1　各类放射性废物的量

	贮存量 / 立方米	处置量 / 立方米	总量 / 立方米	处置占比
VLLW	2 356 000	7 906 000	10 262 000	77%
LLW	3 479 000	20 451 000	23 930 000	85%
ILW	460 000	107 000	567 000	19%
HLW	22 000	0	22 000	0%

放射性废物里最难解决的是长寿命的高放废物。经过几十年的发展，高放废物的处置方法和前序工艺都已经比较成熟，在我国随着北山高放废物最终处置实验室项目的有序推进，为放射性废物的处置带来了曙光。北山位于甘肃省玉门市，地质条件非常优越且地广人稀，几乎没有“邻避问题”的困扰，非常适合建立高放废物最终处置库。实际上，很多核能国家都或多或少的有类似中国北山和瑞典 Forsmark 的合适的高放废物最终处置点备选厂址，IAEA 也非常乐于提供高放废物处置的相关技术支持，并且如果实在无法建立自己的高放废物最终处置点，还可以通过购买他国处置点空间的方式进行处置。

以现有的认知来看，从技术上我们能够处理已有的和将来会产生的放射性废物，但是从事实角度出发，不是所有国家都有空间、有意愿像中国一样提前布局。由于适合的最终处置点有限，目前世界各地都还有很多的放射性废料就堆积在反应堆的乏燃料池或者核电站厂房旁边的暂存点里。把放射性废物放在核电站附近的好处在于可以与核电站共享具有专业知识的人员和部分专业设备，还避免了“邻避效应”的问题。然而这毕竟是缓兵之计，核电站的厂址不一定适合堆放放射性废物，并且空间也是极度有限的，这样“得过且过”的措施实际上反应了一些国家政府和企业的无奈。

这种无奈之举的原因有两方面，客观上部分国家的对核政策随着执政党的改变一直在动摇，企业也随之举棋不定；主观上，建造地底深处的高水平放射性废物最终处置点费时费力，企业和政府希望在暂存放射性废物的同时找到更合适的处置点。深地质处置能够保证高放废物在地底安全保存一千年以上，这虽然是一个很好的方法，但是对地质要求非常高，从第二章瑞典 Forsmark 最终处置点的选址经历我们也能感受到，要找到一个自然环境和人文环境都适合的深地质处置点是十分不易的。

另一方面，尽管很多国家通过成立专门的基金或者要求企业开辟独立的账户来解决处置高放废物的资金问题（例如美国成立了核废物基金、法国的核废物生产者需要建立单独的企业内部准备金，加拿大的企业需要定期缴纳信托基金，英国有国家和核电公司共同管理的核责任基金，等等），但是浩大的选址工程和地底的施工难度决定了深地质处置点的造价非常高，在很多人看来为了这些“垃圾”专门花费数十亿建造一个地下陵墓实在不划算。正因如此，还有很多其他处置方案也被提了出来，包括在地表建立长期处置点、把放射性废物发射到外层空间、把放射性废物置于海上爆破或海底埋葬、通过反应热熔化岩石或冰盖实现高放废物的自我埋葬，等等。

放射性废物就像一栋楼里房客们倒垃圾，在以各个国家为名的房间里放置着一个个垃圾桶，有的住户选择把垃圾倒在规定的区域，有的住户眼见一个垃圾桶满了就把垃圾袋打包扔到墙角，还有的住户随意把垃圾倒在公共区域。几袋垃圾虽然会影响人们的居住舒适度，但是暂时并不妨害身体健康，所以大家也就按照自己的习惯处理垃圾。不过当垃圾堆积到一定程度，不仅是单个租客的健康会受到威胁，其他租客也很难独善其身，要避免垃圾乱丢乱放，必须尽早养成好习惯，而不能等垃圾堆积如山才想着解决。

从上文中可以发现，放射性废物（特别是其中的高放废物）处置的思路基本有两种：一是用技术相对比较成熟的深地质处置；二是看起来有些“脑洞大开”的创新方法。然而这两类方法却都面临着核能公众接受性的问题，准确地说是因为不确定性带来的不安全感。深地质处置具有时间和地点的不确定性，谁也无法证明这种方式千年之后是否依然可靠，会给人类带来什么影响，另外在很多国家这样的处置点也并不容易确定；海上处置具有容量不确定性，由于海洋污染的不可逆转性，向海洋排放放射线废物已经成了许多反核组织和个人的指责核工业的重要论据，即便有人列出数据说排放的放射性相当于广阔的海洋来说非常少，并不会造成严重的影响，也只会让反对者进一步指责辩解人没有责任感（比利时、法国、德国、意大利、日本、荷兰、俄罗斯、韩国、瑞士、英国和美国都进行过海上放射性废物处置，时至今日日本还在直接向太平洋排放福岛核事故处理过程中产生的废水）；至于将放射性物质送到太空或者送至于冰盖之下等措施，更是从原理到实践都具有巨大的不确定性。

不确定性是公众对于放射性废物处置难以接受的根本原因所在。在第四章中我们介绍了心理距离的概念（时间距离、位置距离、概率距离、社会距离），不难看出放射性废物处置正是一种容易引起巨大时间距离与概率距离的活动，这使得公众无法对其有一个比较理性和正确的认识。更严重的是，作为一种最后“兜底”且没有经过时间或实践检验过的技术，这项活动给公众带来的恐惧可能比核事故更强——毕竟严重核事故大家都知道发生三次，但每年越来越多的乏燃料放在哪里、能不能一直放在哪里都不确定。然而也如前所述，这并不是核能从业者不负责任，而是在现有技术水平下，他们确实找不到一种永远不会出问题的或是出现问题也可以解决的放射性废物处置方式——这本来是科学的常态，但由于它与公众巨大的心理距离，使得放射性废物处置问题的现状难于被公众接受。

如前所述，放射性废物处置在我国基本不会引起局域性公众接受性的问题，但是依然可能引起广域性的公众接受性问题。特别严重的是，我们在其他核工业环节上已经做出了很多努力，很多公众的问题也有比较成熟的回答策略和解决手段，但对于放射性废物处置却完全不是这样，而这种情况恰恰可以成为反核人士的“救命稻草”——对于这个科学上尚无定论、科学家努力探索的领域，非常有可能被反核人士认为是可以大做文章的地方，并包装成为“核能从业者对核废料不负责任”的“反面典型”。因此在现阶段，一个非常重要的工作就是仔细梳理公众对于放射性废物处置提出的各类质疑，以及研究回答的策略。

值得庆幸的是，放射性废物处置虽然是一个老问题，但被提到公众接受性的视野中时间并不久，并且相关的不实信息并不多——无论是在互联网上还是坊间口头。正因为如此，我们完全有能力和条件进行正面知识的宣传。按照第三章心理学与第四章统计学的研究成果，正确的知识对于提升公众接受性十分重要，因此关于放射性废物处置的正确知识必须尽早传播，使公众在开始就有正确的概念。

三．核损害赔偿对公众接受性的影响

本书一直不避讳谈及核事故所造成的负面影响，而一旦事故发生，必将引起一系列定责和赔偿问题，本小节正是讨论这一问题。首先，我们需要更详细地阐明为什么需要考虑这个问题。也许读者还记得第二章的中国首例核辐射受害者宋学文，他在 2000 年拿到了四十多万元的赔偿，但这些赔偿仅够他安装义肢和支付官司费用，在之后的近二十年里，他不得不靠着残缺的身体从事各种各样的职业来补贴家用并且一直承受核辐射带来的病痛——显然这样的一次性赔偿并不能弥补他的伤痛。宋学文遭遇的事故严格来讲不能算核事故，但也反应了对核辐射造成伤害的赔偿应对有特殊性。这种特殊性源于核事故造成的损害过程长期而缓慢，致害机制复杂，而对于大范围的核事故，涉及的地域较广、人员众多，损害程度的判定和赔偿金额的确定都非常复杂，因此应当对核事故赔偿做出提前的考虑。

另一方面，有一类公众特别喜欢用来质疑宣传人员的问题，包括但不限于：“如果在真的发生了事故你们谁来负责”“发生了事故你们负得起责吗”“出事了谁来管我们”等。因此，在事前就考虑好事故的赔偿问题也是提高公众宏观接受性的一种方式。从切尔诺贝利事故和福岛核事故的后处理情况来看，严重核事故后的赔偿金额是极其巨大的，当举国之力都关注于事故后处理时，受害人们的权益相比较之下得到的关注较少，并且还存在需要自己进行司法诉讼来确定赔偿金额和执行赔偿的情况——这种情况被其他公众知晓后会对核能产生强烈的反感情绪，削弱公众接受性。综上所述，针对核事故的赔偿问题作出具体的准备（无论是法律法规的准备或者实践的准备）是提升公众接受性的必要一环。

针对赔偿问题的讨论经常会遇到公众这样的质疑：如果业主公司不能保障核设施的安全性，他就不应该建立该设施，就不会涉及核事故的赔偿问题；而如果认为自己的核设施足够安全不会发生事故，为什么要考虑赔偿的问题呢？对于核能认知水平较高的人，我们当然可以用概率来解释这个问题——尽管只有万分之一甚至更低的概率，也应该为此做出预案。但是对于一些本来就对核能持消极态度的公众，同他们谈及赔偿问题就像谈论风险一样需要格外谨慎，否则就会陷入上述的逻辑死循环。尽管我们可以采取“制定法规制度但不过度宣传”的方法来减少公众对于赔偿问题的关注，但是这可能会引发更多的质疑，所以仍然应该对有关质疑做好应对的准备，至少应该找到跳出逻辑死循环的方法。

让我们简化一下刚才提到的逻辑：①核设施安全→不会发生核事故→不用赔偿；②核设施不安全→会发生核事故→不能落地→不涉及赔偿问题。对逻辑①，“不会发生核事故则不用赔偿”显然是无懈可击的，同样对逻辑②，利用“会发生核事故的核设施不落地就不用考虑赔偿问题了”这种逻辑也是正确。那么要攻破这个问题，关键就集中在“核设施安全→不会发生核事故”和“核设施不安全→会发生核事故”上这两个逻辑链条上了。这其实回到了那个立场不同和认知水平引起的普通公众和核从业者的分歧：安全与绝对安全。在质疑者看来，核设施安全指的是绝对安全，因此是不会发生核事故的；而在核从业者看来，安全是可以量化和设定阈值的，例如我们可以用第一章“两个千分之一”等指标来判定核设施安全与否。可见，问题的关键所在是：只要能够让质疑者接受安全并非绝对安全，这个逻辑就能够打破。

由于便利式启发性偏差的存在，我们强调过不要过多地对公众提及风险，但是事故赔偿必然会涉及各种各样的事故后果，因此我们必须对此做出适当的合理解释。我们建议的解释是：**这里所指的安全是现有核电站一旦发生事故，能够保证受到特别严重伤害的受害人极其少，并且他们不会是普通公众；对于普通公众的大范围的伤害即使有，也将是非常轻微的**。这就能解释为什么事故赔偿制定的方案会全面覆盖各种各样的事故后果，严重事故后果的人身安全赔偿针对的是风险更大的从业者和事故处理人员，普通公众需要关注的重点是危害较小的一般性经济补偿。这样，我们既承认了最严重的事故后果，又承诺了公众的“绝对安全”（当然，能够做出这样的解释是基于对现有技术和运行人员的完全信任，而技术和运行人员也应该要达到这样的要求，否则墨菲定律就真的会发生了）。这也就是为什么我们在赔偿方案中常称之为“核损害赔偿”而非“核事故赔偿”。这样既减轻了公众对核事故的恐惧，又适用于更多情况，还能够更好地保障公众的权益。

现在,我们已经解释了为什么要考虑事故赔偿和如何解决因为描述事故后果(或者说核损害程度)引起的公众接受性问题，接下来让我们看看《核安全法》对核损害的赔偿有怎样的规定：

中华人民共和国核安全法

……

第一章 总 则

……

第十一条 任何单位和个人不得危害核设施、核材料安全。

公民、法人和其他组织依法享有获取核安全信息的权利，受到核损害的，有依法获得赔偿的权利。

……

第二章 核设施安全

……

第十五条 核设施营运单位应当具备保障核设施安全运行的能力，并符合下列条件：

……

（五）具备应急响应能力和核损害赔偿财务保障能力；

……

第七章 法律责任

第九十条 因核事故造成他人人身伤亡、财产损失或者环境损害的，核设施营运单位应当按照国家核损害责任制度承担赔偿责任，但能够证明损害是因战争、武装冲突、暴乱等情形造成的除外。

为核设施营运单位提供设备、工程以及服务等的单位不承担核损害赔偿责任。核设施营运单位与其有约定的，在承担赔偿责任后，可以按照约定追偿。

核设施营运单位应当通过投保责任保险、参加互助机制等方式，作出适当的财务保证安排，确保能够及时、有效履行核损害赔偿责任。

……

《核安全法》第一次以法律形式明确了核损害赔偿制度，特别是其规定的核损害赔偿责任是无过错责任，即无论核设施营运单位是否有过错，都要承担核损害赔偿责任。在此之前，国家对于核损害责任的制度主要体现在2007年《国务院关于核事故损害赔偿责任问题的批复》（以下简称《批复》）的规定中，其全文如下：

国务院关于核事故损害赔偿责任问题的批复

国函〔2007〕64号

国家原子能机构：

现对核事故损害赔偿责任问题批复如下：

一、中华人民共和国境内，依法取得法人资格，营运核电站、民用研究堆、民用工程实验反应堆的单位或者从事民用核燃料生产、运输和乏燃料贮存、运输、后处理且拥有核设施的单位，为该核电站或者核设施的营运者。

二、营运者应当对核事故造成的人身伤亡、财产损失或者环境受到的损害承担赔偿责任。营运者以外的其他人不承担赔偿责任。

三、对核事故造成的跨越中华人民共和国边境的核事故损害，依照中华人民共和国与相关国家签订的条约或者协定办理，没有签订条约或者协定的，按照对等原则处理。

四、同一营运者在同一场址所设数个核设施视为一个核设施。

五、核事故损害涉及2个以上营运者，且不能明确区分各营运者所应承担的责任的，相关营运者应当承担连带责任。

六、对直接由于武装冲突、敌对行动、战争或者暴乱所引起的核事故造成的核事故损害，营运者不承担赔偿责任。

七、核电站的营运者和乏燃料贮存、运输、后处理的营运者，对一次核事故所造成的核事故损害的最高赔偿额为3亿元人民币；其他营运者对一次核事故所造成的核事故损害的最高赔偿额为1亿元人民币。核事故损害的应赔总额超过规定的最高赔偿额的，国家提供最高限额为8亿元人民币的财政补偿。

对非常核事故造成的核事故损害赔偿，需要国家增加财政补偿金额的由国务院评估后决定。

八、营运者应当做出适当的财务保证安排，以确保发生核事故损害时能够及时、有效的履行核事故损害赔偿责任。

在核电站运行之前或者乏燃料贮存、运输、后处理之前，营运者必须购买足以履行其责任限额的保险。

九、营运者与他人签订的书面合同对追索权有约定的，营运者向受害人赔偿后，按照合同的约定对他人行使追索权。

核事故损害是由自然人的故意作为或者不作为造成的，营运者向受害人赔偿后，对该自然人行使追索权。

十、受到核事故损害的自然人、法人以及其他组织有权请求核事故损害赔偿。

在起草《中华人民共和国原子能法（草案）》时，对上述各项内容以及诉讼时效、法院管辖等应当做出明确规定。

国　务　院

二〇〇七年六月三十日

《核安全法》继承了《批复》关于责任主体的规定，把核损害赔偿责任归于营运者，并还通过投保责任保险、参加互助机制等措施具体了《批复》中的“财务保证安排”，但赔偿对象中并没有区分工作人员和普通公众。按照之前所述的逻辑，如果在核损害赔偿方案的制定中区分工作人员和一般公众，可能能够使公众更好的理解核损害赔偿方案的内涵。

这一策略在国外法律中已有案例。《俄罗斯联邦原子能利用法》第十五条规定居民获得核损害赔偿的权利，第十六条则有专门对核设施工作人员权利保护的规定：

Article 15. The Right of Citizens for Compensation of Losses and Damage Caused by Radiating Influence at the Use of Atomic Energy

Citizens who have suffered losses and damage as a result of radiation influence of the use of atomic energy have the right for compensation thereof in accordance with Articles 53 - 60 of the given Federal Law and other legal acts of Russian Federation.

Article 16. The Rights of the Workers at Nuclear Facilities

The workers engaged at nuclear installations, radiation sources and storage facilities, individuals sent on mission there as well as the workers engaged in any other work with nuclear materials and radioactive substances, have the right for the social guarantees for the negative effect of ionizing radiation on health and for the additional risk factors. The right for the social guarantees (including medical and health care) for the negative effect of ionizing radiation on health is also given to individuals previously employed at nuclear facilities. The legislation of the Russian Federation defines types and amount of the social guarantees for the negative effect of ionizing radiation on health and for the additional risk factors as well as the sources from which these social guarantees are financed.

第十五条 公民对原子能利用所产生的辐射影响造成的损失和损害的赔偿权

因原子能利用而受到辐射影响进而蒙受损失和损害的公民，有权根据本法第 53 条至第 60 条和俄罗斯联邦的其他法律获得赔偿。

第十六条 核设施工作人员的权利

从事核装置、辐射源和储存设施有关工作的人员及派往上述地点工作的人员和从事核材料和放射性物质其他有关工作的人员有权获得有关电离辐射对健康的影响和其他额外风险的社会保障。先前受雇于核设施的个人也有权获得有关电离辐射对健康的影响的社会保障（包括医疗和保健）权利。俄罗斯联邦法律对电离辐射对健康的影响和其他风险因素的社会保障类型和金额以及这些社会保障的资金来源作出了规定。

《核安全法》当然也强调了要保障从业人员的健康和安全，但是《核安全法》关注的主要是保障核安全，因此并没有特别提出有关从业人员的社会保障。对核设施工作人员权利的规定显然是非常有必要的，一线工作人员不仅是服务者，更是面临风险最大的人，既然我们规定了不同的剂量限值，也应该规定不同的权利。这种权利可以不仅仅是针对核损害赔偿的，还应包括心理健康关怀和长期医疗保健。不可否认，很多企业已经有相关的规定，但是把权利成文列在法律上仍然是重要且鼓舞人心的举措，并且对于公众深入理解核损害赔偿的意义所在，也利于消除公众因“核损害赔偿”的错误认识引起的担忧。

此外，《批复》中对于最高赔偿额的规定与核电站的造价相比是不够的，加上十几年的通货膨胀，《批复》的最高赔偿限额显然已经不适用了，但是《核安全法》并没有对此作出规定，这在实践上就存在了一些空白。如果核事故发生，营运者会否以《批复》为准只赔偿 3 亿元人民币以下呢？ 2015 年加拿大把核电营运人的民事核责任赔偿上限由 7500 万美元提高到了 10 亿美元；瑞士的新法令则是 13 亿美元。我国也应该开始考虑提高赔偿上限的问题了，否则很可能在未来法条实施的过程中无法弥补缺口，对公众接受性产生不利的影响。

总的来说，核损害赔偿的概念对与公众接受性是一个矛盾体，一方面它能够保障事故下公众的利益，这是有助于提升公众接受性的；另一方面它的赔偿额十分不好确定，过低会使事故发生时无法弥补损失从而降低接受性，过高又会使公众在没发生核事故的时候就认为核能风险很大从而影响了接受性。解决这一矛盾的方法，可能就是本节提到的：在与公众讨论这个问题时将从业人员的风险和公众的风险分开讨论。但这种方法是否有效，需要未来的实践检验。

四．核技术应用对公众接受性的影响

2019年12月，新型冠状病毒（2019-nCoV）开始从武汉爆发并逐渐肆虐到全国，应对新冠疫情是一次战争，而核技术在这场战役中发挥了独特的作用。在疫情早期，确诊成了一个大问题，尽管核酸试剂被迅速地开发出来，但是诊断正确率仍然不高，因此CT（Computed Tomography，电子计算机断层扫描）检测成为新冠病毒检查的重要补充，现在核酸试剂加CT检测复合手段已经基本成熟，基于“天河二号”超级计算机搭建的CT影像智能诊断平台甚至能够在15秒内完成一次CT图像诊断。另一方面，由于新冠病毒传染性强，存留时间长，对病毒的严密防护非常重要。一次性医用防护服在出厂前需要进行杀菌处理，如果用传统环氧乙烷灭菌方法一次性，医用防护服灭菌时间将长达7~10天，这将极大延误医疗物资的生产和供给。在这种情况下核技术“临危受命”，将规模化辐照灭菌应用于一次性医用防护服灭菌，使灭菌时间缩短至一天，极大地缩短了医用防护服生产周期，提高了供给效率。此外，疫情期间会产生大量的医疗废水和医用垃圾，都需要进行恰当的处置，而利用电子束辐照技术对医疗废水进行辐照，产生的强氧化物质可与水中的污染物和细菌相互作用，进行氧化分解，从而实现消毒灭菌作用。采用辐照技术处理医疗废物与传统消毒灭菌方法相比，无需对废物包装进行拆解，避免二次交叉感染，即可实现高效消毒灭菌，又大大降低了医源性感染的风险。

面对疫情，核技术勇敢的“站了出来”，我们有理由相信，在疫情结束后，核技术在公众中的知名度和接受度将会得到极大的提高。事实上，即使没有这次疫情，核技术在各行各业做出的贡献都不容忽视，而这些正面的作用，对于提升核能公众接受性有极大益处。

（一）核技术应用的领域

核技术是基于原子核科学基础知识、粒子加速与射线产生的原理和方法，利用射线与物质相互作用而产生的物理、化学或生物效应为人类各项事业服务的交叉学科领域。广义的核技术包括核武器、核动力以及同位素和辐射技术，但一般在与核能并列讨论时“核技术”指的则是狭义定义：包括工业核仪表及其系统、核农学应用、核医学应用、辐射加工、环境保持和环境保护研究、无损检测技术、同位素生产和应用，等等。我们本节中采取这种狭义定义，并简单介绍一下与提升公众接受性相关的几个核技术应用领域。

核医学领域是核技术的重要应用领域。核医学领域所用的核技术一般包括放射性药物（核药）和放射性治疗和诊断装置。核药包括体内和体外诊断药物和治疗药物，放射性治疗和诊断装置则包括医用加速器、CT、NMR（Nuclear Magnetic Resonance，核磁共振）、PET（Positron Emission Tomography，正电子发射断层成像）和 SPECT（Single-Photon Emission Computed Tomography，单光子发射计算机断层成像）等。核医学是现代医学的重要工具，多种成像技术能够让医生直观观察跟踪患者的病灶情况，放射治疗还和手术、化疗并列成为肿瘤治疗的三大核心手段。但是由于核医学属于科技含量高的医学技术，在我国的普及率十分低，例如 2016 年我国核医学普查数据显示，我国 SPECT（SPECT/CT）装机量 766 台，年显像病例约 210 万例，百万人口装机量仅为美国的百分之一，与我国人均 GDP 水平明显不符——也正因此，核医学在我国的市场前景广阔，也是未来核技术发展的重要方向。核医学由于其良好的救治效果在患者中具有较好的接受程度，结合近年来的精准靶区勾画技术，患者治疗后的不良反应也可以削减到尽可能低的水平，此外近年来利用核医学手段进行高端体检的普通公众也越来越多，使非患者也能享受到核医学带来的福音——这都对公众进一步提升对核医学乃至核技术的信任都大有益处。

辐照育种是核技术大放异彩的另一领域。1923 年匈牙利化学家 G·Hevesy 首次利用同位素示踪法研究了 Pb-212 在豆科植物体内的分布与运作，正式揭开了核农学历史的大幕。辐照育种是核农学中最大的子类，20 世纪 50 年代，全世界的农作物新品种中仅有 9% 是通过辐照育种产生，而 2003 年这一数值便已超过 50%。辐射还能用于害虫防治，利用昆虫辐射不育技术代替农药控制病虫害，可以起到“治本”的作用，我国就曾利用这个技术控制了棉铃虫的生长，保护棉花免受虫害之苦。此外，同位素示踪技术可以研究土壤性质，核素示踪技术可以来研究肥料的吸收情况，这些技术都能直接造福于农业生产和进步。值得一提的是，辐照育种是公众（特别是广大农民）最熟悉的核技术应用领域，虽然和转基因同属于食物领域的高新技术，但相比而言，公众基本不会对辐照育种产生反感情绪，这种较高的接受性一方面源于公众对于辐照育种技术的熟悉，另一方面也与辐照育种产生的巨大经济效益有关。

辐照加工技术是又一生活中常见的核技术应用领域。辐照加工主要包括辐射交联、辐射接枝、辐射聚合以及辐射降解等。辐射交联技术指通过射线作用让高分子材料的微观分子线性长链产生自由基，并通过自由基的反应使高分子链由二维结构变成三维结构，辐射交联后的三维网状结构能显著提高材料的力学性能，电学性能、耐应力开裂性能和使用寿命，是目前高分子材料改性的主要手段之一。辐射接枝技术指的是利用射线作用使基材（高分子聚合物、无机物、木材、纸张等）产生自由基，然后通过自由基与不饱和单体分子发生反应，将单体分子接枝在基材上的技术，例如辐射接枝丙烯酸或丙烯酸酯等单体后的丝绸在保持本身的天然优点的同时，在外观、力学强度、着色性、加工、耐洗涤性、挺括性上都能得到改善。辐射聚合技术是通过辐照使不饱和单体生成离子或自由基并形成聚合物的技术，该技术不存在化学引发剂的残基和片段，大大提升了生物和医药产品的纯净度，辐射聚合还不需要高温高压，使产品生产成本得以降低。辐射降解技术指的是在通过射线使高分子链主链断裂、分子量降低的技术，它能够“变废为宝”，例如使纤维素、海洋生物壳中的壳聚糖等通过辐射降解能够被制成葡萄糖、甲壳素等用途广泛的产品，既治理了污染又创造了一定的经济效益。我国是化工产品大国，有非常大量的相关从业者和配套产品生产者，他们作为公众的一部分，日常工作就与辐射加工有或多或少的联系，对这一概念的理解也比较清楚，这些从业者对于狭义核技术的认可，可以作为源头向外扩散，影响身边的家人和朋友，形成提升广义核技术（核能）公众接受性的一股力量。

核技术在环境监测和环境污染治理上有广泛应用。在环境监测方面，示踪技术、中子活化技术、同步辐射技术、加速器质谱技术等核技术被广泛用于对污染物的模拟、跟踪和鉴定中。在环境污染治理上，核技术更是大有作为。通过辐射处理污水，能够有效杀灭废水中的病原体，还能处理其中的有机氯，苏联就曾建成一座放射源辐照处理试验厂，用于处理抗菌素工厂产生的废水，其日处理量达到 15 000 立方米，且指标皆优于常规处理法。用电子束辐照处理废气，可以达到 90% 以上的脱硫率和 80% 以上的脱硝率，不产生二次污染，硫铵和硝铵副产物还可以加以利用，是一种值得推广的废气处理技术。此外，核技术还可以用于固化废物与处理污泥等固体废物处理领域。环境问题是近年来的新问题，也是公众比较关心的。核技术在这个领域的应用与核电有类似之处，都能带来客观的环境效益。因此如果普通公众认为核能的环境效益比较抽象，则完全可以让其参观利用核技术治理污染的设施与相应的处理过程，直观的感受核技术在环保领域的重要作用，为拉近其与核能环境效益的心理距离做好铺垫。

核技术在无损检测领域里的应用已经取得了十分显著成绩。集装箱检查系统是应用辐射成像原理开发的产品，主要应用于海关的货物查验，是当今世界上最有效的集装箱查验手段。目前超过 400 套集装箱系统系列产品在我国主要口岸及 100 多个国家和地区装备运行，查获多起大案要案，得到了国内外用户的高度评价。仅在 2019 年，新加坡海关使用同方威视集装箱快速安全检查系统查出了两个批次共计 25.6 吨的穿山甲鳞片和 177 公斤象牙制品，立陶宛利用该系统在立陶宛 - 波兰边境查出了 3.7 公斤可卡因和 25 公斤大麻，波兰最大港口格但斯克港口海关（如图 7–3 所示）利用该系统查获了 900 万盒走私香烟等。大型装备缺陷辐射检测技术则解决了在大型物体中检测微小缺陷的核心问题，是当前我国大型装备研制、生产中最有效的缺陷检测手段，在一批重点型号装备的研制生产、重要实验和延寿中发挥了不可替代的作用。除了重要港口和大型设备，地铁站、火车站、飞机场都需要经过安全检查，可以说无损检测已经渗透到了人们的日常生活中，公众们早已熟悉了这些技术与设备，甚至难以想象没有这些技术、每次都要人工检查的场景。正因如此，公众对于无损检测领域的核技术认识是很客观的：利大于弊，非用不可。如果公众能将这种认识延伸至整个核能领域，那无疑对提升公众接受性有所帮助，但不管怎么样，无损检测中的核技术已经让很多公众初步具备了这种理念。

图 7-3 波兰海关的同方威视集装箱快速安全检查系统

（二）核技术应用对公众接受性的意义

从上文的介绍来看，我国核技术在各行各业均有应用，有的欣欣向荣，有的方兴未艾，但总体来说不仅没有公众接受性的问题，反而往往被行业内作为一种高精尖技术看待。那么核技术应用对核能公众接受性又有什么意义呢？在第五章，我们曾这样总结核在影视作品中的形象：“法力无边”。从人们对核技术的态度来看，“法力无边”这种形象的确是源于生活：这一方面得益于专业人士的创新与开拓精神，使核技术被广泛应用于多个行业，另一方面大家在遇到难以解决的问题时，往往也会选择把希望寄托在“不明觉厉”的核技术上。这种希望有时候甚至会演变成迷信，例如各种“辐射理疗仪”曾经占据了电视广告的半壁江山，“铁腰板超强辐射治疗仪”“理疗项链”“电磁波手环”等拿辐射做噱头的虚假保健产品不一而足。

核技术的确是高精尖技术，的确能够在很多领域发挥重要作用，但它们并不是万能的，然而它们却在不知不觉中成为普通人眼中的“终极答案”。这样看来，核技术和核能好像一个在天堂，一个在地狱，一个承载了民众的希望，一个却像是身边的不定时炸弹。然而辨证地看，两者实际上都是公众对核的认知水平不足的表现。在核技术上，这种不足导致的结果则是高估的期望；在核能上，这种不足导致的结果是高估了风险、低估了利益。这样的结果也提醒了我们，在提高公众认知水平的问题上，不仅要丰富公众的核能知识，并且要宣传理性的对核态度。

对核能的认知水平我们在前面已有分析，对于在生活中更容易接触到核技术，公众即使不清楚具体原理，也对放射性的作用有所了解，从知识上说，是具备一定水平的。但是由于认知的非理性和从众心理等多种因素，核技术的原理和功能就被误解了。由此可见，缺少理性的认知态度很容易造成极端的认知结果。同时，我们还应该反思为什么这种认知偏差在核技术上是积极的，在核能上却是消极的。第一个原因应当是三次核事故给公众留下了负面的印象，这方面我们在前几章已经有了充分的论述，在此就不再赘述；第二个原因则可能在于核技术的利用范围更广泛并且更贴近于人们的生活。尽管单个的核技术所涉及的人群是不大的，但是核技术的应用模式可以粗略地分为利用射线、利用同位素和有关的支撑技术，在了解某一种技术后，人们就很容易接受类似的技术。例如，接触过无损检测的人能够快速地接受同位素测厚仪。最终，千丝万缕地穿插在生活中的核技术和公众的心理距离就逐渐拉近了，而这一点，正是核技术应用对核能公众接受性意义最大的地方。对于核能从业者来说，应该抓住公众对这种狭义核技术的较高接受性水平，使其慢慢扩展到广义核技术的范畴，这对于提升核能公众接受性是非常有帮助的。

在第一章里，我们在把核能和其他能源作对比时，提倡把“核”去掉并且强调“能”，而在与核技术联结时，就应该轻“能”强“核”。这两者不是矛盾的，而是为了引导公众更理性地认知核能而突出了不同的方面。正是因为公众在对比核能与其他能源时把关注点过多地放到了核的风险上，所以我们才要减少对它的提及，而公众在对比核能与核技术时，公众又会忽视核能本身也属于广义核技术的一种，转而关注核能与核技术的不同之处。核技术与核能最大的不同在于两者带给公众利益的方式不同：核技术带来的利益是能直接感受到的，而核能利益则不是直观的；核能是一对多的公共服务模式，而核技术基本是一对一的专用服务模式。这种区别存在与所有能源和普通工业技术之间，所以我们更应该要挖掘核技术与核能的共同点并加以利用。显然，核能与核技术的共同点是都涉及放射性元素，区别在于核能会产生更多放射性核素，而核技术则是在利用已有的放射性核素。如果公众在接受同位素带来的福利的同时，了解到这些同位素里有很多是依赖反应堆制备的，他们对核能的利益应该会有所提高。同时，对同位素的和平利用还证明了我们对放射性的掌控程度——同位素能够安全地从反应堆里被分离出来并运输和配置到各个需要的装置里，这正好证明了核能与核技术的成熟性。总之，应用核技术与核能的发展和推广是互相影响的，我们应该以大家庭的方式联合起来，让广义核技术得到更好地发展，这样也会使核能公众接受性大幅提高。

五．人工智能技术对公众接受性的影响

1940 年科幻作家 Isaac Asimov 在其科幻小说《我是机器人》中提出了机器人三原则，被后人奉为机器人主题艺术创作的无上宝典，这三条原则是：

第一条：机器人不得伤害人类，或看到人类受到伤害而袖手旁观。

第二条：机器人必须服从人类的命令，除非这条命令与第一条相矛盾。

第三条：机器人必须保护自己，除非这种保护与以上两条相矛盾。

根据这三条原则，后世创作了很多经典的影视作品和科幻小说，这些作品的矛盾往往集中在机器人产生了智慧，随后违背或者利用了机器人三原则。如果不从技术上细分，机器人就是许多人眼中的人工智能（Artificial Intelligence，AI）。1997 年 IBM 研发的超级计算机“深蓝”打败了国际象棋大师 Garry Kasparov，引发了人们对人工智能的关注，甚至有不少人陷入了对人工智能的恐核，担心它们反过来奴役人类。

2016 年 3 月，AlphaGo 战胜了围棋世界冠军李世石，次年又战胜了当今世界排名第一的柯洁，引发了人们的啧啧惊叹，“人工智能”还入选了“2017 年度中国媒体十大流行语”。AlphaGo 的背后不仅有人工智能还有大数据（从广义来说，大数据也是人工智能的一部分），根据知名战略咨询机构 Gartner 的定义，大数据指的是需要新处理模式才能具有更强的决策力、洞察发现力和流程优化能力的海量、高增长率和多样化的信息资产（Big data is high-volume, high-velocity and/or high-variety information assets that demand cost-effective, innovative forms of information processing that enable enhanced insight, decision making, and process automation），而对于人工智能而言，大数据一般指的就是海量的训练数据和等待处理的海量任务数据。和科幻作品不同的是，人工智能和大数据已经广泛地在为人类服务了，除了网上交易平台、共享产品、搜索引擎这些大家每天都接触到的服务业外，第一产业和第二产业也开始拥抱人工智能和大数据。

人工智能和大数据的便利性已经深入人心，核工业自然也不甘落后开始在其内部推进智能化。从三哩岛核事故和切尔诺贝利核事故的经验来看，操作员的经验和冷静程度对事故进程的影响非常大，但是当多个信号同时蜂鸣时，谁也不能保证操作员能够完美地判断反应堆的情况，而人工智能就可以解决这个问题。中核集

团下属的核动力研究设计院研发的基于大数据和互联网的反应堆远程智能诊断平台PRID就是一个很好地案例。PRID是一个融合大数据、工业互联网和故障诊断专业融合的数字化、智能化实时诊断平台，可以轻松实现机组级和电站级数据的融合，打通核电数据链条，还可以聚集故障诊断方向的专家资源，自主开发诊断分析算法，提升服务效率和数据利用率。随着更多数据的积累和系统的升级，人工智能结合大数据技术将能够实现更好的智能诊断。除了故障诊断，人工智能和大数据还在寿命预测、燃料智能化生产、智能采矿、核电机器人等领域大放异彩，随着人工智能和大数据的进一步发展，以后的智慧核电将向少人化甚至无人化发展，大大减少人为原因导致的失误。

由于艺术作品的长期影响，很多人对人工智能还持有怀疑的态度，甚至有人说“比人类发现机器人有智慧更恐怖的事情是机器人向人类隐瞒了拥有智慧的事实”。其实现在的人工智能技术，更需要担心的不是太过可靠，而是不够可靠。目前大部分的人工智能需要训练，而训练就需要数据，对于核能领域来说（尤其是我国），由于总运行时间不长以及缺少事故经验，训练数据并不是非常完整，因此在短期内并没有足够的“大数据”，更不要提人工智能替代人类了。在当前甚至未来很长一段时间里，人工智能和大数据将是作为辅助和补充来服务核能领域的，或者简单来说，人工智能其实是相当于是给核电加了层保险。我们曾提到，核能公众接受性有“技术”和“信任”两个重要的影响因素，人工智能和大数据能够直接对“技术”进行升级，可以预见这将直接提升核能公众接受性。

人工智能和大数据应用还有希望直接运用在公众沟通上。基于人工智能和大数据可以打造专业的智能科普机器人用于回答公众关心的问题，机器人在和公众交流的同时也将能收集数据作为继续深度学习的数据源，大数据的训练结果还将能给出下一阶段科普宣传和信息公开的重点、难点和盲点。而在之前，这些关键问题的摸索还需要通过实地走访、问卷调查、专家论证等方式进行，并且因为资金、地域和时限的原因，这些调查方式往往还有局限性，人工智能和大数据的介入将解决这种局限性。

人工智能和大数据更大的用武之地将在舆情管理上。对于舆情管理而言，舆情研判和分级的准确性以及舆情响应速度基本左右了舆情的发展趋势。如果对舆情能够及时发现并准确分级，便可以调动恰当的资源，采取合适的方法来应对，而舆情发现的晚，判断得不准，则可能产生严重的后果。不同于核电厂的运行数据存在特异性，大大小小的舆情事件几乎每时每刻都在发生，而舆情的发展具备一定的共通性，这就使舆情应对的智能化成为可能，在舆情大数据的支持下，人工智能将能够对舆情现状做出分析并给出不同的应对方案和可能产生的后果，在多个方案生成后，可以让人工智能推选最佳方案，也可以人为选择最恰当的方案——前者就像是线上完全托管，而后者则类似于提示性操作。在机器还不能完全替代人的情况下，利用这种“人在回路”（human in the loop）的提示性操作可能更适于解决问题。另一方面，获取大数据的技术已经日臻完善，在超级计算机的支持下，对涉核舆情的大数据收集将远远超过人力监控的效率。不过要把人工智能和大数据用于舆情上并不简单，对数据的预筛选和预处理，以及数据获取平台的选取，还是需要人为的设计和干预，这将是非常复杂的工作。令人欣慰的是，正是由于各个行业舆情发展的共通性，市面上已经出现了很多的人工智能舆情治理机构，相信在不远的将来我们就可以看到人工智能在核能舆情管理上的应用。

人工智能在科普工作中还有一个潜在应用，就是利用融媒体进行有效的科普信息植入。这一技术在广告植入领域已经开始广泛的应用，即在影视作品中用无形的植入广告信息去影响观众。已有相关研究证明，这种广告推送的方式明显更好接受，对公众的影响也更深。核能的一些科普信息完全已经过这样的精心设计，在非核能的影视作品中予以推送，实现“润物细无声”——这比传统的核能宣传片要有效得多。

还有一个值得一提的工作，就是对已有的核能公众接受性结构化调查数据开展必要的再认识。核电业主、国家监管部门或者其他有关组织在过去的几十年里，出于不同目的收集了大量的公众接受性相关数据，这些数据尽管调查样式不同，但都基本是结构化的（因为这些数据基本都是来源于选择、判断等问题模式的调查问卷）。所谓结构化数据，就是高度组织和整齐格式化的数据，是能够用定量化数据或统一的结构加以表示的信息（如数字、符号）等。这类数据对于分析者非常友好，可以使用通用的算法进行数据挖掘。对于一个地区数十年来的调查结果，完全可以通过大数据分析的手段知晓公众接受性的变化情况和规律，这对于新建核设施的公众接受性有着重要的指导意义。然而遗憾的是，很多数据目前还沉睡在所有者的电脑中，一些大时间尺度的公众接受性规律没有被挖掘出来，这是非常遗憾的，也是未来应该开展的工作。

当然，我们对待人工智能还应该有所防备。误用和滥用人工智能，对于核能公众接受性也有伤害作用。

这里举一个例子。藏头诗曾经被古人视为炫技的好方法，但是现在只需要随意搜索就能打开数十个网站帮你自动生成任意的藏头诗，有些不乏高水平作品。类比而言，“核雾染”的谣言可谓经典，光靠常识几乎无法反驳，需要专业知识和数据才能够比较好地解释清楚里面的谬误。一旦有人将机器学习等人工智能算法用于涉核谣言编造并将其传播，“造谣动动嘴，辟谣跑断腿”的情形就会更加严重。

另一方面，随着人工智能的广泛应用，“信息茧房”效应已经日益凸显。信息茧房是指人们的信息领域会习惯性地被自己的兴趣所引导，从而将自己的生活桎梏于像蚕茧一般的“茧房”中的现象。例如，我们常常发现在某个手机应用搜索某物后，接下来几天都会收到这个东西有关的信息推送。信息茧房效应意味着一旦公众表现出对核能信息的兴趣，就可能会被继续引导获悉更多的有关信息。那么什么样的信息是最可能被获悉的呢？这就不得不谈及另一个效应“尖叫效应”。尖叫效应的形象解释是在满是人群的街道中，如果有人突然歇斯底里地尖叫，往往能快速吸引人们的注意力，博取眼球，而在网络咨询当中，吸引眼球的信息往往也能够引发人们的大量关注，满足人们的猎奇心理。“尖叫效应”决定了很多媒体为了博得流量将推送负面的甚至虚假的消息。那么可以预见，两个效应叠加在一起，对核能感兴趣的公众极有可能接收大量的类似于“切尔诺贝利发现食人巨鼠”“福岛海域出现怪鱼”“核事故导致苏联解体”等耸人听闻的负面消息，这就使正确的核能知识没有生存空间了。

综上，对于核能公众接受性而言，人工智能与大数据的应用可谓是喜忧参半。那么我们应该如何而正确的运用人工智能和大数据技术，使它可以服务于提升核能公众接受性呢？作者认为有以下两点内容需要考虑。

第一，从主动使用人工智能的角度而言，在目前人工智能技术缺乏可解释性的前提下，使用人工智能技术必须考虑提升效率和公众接受性的平衡关系。所谓人工智能的可解释性，用通俗的语言描述就是我们知道其产生作用的基本模型和逻辑关系。与传统的学科不同，目前人工智能的智能生成机理还不清楚，智能也不具备强鲁棒性，在这种情况下，人工智能技术经常会出现“不犯小错犯大错”的情况。尽管我们不断探索现有人工智能技术在核能领域中应用的边界，但在实际操作中，我们可能要考虑将技术应用拉回边界内部更多。技术应用的边界往往极易出现风险，而如果我们在核能领域应用人工智能技术引起了风险，那么对于公众接受性将是毁灭性的打击。举例而言，“反应堆控制室全机器托管”与“反应堆控制室人机协同管理”两种说法，在现阶段显然后者更加可靠，也更加安全，相信操作员也会更加乐于接受后者，公众也会认为后者更加安全。人工智能还不是一种可靠技术，公众对它的信任度远远不如对人的信任度，因此现阶段在核能领域使用人工智能技术时要强调其对人的辅助功能而非替代功能，这样无论是从本身的可靠性还是公众接受性角度来说都更好。如果我们在核能领域对于人工智能技术的应用过于大胆，最后出现了不可收拾的局面，那么对于公众接受性的打击可能比单纯发生核事故还要大。

第二，从被动接受人工智能的角度而言，对于反核极端人士恶意利用人工智能手段实现自己的目的，核能从业者要有足够的准备。正如前文所说，目前用于文本编辑、语义识别的开源算法很多，极端人士完全可以根据自己的需求创造不实信息引导公众，改变公众对核能的态度——凡是核能从业者能想到利用人工智能技术进行的正确知识科普手段，都可以被别有用心者“反其道而行之”。在这种情况下，需要核能从业者发挥自身优势与之进行对抗。然而幸运的是，尽管科技手段在不断变化，但人的心理活动似乎与科技手段的变化并不同步，因此本书中第三章介绍的心理学方法在此依然适用。在新的形势下，核能从业者更要注重反核极端人士的心理过程，从本质上了解其需求与目的，对其进行引导或与其对抗，为核能正本清源，给公众一个充满正确核能知识的网络环境。

人工智能技术已经是当代风口浪尖的技术，每个行业都在寻求融合有关的技术，核能行业也应该进一步去拥抱人工智能和大数据，让核能成为互联网、人工智能和大数据的被加数，一方面提升技术本身，另一方面也让公众更好的接受核能。

六．总结

在本章中，读者能感受到核能公众接受性是与众多问题都有千丝万缕的联系，有些看起来并不相关，但仔细分析起来却又至关重要。当然，本章仅仅提出了一些密切相关的维度，分析不够完善，读者也可以在以后的学习和工作中不断考虑理解公众接受性的其他维度。在下一章，我们将把时间尺度扩大，放眼未来，探讨一下核能公众接受性未来的样子。

参考文献：

[1] 张学东，李小飞，张谈贵，等．甘肃城市放射性废物库应急体系研究 [J]. 甘肃科技，2019,14:70-72.

[2] 刘久．《核安全法》背景下我国核损害赔偿制度立法研究 [J]. 法学杂志，2018, 39(4):122-131.

[3] 许幼飞．算法推荐的”信息茧房”效应及反思 [D]. 2018.

[4] 国家核安全局，国家核安全局 2018 年报 [R]. 2018.

[5] 吴宜灿等，国际放射性废物处置政策及经验启示 [J]，中国科学院院刊，2020,35(1):99-111.

[6] 李思凡等 . 核废料的深埋和储存是如何做到保障安全的 , 深埋储存后的核废料后续如何处理 ?[J]. 中国核电 , 2019,3:348-351.
[7] Michael G.Faure,Tom Vanden Borre, 谢丹 , 刘筱睿 . 核损害赔偿美国机制与国际机制的比较经济分析 [J]，私法，2019,31(1):218-269
[8] 杨尊毅 , 王国军 . 建立我国核损害赔偿制度探讨——福岛核事故损害赔偿的启示 [J]. 保险研究 , 2013, 9:96-104.
[9] 周圣佑 . 台湾地区《核子损害赔偿法》及其对大陆立法的启示 [J]. 发展研究 , 2019,5:87-92.
[10] 赵永康 , 陈晓秋 , 常向东 , 等 . 探索我国放射性废物处置的多种途径 [J]. 中国核电 , 2019, 12(3):252-258.
[11] 陈建 . 我国核损害赔偿责任制度缺陷及立法建构 [J]. 大连理工大学学报 (社会科学版), 2019, 4(3):62-68.
[12] 刘敏 , 韩绍阳 , 石磊 , 等 . 中国台湾核电放射性废物管理及对大陆的启示 [C]. 环境工程 2019 年全国学术年会论文集 (下册). 2019.
[13] Bödvarsson, Reynir, Björn Lund, Roland Roberts, and Ragnar Slunga. Earthquake activity in Sweden: Study in connection with a proposed nuclear waste repository in Forsmark or Oskarshamn[N]. Swedish Nuclear Fuel and Waste Management Co. 2006.
[14] 吴国忠 . 辐射技术与先进材料 [M]. 上海交通大学出版社 , 2016.
[15] 唐风姣 , 袁志红 . 在线测厚测径技术在无缝钢管生产领域的应用 [J]. 科技情报开发与经济 , 2011,6:183-186.
[16] 杨学先 . 核农学发展大事记 [J]. 核农学通报 , 1995,2:48-51.
[17] 贺玮璐 , 张青文 , 陶玫 . 低剂量 60Co- γ 辐射对棉铃虫后代的影响 [J]. 云南农业大学学报 : 自然科学版 . 2012, 27(1):29-33.
[18] 矫彩山 . 难降解有机废水的辐照处理技术研究进展 [C]. 中国核学会学术年会 , 2009.
[19] 毛本将 , 王保健 , 姜一鸣 , 等 . 电子束辐照烟气脱硫脱硝工业化试验装置 [J]. 环境保护 , 2000,8:11-12.
[20] 刘冬梅 . 为了开放的国门更通畅——记中国的移动式集装箱检查系统的研制 [J]. 中国发明与专利 , 2004, 5:57-59.
[21] 康克军 , 陈志强 , 肖永顺 , 等 . 适于大型装备缺陷检测的工业 CT 辐射成像技

术 [J]. 中国体视学与图像分析 , 2016, 21(1):14-21.

[22] Nils J. Nilsson. Principle of artificial intelligence[J]. intelligent systems ieee, 1982, 29(2):2-4.

[23] Chen J X . The Evolution of Computing: AlphaGo[J]. Computing in Science and Engineering, 2016, 18(4):4-7.

[24] Tarantola S S . On the Relative Importance of Input Factors in Mathematical Models: Safety Assessment for Nuclear Waste Disposal[J]. Journal of the American Statistical Association, 2002, 97(459):702-709.

第八章
关于未来的畅想

我在清华学习工作已经近 20 年，从读书再到后来教学、科研、指导研究生以及做管理工作，一个深刻的体会就是：我们必须不断适应时代，面向未来，否则就会被抛弃——或是被新知识抛弃，或是被新研究方向，或是被年轻人抛弃。尽管我们很多的时候在强调传统是多么可贵，强调过去的日子多么美好，过去的学生多么优秀，但是无论如何，这个世界，就是属于未来的，属于年轻人的——尽管这些未来的事或人让我们紧张，甚至手足无措，但是我们必须去适应他们，没有什么选择或者抗争的余地。因此，作为书籍的最后一章，我决定不去总结这本书中的内容（因为在每章的最后已经总结过了），而是想讲讲我们认为与核能公众接受性相关的未来，为我们应对以后我们想到的或者想不到的事情。必须说明的是，这一章并不系统，而仅仅是作者想到的一些在不远将来可能会与核能公众接受性研究与实践相关的方面。

一．公众接受性研究的新方法：高新技术社会实验

在2019年，阿比吉特·班纳吉、埃丝特·迪弗洛和迈克尔·克雷默，三位经济学家因“在减轻全球贫困方面的实验性做法”获得诺贝尔经济学奖。在三位诺奖得主以及经济学家们的努力下，发展经济学不再盲目热衷于宏大叙事并开出整体“药方”，而是利用“随机试验”去对比研究不同地区不同政策的效果。一些具体政策更小、更精确、更易于把握，并可以通过在受影响最大的人群中经过精心设计的实验来得到最好的效果评估。

核能公众接受性的研究，其实也可以遵循这个思路。然而经济学中“随机试验”这个名词用来形容这个领域并不贴切，而应该抽出其内核，即称之为“社会实验”。社会实验是在现实社会中开展的、规范的研究活动，呈现的是政策和变革对社会影响的真实图景。从这个意义上讲，开展高新技术社会实验对于提高技术本身和抢抓重大发展机遇都具有不可忽视的意义。

需要强调的是，“高新技术社会实验”这个词在学术界并无确切的定义，然而普遍达成共识的是，高新技术的社会实验是十分重要的，因为必须对高新技术的社会影响作出评估，用来引导后续技术的发展方向。高新技术的社会实验会选取城市、农村、企业、医院、学校、政府机构等不同领域的应用场景，设立实验组和对照组进行长时间周期、宽空间区域、多学科综合的介入式观测，围绕风险认知、利益获得、价值形塑、组织变革、制度变迁、政策回应等测量指标，进行科学测量，对高新技术的社会影响进行综合性科学循证研究，为构建有人文温度的社会提供科学的、第一手的理论参考、实践经验和技术规范。

本节中，我们将首先论述核能技术与高新技术的关系，然后介绍未来用社会实验的方法研究核能公众接受性的思路。

（一）核能与高新技术的关系

在我们做公众接受性研究与实践的过程中，经常会自觉与不自觉地把核能技术作为一种有未来前景的高新技术，这样往往会提升公众的接受性。然而随着公众知识水平的普遍提高，我们未来会更加频繁的遇到这样的诘问：核能还算是高新技术吗？我想这个问题还是有必要阐明一下，一方面是增强我们自己的信心，更重要的是为了使我们更好地向公众解释这一问题。

对于认为核能不是高新技术的公众，论据往往是这样的：核裂变和第一座反应堆都是 80 年前的科技产物，核技术早已广泛应用，核聚变遥遥无期，因此核能技术中一部分是已经很成熟的技术，另一部分是虚无缥缈的技术，实在不应该与富有生命力且快速迭代更新的人工智能等高新技术并列。

这种认识是非常偏颇的。

核能作为一种大型的能源系统，其涉及的领域有物理、化学、热工、材料、电子、通信与环境等很多学科，如果翻一翻学科目录，就会发现，这里面的任何一个学科或者领域，都是可以诞生出无数的高新技术的。核能技术是这些领域的有机结合，或者说核能技术作为一个有机整体，其综合技术的提升与各相关领域科学技术的提升是一种互相促进关系。

举一个先进反应堆研究的例子更有助于读者理解。第四代反应堆通常是指

2000 年第四代反应堆国际论坛（Generation IV International Forum，GIF）提出的六种创新反应堆：气冷快堆（gas-cooled fast reactor, GFR）、铅合金液态金属冷却快堆 (lead-cooled fast reactor, LFR)、液态钠冷却快堆（sodium-cooled fast reactor, SFR）、超高温气冷堆 (very high temperature reactor, VHTR)、超临界水冷堆（super-critical water-cooled reactor, SCWR）和熔盐反应堆（molten salt reactor, MSR）。第四代核电技术具有四大特点：

- 可持续性。满足清洁空气目标以及提高系统长期可用率和全世界能源生产的有效燃料利用；最大限度地减少核废物和管理核废物以及减少长期管理工作。
- 经济性。提供优于其他能源的寿期成本；提供可与其他能源项目相比较的财政风险水平。
- 安全性和可靠性。有很高的安全性和可靠性；堆芯损坏的可能性和损坏程度非常低；消除对场外应急响应的需要。
- 防扩散能力和实物保护。可防止犯罪分子转移或盗窃武器可用材料，以及防范恐怖袭击。

在核能领域，第四代堆是业界普遍认为具有最先进水平的反应堆，由于其先进的性能，业界对于第四代堆的研究热情很高，也实现了很多研究与设计的突破，但由于其客观难度确实较大，目前世界上还没有建成的第四代反应堆——从这个角度来说，第四代反应堆显然是一种有吸引力和有生命力的高新技术。

熔盐反应堆作为 GIF 六种先进堆型之一，自然可以称之为高新技术了。然而熔盐堆并不是 2000 年才横空出世的概念，在 20 世纪五六十年代，美国就曾开展过熔盐堆的研究。熔盐堆的集中研究始于美国飞行器反应堆实验（US Aircraft Reactor Experiment, ARE）。20 世纪 60 年代，橡树岭国家实验室在熔盐堆研究中居于领先，他们的大部分工作是伴随着熔盐堆 MSRE（Molten-Salt Reactor Experiment）推进的。在当时的情况下，美国原子能委员会与橡树岭实验室进行了大量的研究和分析，总结出熔盐堆还存在大量的技术挑战，包括：熔盐堆金属材料的腐蚀性，熔盐在低温下凝固和高温下分解的可能性，放射性裂变产物包容的屏障层次较少，被放射性熔盐接触的设备可接近性和在役检查问题，钍基熔盐堆内 ^{232}U 的强射线对各种操作的影响，在线燃料后处理的技术难度和技术成熟度，熔盐堆与燃料后处理设施共存的安全隐患，在线后处理得到的强放射性裂变产物和锕系元素的储存与管理等。基于以上原因，1973 年美国原子能委员会认为无法在短期内在熔盐堆领域有所突破，就宣布削减对熔盐堆的研发经费（官方的说法是 MSRE 运行期间出现了腐蚀问题，需要整顿）。1979 年发生的三哩岛核事故，成为核工程时代的分水岭，美国的核工程技术繁荣不再。之后，虽然橡树岭实验室进行了一些后续研究，但由于失去资金支持，熔盐堆被打入冷宫近三十年。直到 2002 年第四代反应堆规划推出，这个几乎被遗忘的技术才再次成为热门研究课题。2011 年 1 月 25 日，在中国科学院 2011 年中国科学院“创新 2020”新闻发布会上，中科院正式宣布，由中科院上海应用物理所承担的“未来先进核裂变能——钍基熔盐堆核能系统”等首批战略性先导科技专项启动实施。该专项的目标是：通过 20 年左右，研发第四代的裂变反应堆核能系统——钍基熔盐堆核能系统，所有技术均达到中试水平并拥有全部的知识产权。无独有偶，2017 年荷兰核研究及顾问公司（Nuclear Research and Consultancy Group，NRG）进行了钍基熔盐反应堆实验，中断了 40 年的熔盐堆研究终于迎来首次实验；2018 年美国特里斯特尔能源美国公司（Terrestrial Energy USA）与南方公司（Southern Company）、美国能源部的几个国家实验室合作，利用一体化熔盐堆研究制氢气；2019 年美国 Moltex 能源公司美国有限公司获得美国联邦政府 255 万美元的拨款，用于开发能够将熔盐堆建造工期缩短至 3 年以下的技术。

上面的例子我们正好可以看出一些端倪。首先，即便是被称为“第四代核电技术”的熔盐堆，其实也是早在 70 年前就有了很深入的研究，如果非要从时间上判断，它不能算什么高新技术了。然而由于当时材料与辐射防护等问题没有解决，使研究陷入了瓶颈，不能继续推进，但随着其他相关学科的发展，这些挠头的问题似乎又看到了曙光，因此才会有这么多国家又重新投入到支持熔盐堆研发的行列中来——这不是炒冷饭，而是科学技术研究的正常规律。特别是近年来由于新材料领域的蓬勃发展，熔盐堆的强放射性裂变产物管理技术和辐射防护技术也被提高到一个新的层次，这样一来我们对于熔盐堆这种高新技术的安全性与可用性有了新的认识。

这种例子在核能领域比比皆是，也恰恰告诉我们，核能作为一种高新技术，其本身就是一个巨大的生态系统，是可以变出许多“花样”的，也是具有强大生命力的。从这个角度来说，核能在未来的很长一段时间，都将作为一种高新技术存在——毕竟核能技术体系就是很多富有生命力和快速迭代能力的高新技术组成的，那么核能技术作为高新技术的综合体，怎么能被踢出高新技术的行列呢？

（二）核能公众接受性的社会实验研究方法

如前所述，核能是一种有持续生命力的高新技术，并将长期存在于未来。核能公众接受性又是如此的重要，那我们如果用高新技术社会实验的框架去研究它呢？在此，我们设计了一种研究框架。如图 8-1。

图 8–1　核能公众接受性社会实验研究

核能公众接受性的社会实验研究，由唯象研究与数据研究组成。所谓唯象研究，其实概念来源于物理领域，它是现象的概括和提炼，有效的手段就是案例分析，但对于隐藏在后面的一般理论并不深入解释。唯象研究对现象有描述与预言功能，但没有解释功能（最典型的例子如开普勒三定律，就是对天文观测到的行星运动现象的总结）。在这里，我们的唯象研究就是指通过心理学、社会学、经济学与伦理学等理论对实际的案例进行分析和概括。在这些分析中，我们只需要研究这些案例对于我们的启示意义，甚至是用哪种分析手段更容易使我们下次面对类似情况时更能够做出有益的决策，就用哪种分析手段，即“以用途为导向”。而数据研究我们关注的是这些现象背后隐藏的客观规律：例如用统计学的方法，我们会看到数据的变化趋势与特点，从定量的角度分析和研究公众的态度；通过建立结构化的模型，我们可以明确哪些因素影响核能公众接受性的程度大，哪些我们原以为很重要但实际上并没有这么重要；通过对于历史的大数据挖掘与小样本信息挖掘，我们可以知道历史变化的规律，哪些因素过去重要现在不重要了，哪些因素忽然变得重要，以及这背后隐含的社会问题是什么。

上述唯象研究和数据研究两者是相互关联的，可以相互印证并修正结论。实际上，在本书中所述的研究中，我们就是在用唯象研究与数据研究相结合，不断的剖析问题的本质，使研究更加的深入。例如用心理学去研究公众的恐核心理以及用传播学的理论去研究 HBO 电视剧《切尔诺贝利》中的核能知识传播有效途径等，这都属于唯象研究；另一方面，我们建立的公众接受性模型、谣言传播模型以及进行的眼动实验数据分析等工作等，都属于数据研究。这两个方面也确实做到了相互印证和修正，正是因为案例与数据的相辅相成，才能让我们的研究具有比较好的自洽性，而不是“只见树木，不见森林”。

需要强调的是，这些研究成果当然是要反哺社会的。上面这些研究成果，至少可以在三个方面对社会做出贡献。

首先，这些研究成果可以为技术和产业战略的制定服务。我们知道了公众接受性情况，因此在制定国家核能科技与产业战略时，必须考虑这个因素。在过去的很多年，国家战略总是站在凌驾于群众理解层次之上的位置，没有充分考虑这些战略的群众基础，在现代化治理体系与治理能力的要求下，这种做法显得有些过时了。在《核电中长期发展规划 (2005–2020 年)》中，我们对核电的发展做出了比较高的预期，业界普遍认为到 2020 年装机量达到 6000~7000 万千瓦没有问题，然而现实情况却是有所差距。要知道，中国是一个高速发展的国家，在产业领域实际情况超出规划是很常见的，没有完成规划却成了少数事件。作为业内人士在过去的十年中经历了“反对核电大跃进”“反对内陆核电站”“江门反核事件”“连云港反核事件”等很多事件，我们很难认为这些反核事件与我们的规划未完成没有关系。毕竟，如果反对核能的社会舆论压力过大，政府是很难做出支持核能的决策的，这在全世界都是一样的。从这个角度说，我们应该用上述社会实验的方法，去为国家核能科技与产业的战略制定提供支撑。

其次，这些研究成果可以为技术规范与伦理制定服务。核能技术的技术规范是比较成熟的，毕竟从它诞生就引起了全世界科技界的关注，长久的研究与运用相关技术使其技术规范一步步走向成熟。尽管我国自己的技术规范还不够全面，但是在行业内我们有通用的 ASME 标准等技术规范，总体来说面临的形势是比较好的。当然目前对于一些尚不确定的前沿问题（如低剂量效应等），目前还没有公认的技术规范，而随着未来技术的发展，如果到了需要制定技术规范的时候，特别是新的技术规范与传统的公众心理有矛盾冲突的时候，公众接受性社会实验的研究成果一定会在相关规范制定过程中发挥作用。另一方面，核能公众接受性的社会研究对于相关伦理的制定也是十分有帮助的。我这里并不是指类似核技术应用在医疗领域的伦理要求（这方面已经做得非常好了），而是说书中第一章所说的“作为一种国家战略和高新技术的集群涌现，核能产业必须保持在一定的发展规模”与书中第三章提到的“广大群众需要享受的利益与承担的风险”的匹配性问题。随着经济的发展与群众的觉醒，这种为了国家利益牺牲个人利益（哪怕仅仅是一点利益）的事情越来越难推进，许多发达国家都有前车之鉴。我们也必须重视这个问题，而未来公众接受性的社会实验相关研究成果，一定会在这个领域上面贡献很多力量。

最后，社会实验的研究成果可以为相关政策的制定服务。一个有趣的例子是，生态环境部关于核电厂规划限制区调整方案的研究，很多专家表示小型堆其实不需要分区为居住限制区与规划限制区，可以直接用核电厂的厂区作为边界，真正实现“三区合一”。但最后这个意见并没有被接受，还是留了较小的区域作为“隔离带”——这其实恰恰就是公众接受性的要求，因为如果真没有了限制区，公众可能会感到更加不安。随着时代的进步，政策要不断更新才能更好地服务于我们的社会，而这些更新的基础，就是与时俱进的公众的想法。在本书中，我们很多研究成果都为核电业主单位做公众沟通的标准方式提供了理论支持，同时也为地方政府或国家有关部门的工作提供了基础的素材。我相信，这类工作以后还会继续。

以上，是我们对于公众接受性未来研究范式的思考，我们试图将这些研究用一个大的框架去描述，并且希望在这个框架下，未来的研究能够更加有章法可寻。

二．提升公众接受性的新思路

核能如此重要，又能给你带来好处，所以你应该接受它——这是我们对于核能的定性结论，也是很多核能公众接受性工作的出发点。总结起来，上述结论是从以下四个方面来论述的（包括本书的第一章中的论述）：1. 核能可以有效保障能源安全；2. 核能是低碳能源的重要选项；3. 核能是缓解污染的有效手段；4. 核能是做强制造业的战略性产业。

在历史上，这四点论据对于核能公众接受性工作有非常重要的意义。但经过十多年的反馈，特别是考量了现代社会条件下核能发展情况与核能效益周期，未来我们不能继续一成不变的依靠这四条论据来开展相关工作。具体而言，通过对核能近几十年的发展形势反思，在未来，前三点论据都不足以有效的说服公众接受核能。

以核电为例，一个核电厂从设计到最后商运，一般需要 10 年时间。虽然很多核电技术都声称自己建造时间是 50 个月，但实际情况是这里没有将设计与拖期等因素考虑进来。另一方面，环境改善本身就是一个长时间过程，“现世现报”是不可能的，一个核电站建造好，到真正能发挥其环境效益，还有很长的一段时间。截止到 2019 年底，中国核电装机量占比 2.5%，发电量占比 4.88%，并且在未来一段时间也不会出现“大跃进”。从这个数据上看，公众会很直白地问：这么小的装机量，似乎没有核电也行？核能真的能带来我们可观的利益吗？更为严重的是，长期消费化石燃料的人群也从未真正遇到“能源短缺”。我们很多人经历过无数次的汽油涨价，电费上涨，但是我们减少开汽车的量了吗？我们减少用电了吗？并没有。

虽然我们抱怨着汽油价格和电费的上涨，但是这些涨幅依然没有超过我们的承受范围。我们根本体会不到化石能源短缺的影响，那么作为公众会去为了这点蝇头小利，支持可能有潜在风险的核能吗？结论很难说。更何况，别的技术并不是原地踏步，清洁光伏、清洁煤、脱硫脱硝技术、碳捕集技术的产生，都在使传统能源与新能源领域发生翻天覆地的变化，与核能形成激烈的竞争。这样看来，我们如果还秉承这原来的观点论述核能的利益，让公众接受它，是不明智的。或者从另一个角度说，这三点论据尽管理论上是对的，但已经不完全适宜用于未来核能公众接受性的工作实践中。

然而对于第四个论点，我们认为是在新形势下让公众接受核能的希望之光。毋庸置疑，核能产业是高科技的综合集成，技术含量高，产业链条长，对从业人员素质要求高。核电站的建设和运营，涉及众多行业，基本上涵盖了工业的各个领域，对基础研究、系统集成、装备制造、工程管理都提出了很高的要求。核能产业中的各个单项技术和系统集成技术都可以在临近产业中得到应用，发展核能产业可以有力地带动我国研发、设计、制造、建设、运营队伍的成长，推动这些行业的科技创新、产业升级和管理水平提升，在核心领域和关键技术上实现突破，包括机电工业、仪器仪表工业、特殊材料工业等。因此，核能的发展有利于战略性产业的发展，提升我国在国际产业分工中的地位，使得我国整体工业水平能够向国际先进水平靠近，并上到国际水平的新台阶。尽管在新时期，新能源汽车、高铁、大型盾构机与造桥机等先进装备蓬勃发展，核能装备不再像几十年前那样在制造领域具有如此高的地位，但谁都不会怀疑核能装备的生产能力是一个国家制造业强大与否的一个缩影。目前，全世界三分之一以上的核电站在我们国家建造，装备制造与供给能力得到了全世界的认可，这是有目共睹的，也是我们核能领域引以为豪的事情。

从这个意义上说，我国核能在中国未来的生存状态很可能是“带着争议生存”，即核能本身因为核事故虽饱受争议，但国家与公众都知道它对国家的重要意义，因此也不会把核能“逼上绝路”。这种不完美的存在状态，也需要成为核能公众接受性相关工作者心中的一种常态，否则我们对公众接受性或核能本身的求全责备，反而使其发展不好。为了使公众认识到核能的意义，使核能在中国生存得更好，我们以“核能对制造业的战略意义”为切入点，提出以下两个我们未来应关注的工作。

第一，我们不仅要强调核能发展能为制造强国助力，更要说明核能装备制造能力与核能产业是我们“丢不起”的。核能作为一种综合性技术，与航天、航空、海洋等领域一样，是需要长时间的积累，才能厚积薄发的领域，不可能跨越式发展，这与“中国速度”无关，而是客观的历史规律（以海洋为例，欧美国家无不是经过数百年的发展，才奠定了今天的海上霸权地位）。核工业也如是——观察美国、欧洲与中国的核工业发展史，就会发现模式基本相同，就连所用的时间周期都十分类似。因此，如果全世界的规律都一样，那么我们基本可以认定这是一个普遍规律，它的推论也很明显——如果我们停掉了相关能力建设和产业发展，想用跨越式发展是不可能的。这也说明了为什么美国在财政这么紧张的情况下，依然还坚持“勒紧裤腰带”给予核能一定的支持，不能让其停掉。对于核能这类技术和产业，就是要一直开展工作，绝对不能停，与很多能够“跨越式”发展的产业不同，核能是无法这样来发展的。

第二，我们应早日实现核能装备与技术的大量出口，以外促内的让公众更加相信中国的核能。如前所述，我国目前是世界上最大的核能发展大国，有着最多的在建机组。另外，在“一带一路”倡议的号召下，很多发达国家与发展中国家向我们抛出了橄榄枝，希望引进我们的核电技术。目前，中国已与巴基斯坦、阿根廷、英国达成核电项目合作协议，此外，在南非、肯尼亚、阿尔及利亚、土耳其、罗马尼亚、沙特、印尼、东盟能源中心等国家与地区开展了核能合作。相关统计数据显示，“一带一路”沿线的国家和地区中，已有核电的国家和地区有 19 个，计划发展核电的国家和地区有 20 多个，预计 2030 年前规划建设核电机组约 240 台。然而，我们目前除了巴基斯坦，并未成功地向其他国家输出核能技术（华龙一号在英国的 GDA 审查推进比较顺利，可能是下一个出口契机），没有实现“以外促内”，这也很大程度影响了我们本国对核能的信心。与我们形成鲜明对比的是俄罗斯和美国，其在国际市场上的实力远超我们，形成了极好的社会形象，也带动了本国核能的发展。我们必须要在这点上努力，补足企业国际化经营和开发经验，充分掌握目标国当地法律法规和进出口限制，应对和防范政治、信誉、监管、成本、市场运营、文化差异等各种风险，最终实现中国核能技术出口。技术走出去了，公众对于核能的认识自然会发生变化，其接受性也会有所不同，这已经在历史上和很多相似领域得到印证。

非常值得庆幸的一点是，中国公众的集体荣誉感明显强于很多同等发达程度的国家，中国公众为了国家发展与民族大义表现出来的韧性和包容，也是罕见的。上述两点内容，恰恰与国家实力与国际形象相关，因此在新的形势下，我们加大上述两方面的宣传，一定是有助于更好地开展核能公众接受性工作的。毕竟建国 60 多年来，尽管物质条件与精神生活发生了翻天覆地的变化，很多以前觉得难能可贵的东西现在唾手可得，但中国公众的爱国精神与希望祖国强大的憧憬，从来不曾削弱，还有逐步加强的趋势。

三．下一代人的公众接受性

我曾遇到过很多核能从业者，我喜欢问他们一个问题“你们是如何让你们的孩子相信核能是个好东西的？”答案自然是五花八门，当然其中大多数的人是仅仅给孩子传授正确的知识，至于获得这些知识后，他们自己认为核能好不好，决定权在孩子自己的手里。我认为这个是十分科学的，孩子们作为未来的希望，他们应该有自己决定好恶的权利，而不能在涉世未深的时候，就被灌输了成年人带有偏见的思想。但在这里，我还想说说我们在做这个工作中的一些注意事项，毕竟核能的命运，掌握在这些孩子手里。

第一，我们应该对一些关键问题给予重视。在多年的研究与教学过程中，我们发现公众关心的核能问题，大多数是和核安全相关的。特别是日本福岛事故以后，年轻人对于核安全的相关知识非常渴望。然而，对于刚刚接触一个领域，最大的困难就是：问题很直白，但却很难回答。就像很多学龄前儿童经常问一些父母无法回答的问题一样。经过总结，我们列出以下问题应该好好准备答案，如：核事件与核事故的区别、发生放射性泄漏与导致放射性污染的区别、造成放射性污染与引发人体健康影响的区别、确定性效应与随机性效应的区别、人体受到电离辐射外照射与内照射的区别、电离辐射与电磁辐射的区别、职业照射与公众照射的区别等。这些问题都是我们在工作与教学中发现的不好回答的问题，它们可能结论不是很简单明了，抑或可能本身就存在争议，但是无论如何，我们应该做好准备，并且特别重视这类问题的讲授，让我们的下一代能够在第一次听到核相关知识时，就对这些问题有所印象，这对于培养他们的核安全认知是非常有益的。

第二，我们应该重视核能发展史的讲授。核能发展的历史其实是有趣的，在这部历史中，你能看到技术与产业是如何互相影响的，以及它们对国计民生的影响。甚至一些新的概念如“战略新兴产业”“军民融合”“产业治理能力”，都在过去这接近一百年的核能发展史中有所体现。讲授这些历史并不是翻故纸堆，而是让孩子们明白：啊，原来我的困惑前人也都遇见过，那么这些困惑也一定能够解决的。历史的演进总是相似的，技术的迭代也有历史规律。一个对于某种技术史感兴趣的孩子，很难对于这种技术本身产生不理性的偏见。在这里，我们给出一些比较重要且有趣的历史话题供参考，如：防止链式反应失控的 SCRAM 起源、设计裕度与纵深防御概念的起源、最坏的可想象事故与远距离厂址政策、安全壳的起源与工程安全设施、可信事故与设计基准事故的基础、选址源项、“中国综合征”与应急堆芯冷却系统、单一故障准则的形成历史、质量分组与质量保证的形成历史、确定论安全要求的形成、概率风险评价的起源与 WASH1400、美国原子能委员会的解体与安全监管独立性、三哩岛核事故与严重事故的可信性、ATWS 和 SBO 带来的确定论安全要求的困境、切尔诺贝利核事故与安全文化的诞生、“两个千分之一”的安全目标诞生与 NRC 概率安全分析的提出等。另一方面，在核能工程领域，寓教于乐的历史教学方式目前还比较欠缺，而这种轻松幽默又易于被年轻人接受的方式在数学、物理与化学等基础学科领域已经做得很好了。这是我们的榜样，我们也应该尽快补足这方面的工作。

第三，我们应该对核能有个客观的评价。核能领域很有意思，这个领域中的很多人并没有对核能有过高的评价，这与很多其他行业有所不同。“老王卖瓜，自卖自夸”本是各个领域的常态，为何核能独树一帜呢？在我们看来，这是因为核能是一个不能吹牛、不能忽悠、脚踏实地、按部就班的领域。在这个领域受到这种文化熏陶的人，自然会有这种气质。首先，我不认为核能这种风气不好，反而应该继续保持，在日益浮躁的社会，有这种态度是难能可贵的。然而，在这种态度的基础上，我们或许也应该做出一些改变。例如我们其实是本着一种客观真实的态度表达我们对核能的态度的，而这种态度在年轻人看来可能会理解成为缺乏对工作领域的激情与热爱，特别是与其他行当（如一些十分需要激情或者被媒体包装的很有激情的行业）相比，就会感觉很索然无味。这个错并不在我们，也不在年轻人，而仅仅是不同年龄段和不同社会经验的人的认知差异而已。但我们毕竟想将这些知识和态度传授给下一代，所以我们也不许做出改变。以我个人的经验，我会采取一种“好坏对半”的说法，尽量使听众能够得到一些优点的信息，同时也得到一些缺点的信息，且信息量相差不多。举例说，有同学问我核能工程是否是一个“好”的学科，我会和他说：“对于一个想从事工科的人来说，核能会使人得到最全面与最严格的工科训练，这些训练不仅仅是理论知识的，还包括技术管理、工程实践内容与宏观政策，等等，而经过这种训练出来的人，他几乎是可以适应各种工科行业的技术与管理工作，因此核能科学与工程是一个很好的训练平台。然而，核能虽然属于能源产业，但说到底它是偏于装备制造业并且不是我国主要能源，所以它的利润空间有限，这就意味着收入可能无法和一些暴利行业媲美。当然你看了我的生活，就会觉得其实收入也还可以。”听了我这番话后，有些同学继续留在了核能领域，有些则选择转行了——这种多样性正是我乐于看到的。每个人的追求不同：如果追求全面的技术与管理能力，那他继续留在这个行当里就是很好的选择；如果他追求的并非是这一行业能提供给他的，那他经过这种全面训练后转行做别的也无可厚非。核能圈的人才在本职工作中做好，可谓“独善其身”；用核能圈一丝不苟的思维模式服务社会，可谓“兼济天下”，两类人才都是为社会做贡献，这难道不好吗？。

四．总结

以上，就是我对未来核能公众接受性有关工作的展望。这些内容可能会在不久的将来逐一实施，可能是研究者去实施它，可能是产业界去实施它，也可能是政策的制定者去实施它。不管怎样，这些内容都是与我们未来核能公众接受性工作密切相关的（尽管有些是对接受性间接影响的），需要引起我们的重视。如果让我畅想未来核能公众接受性的情景，我希望是这样一个状态：从国家层面讲，我们能理性看待公众各种正面和负面的诉求，不紧张，不害怕，而是知道公众内心所想，按正常的方法平等地去沟通与协调；从核能从业者层面讲，中国的核能发展能有一个与其体量匹配的人才规模，这些人既不会人浮于事，也不会忙得连轴转，而是以一个从容的态度展示在公众面前，展示出一个健康的从业者形象；对于普通公众，无论接受不接受核能，大家都知道自己内心深处的原因所在，这个原因真的是自己所想，而非别人灌输的或被别人利用的。

希望这一情景早日到来，那时我们的核能事业一定会发展得更好，更健康，更安心。

参考文献：

[1] 约翰·肯尼斯·加尔布雷斯．贫穷的本质 [M]. 东方出版社 , 2014.

[2] 艾尔文．温伯格，第一核纪元：美国核动力奠基人自传 [M]，原子能出版社 1996.

[3] 中国工程院“我国核能发展的再研究”项目组．我国核能发展的再研究 [M]. 清华大学出版社 , 2015

[4] 约翰·塔巴克 , 塔巴克 , 王辉 , 等．核能与安全 : 智慧与非理性的对抗 [M]. 商务印书馆 , 2011.

[5] 核能安全利用的中长期发展战略研究编写组，新形势下中国核能安全利用的中长期发展战略研究 [M]，科学出版社 , 2019

[6] 郭位．核电 雾霾 你 [M]. 北京大学出版社 , 2014.

[7] McDermott R. Experimental methods in political science[J]. Annual Review of Political Science, 2002, 5(5):31-61.

[8] Jackson M , Cox D R . The Principles of Experimental Design and Their Application in Sociology[J]. Annual Review of Sociology, 2013, 39(1):27-49.

[9] Croson R , Anand J , Agarwal R . Using experiments in corporate strategy research[J]. 2007, 4(3):173-181.

[10] 陈云松，范晓光 . 社会学定量分析中的内生性问题测估社会互动的因果效应研究综述 [J]. 社会 , 2010, 030(004):91-117.

[11] Chen Y, Ebenstein A, Greenstone M and Li H，Evidence On the Impact of Sustained Exposure to Air Pollution On Life Expectancy From China' s Huai River Policy[N]，Proceedings of the National Academy of Sciences,2013,Vol. 110，No. 32.

[12] 张廷克，核能发展蓝皮书：中国核能发展报告 [M]，社会科学文献出版社，2019.

[13] 《中国电力百科全书》编辑委员会 . 核能发电卷 - 中国电力百科全书 -(第三版) [M]. 中国电力出版社 , 2014.

[14] Cravens G . Power to Save the World[M]. vintage, 2007

[15] 格里戈里•梅德韦杰夫，亲历切尔诺贝利 [M]，民主与建设出版社 , 2019.

[16] Taebi B , Roeser S . The Ethics of Nuclear Energy : Risk, Justice, and Democracy in the post-Fukushima Era [M]. Cambridge University Press, 2015.

[17] Faruque A A. Nuclear Energy Regulation, Risk and The Environment[M]. Routledge, 2018.

[18] Nordhaus W D, The Swedish Nuclear Dilemma: Energy and the Environment[M]. Routledge, 2014.

[19] Klema E D and West R L, Public Regulation of Site Selection for Nuclear Power Plants: Present Procedures and Reform Proposals——An Annotated Bibliography[M]. Routledge, 2016